Tribune publique. 10.

193. [I_1 p. 282 ligne 2] (I 4, **26** note 210) ajouter: *A. Auric*, Essai sur la théorie des fractions continues, J. math. pures appl. (5) 8 (1902), p. 387/431; Recherches sur les fractions continues algébriques (mémoire couronné par l'Académie des sciences de Paris en 1906), J. math. pures appl. (6) 3 (1907), p. 105/206. **A. Auric.**

194. [I_1 p. 347 ligne 27] (I 5, **3** note 68). L'indication que les notions de *J. d'Alembert*, correspondant à nos notions de module et d'argument, revêtent chez *L. A. de Bougainville* un caractère nettement géométrique n'est exacte qu'en apparence. L'énoncé de *L. A. de Bougainville* traduit dans notre langue mathématique actuelle revient exactement à ceci:

„Si l'on ramène $(a + b\sqrt{-1})^{g + h\sqrt{-1}}$ à la forme $A + B\sqrt{-1}$ et que l'on pose

$$\varrho = \sqrt{A^2 + B^2}, \qquad \varphi = \operatorname{arctg} \frac{B}{A},$$

on a

$$(a + b\sqrt{-1})^{g + h\sqrt{-1}} = \varrho \cos \varphi + \varrho \sin \varphi \cdot \sqrt{-1}.\text{“}$$

Pour un mathématicien du 18ième siècle les fonctions trigonométriques „sinus“ et „cosinus“ étaient des *lignes* se rapportant à un cercle de rayon déterminé; c'est pourquoi *L. A. de Bougainville* dit: „pour avoir A et B il ne faut que prendre un cercle dont le rayon soit égal à la valeur trouvée de $\sqrt{AA + BB}$; et prendre sur la circonférence de ce cercle un angle égal aussi à la valeur trouvée; $\frac{B}{A}$ sera la tangente de cet angle.“ L'énoncé de *L. A. de Bougainville* ne constitue donc pas un progrès intentionnel vers les notions de module et d'argument. **G. Eneström.**

195. [I_1 p. 480 ligne 29] (I 6, 7 note 21) ajouter: *A. Auric*, J. math. pures appl. (5) 8 (1902), p. 387/431; (6) 3 (1907), p. 105/206 [cf. Tribune 10, **193**]. **A. Auric.**

196. [I_1 p. 506 ligne 37] (I 7, **12**). Ne vaudrait-il pas mieux au lieu du segment fini HK envisager un segment s'étendant indéfiniment à droite? **G. Vivanti.**

197. [I_1 p. 538 ligne 13] (I 8, 3). Au lieu de *Zochios* lire „*G. Zochios*“. Le prénom est „Gérassimos“. **J. Molk.**

198. [I_2 p. 81 ligne 25] (I 9, **36**). Dans le mémoire cité dans la note 222 [Nouv. Ann. math. (2) 15 (1876), p. 396], *A. L. Cauchy* me semble ne perfectionner réellement la méthode de Bézout que quand les degrés des deux équations sont égaux. **A. Loewy.**

199. [I_3 p. 51 ligne 8] (I 15, 26). On peut remarquer que si a est un nombre entier plus grand que 2

1°) l'expression a^x+1 ne peut représenter un nombre premier que si x est une puissance de 2;

2°) l'expression a^x-1 ne peut représenter aucun nombre premier;

3°) l'expression $\frac{a^x-1}{a-1}$ ne peut représenter un nombre premier que si x est un nombre premier et si en outre $a-1$ et x sont premiers entre eux;

4°) l'expression $\frac{a^x+1}{a+1}$ ne peut représenter un nombre premier que si x est un nombre premier et si en outre $a+1$ et x sont premiers entre eux;

5°) L'expression

$$\frac{a^x+\varepsilon}{a^n+\varepsilon},$$

où ε est soit $+1$ soit -1, ne peut représenter un nombre premier que si $\frac{x}{n}$ est un nombre premier (impair pour $\varepsilon=+1$) et si en outre x et $a^n+\varepsilon$ sont premiers entre eux. **Louvel.**

200. [I_3 p. 54 note 275] (I 15, 27). Au lieu de „Opus de XII numeris" lire: „De numeris perfectis". Le traité dont il s'agit a été publié par *Ch. de Bouvelles* sur les feuillets 172ᵃ à 180ᵃ d'un volume dont la première page ne porte aucun titre, mais seulement les mots „Que hoc volumine continentur" suivis de la liste de douze traités qui sont insérés dans le volume. Le „De numeris perfectis" est le neuvième de ces traités. **G. Eneström.**

201. [I_3 p. 59 lignes 12, 13 et note 320] (I 15, 29). *L. Euler* a indiqué 64 couples de nombres amiables dont 37 sont des nombres pairs et 27 des nombres impairs.

Les couples (2) et (3) mentionnés à la page 58 du texte sont indiqués déjà par *L. Euler* dans les: Acta Erud. Lps. 1747 et dans ses: Opusc. varii argumenti 2, Berlin 1750, où ils se trouvent sous les nᵒˢ II et III.

Les quatre couples dont il est question dans la note 320 sont indiqués non dans le mémoire posthume de *L. Euler* „De numeris amicabilibus" mais vers la fin (nᵒˢ VIII, IX, XIII, XXVIII) du mémoire publié en 1747 sous le même titre [Acta Erud. Lps. 1747, p. 267/9; Commentat. arith. 2, Sᵗ Pétersb. 1849, p. 637/8].

Parmi ces quatre couples, celui du nᵒ XXVIII, à savoir le couple

$$2^3\cdot 47\cdot 2609;\quad 2^5\cdot 11\cdot 59\cdot 173,$$

n'est effectivement qu'une indication exacte du couple mentionné par *L. Euler* dans ses „Opusculi varii argumenti" sous le nᵒ XLIII. Au lieu de 47 il y écrit 57 qui est évidemment fautif puisque 57 n'est pas un nombre premier. Cela porte donc bien à 64 le nombre des couples indiqués par *L. Euler*.

D'autre part un au moins de ces couples est fautif: c'est celui du nᵒ XIII de l'article des: Acta Erud. Lps. 1747, à savoir le couple

$$2^4\cdot 19\cdot 8563;\quad 2^4\cdot 83\cdot 2039$$

[cf. Bibl. math. (3) 10 (1909/10), p. 80/1]. **G. Eneström.**

Tome II, volume 3. **Fascicule 1.**

ENCYCLOPÉDIE
DES
SCIENCES MATHÉMATIQUES
PURES ET APPLIQUÉES

PUBLIEE SOUS LES AUSPICES DES ACADEMIES DES SCIENCES
DE GÖTTINGUE, DE LEIPZIG, DE MUNICH ET DE VIENNE
AVEC LA COLLABORATION DE NOMBREUX SAVANTS.

ÉDITION FRANÇAISE

RÉDIGÉE ET PUBLIÉE D'APRÈS L'ÉDITION ALLEMANDE SOUS LA DIRECTION DE

JULES MOLK,
PROFESSEUR À L'UNIVERSITÉ DE NANCY.

TOME II (TROISIÈME VOLUME),

EQUATIONS DIFFÉRENTIELLES ORDINAIRES.

RÉDIGÉ DANS L'ÉDITION ALLEMANDE SOUS LA DIRECTION DE

H. BURKHARDT ET **W. WIRTINGER**
(MUNICH) (VIENNE).

PARIS,
GAUTHIER-VILLARS

LEIPZIG,
B. G. TEUBNER

1910
(22 FÉVRIER)

Tome II; troisième volume; premier fascicule.

Sommaire.

Avis.

Dans l'édition française, on a cherché à reproduire dans leurs traits essentiels les articles de l'édition allemande; dans le mode d'exposition adopté, on a cependant largement tenu compte des traditions et habitudes françaises.

Cette édition française offrira un caractère tout particulier par la collaboration de mathématiciens allemands et français. L'auteur de chaque article de l'édition allemande a, en effet, indiqué les modifications qu'il jugeait convenable d'introduire dans son article et, d'autre part, la rédaction française de chaque article a donné lieu à un échange de vues auquel ont pris part tous les intéressés; les additions dues plus particulièrement aux collaborateurs français, sont mises entre deux astérisques. L'importance d'une telle collaboration, dont l'édition française de l'Encyclopédie offrira le premier exemple n'échappera à personne.

Tome II. Analyse.

Rédigé dans l'édition allemande sous la direction de H. Burkhardt-Munich et de W. Wirtinger-Vienne.

Rédaction française sous la direction de J. Molk-Nancy.

Premier volume.
Fonctions des variables réelles.

Second volume.
Fonctions de variables complexes.

Troisième volume.
Equations différentielles ordinaires.

Quatrième volume.
Equations aux dérivées partielles.

Cinquième volume.
Développements en séries.

En préparation

tome I. **Arithmétique et Algèbre.** Rédigé dans l'édition allemande par **W. F. Meyer-Königsberg.** Rédaction française par **J. Molk-Nancy.**

tome III. **Géométrie.** Rédigé dans l'édition allemande par **W. F. Meyer-Königsberg.** Rédaction française par **J. Molk-Nancy.**

tome IV. **Mécanique.** Rédigé dans l'édition allemande par **F. Klein** et **C. H. Müller**-Göttingue. Rédaction française par **P. Appell-Paris** et **J. Molk-Nancy.**

tome V. **Physique.** Rédigé dans l'édition allemande par **A. Sommerfeld**-Munich. Rédaction française par **P. Langevin**-Paris et **J. Perrin**-Paris.

tome VI. **Topographie, Géodésie, Géophysique.** Rédigé dans l'édition allemande par **Ph. Furtwängler**-Aix-la-Chapelle et **E. Wiechert**-Göttingue. Rédaction française par **Ch. Lallemand**-Paris.

tome VII. **Astronomie.** Rédigé dans l'édition allemande par **K. Schwarzschild**-Göttingue. Rédaction française par **H. Andoyer**-Paris.

tome VIII. (à l'étude) **Questions d'ordre philosophique, historique ou didactique.**

202. [I_8 p. 56 ligne 18] (I 15, **28**). Le plus petit nombre abondant impair est $3^3 \cdot 5 \cdot 7$ et non $3^3 \cdot 5 \cdot 79$. Ce dernier nombre n'est d'ailleurs pas un nombre abondant. On démontre aisément que tout nombre abondant impair composé seulement de trois facteurs premiers est de la forme $3^\alpha 5^\beta p^\gamma$ où p désigne un des trois nombres 7, 11, 13. **Alice Schwarz.**

203. [I_8 p. 67 ligne 26] (I 15, **32**) ajouter: et *P. A. Mac Mahon* a établi plusieurs relations entre la théorie des carrés magiques et le calcul différentiel [cf. Nature 65 (1902), p. 450]. **G. A. Miller.**

204. [I_3 p. 73 note 419] (I 15, **36**). Les mémoires cités de *G. Tarry* ne contiennent que des extraits de son article: Assoc. fr. avanc. sc. 29 Paris 1900[2], p. 170/203 reproduit: Interméd. math. 8 (1901), supplément. **W. Ahrens.**

205. [I_4 p. 475 ligne 22] (I 24, **9**) ajouter: „et *F. Insolera*[40a])." Ajouter aussi la note 40a): Sulle tavole di mortalità di invalidi [Bollettino dell' associazione degli attuari 1909, n° 22]. **G. Mortara.**

☞ **Toute rectification ou addition, se rapportant à l'édition française, adressée à J. Molk, 8 rue d'Alliance, Nancy, sera insérée, s'il y a lieu, avec mention du nom de son auteur, dans la Tribune publique.**

Nancy, le 23 décembre 1909. J. Molk.

II 15. EXISTENCE DE L'INTÉGRALE GÉNÉRALE. DÉTERMINATION D'UNE INTÉGRALE PARTICULIÈRE PAR SES VALEURS INITIALES.

EXPOSÉ PAR **P. PAINLEVÉ** (PARIS).

Position de la question.

1. Définitions et problèmes fondamentaux. En créant les deux opérations fondamentales du calcul infinitésimal, l'intégration et la dérivation, et en mettant en évidence leur réciprocité, *G. W. Leibniz* et *I. Newton* intégraient, par le fait même, l'équation

$$\frac{dy}{dx} = f(x),$$

la plus simple des équations différentielles.

L'intégration des équations qui se ramènent aussitôt à des quadratures, telles que les équations[1])

$$\frac{dy}{dx} = \frac{Y(y)}{X(x)}, \qquad \frac{d^n y}{dx^n} = f(x),$$

fut la conséquence presque immédiate de ces premières découvertes. L'étude des équations différentielles les plus élémentaires, introduites

1) *En 1675, *G. W. Leibniz* a intégré l'équation $\frac{y\,dy}{dx} = \frac{b}{y}$ en la ramenant à $b\,dx = y^2 dy$ [Der Briefwechsel von *G. W. Leibniz* mit Mathematikern, publ. par *C. I. Gerhardt* 1, Berlin 1899, p. 161]. Dans une communication faite à *Chr. Huygens* vers la fin de l'année 1691, *G. W. Leibniz* a fait ressortir expressément que chaque équation différentielle de la forme $\frac{y\,dx}{dy} = X(x)\,Y(y)$ se ramène à des quadratures [Der Briefwechsel von *G. W. Leibniz*[1]) 1, p. 680].

L'intégration d'équations de la forme $\frac{d^n y}{dx^n} = f(x)$ ou de la forme $\frac{d^n y}{dx^n} = f\left[\frac{d^{n-1} y}{dx^{n-1}}\right]$ a été enseignée par *I. Newton* dans son Traité „De quadratura curvarum" rédigé vers 1676 et publié en appendice de son Optique à Londres en 1704 [Opuscula éd. *J. Castillon* 1, Lausanne et Genève 1744, opusc. III, p. 242; Opera, éd. *S. Horsley* 1, Londres 1779, p. 384] (Note de *G. Eneström*).*

par la physique, l'astronomie et la géométrie, constitua le principal objectif des successeurs de *G. W. Leibniz* et de *I. Newton* jusqu'au début du 19ième siècle. *Mais chez les premiers inventeurs du calcul infinitésimal on ne trouve presque rien ayant trait à une véritable théorie des équations différentielles.*

D'une manière générale, on appelle *équation différentielle ordinaire* toute relation entre une variable indépendante x, une ou plusieurs fonctions $y(x)$, $z(x)$, ... de cette variable, et leurs dérivées jusqu'à un certain ordre. Un ensemble de telles relations est dit *système d'équations différentielles ordinaires* ou simplement *système différentiel.*

Intégrer un système différentiel, c'est déterminer tous les systèmes de fonctions $y(x)$, $z(x)$, ... qui vérifient ce système.

On savait déjà au 18ième siècle, qu'à l'aide de dérivations et d'éliminations, un tel système peut être remplacé, à volonté[2]), soit par une équation unique[3])

$$\frac{d^n y}{dx^n} = f\left(x, y, \frac{dy}{dx}, \ldots, \frac{d^{n-1}y}{dx^{n-1}}\right), \tag{1}$$

soit par un système d'équations du premier ordre résolu par rapport aux dérivées

$$\frac{dy_1}{dx} = f_1(x, y_1, \ldots, y_n), \ldots, \frac{dy_n}{dx} = f_n(x, y_1, \ldots, y_n). \tag{2}$$

2) *L'équation (1), ou le système (2), s'obtient en éliminant certaines des fonctions et dérivées (envisagées comme de nouvelles fonctions inconnues) entre les équations données et leurs équations dérivées jusqu'à un certain ordre. Le théorème suppose donc d'abord que les équations données sont dérivables autant de fois qu'il est nécessaire. De plus, il peut se faire que, pour épuiser toutes les solutions $y(x)$, $z(x)$, ... du système donné, il faille considérer successivement plusieurs équations (1) ou plusieurs systèmes (2). Voir à ce sujet *G. von Escherich* [Denkschr. Akad. Wien (math.) 47 II (1883), p. 1/24] et *H. Burkhardt* [Monatsh. Math. Phys. 12 (1901), p. 290].*

Le théorème ainsi entendu se trouve démontré dans tous les traités classiques de calcul différentiel et de calcul intégral [voir par ex. *C. Jordan*, Cours d'Analyse (2e éd.) 3, Paris 1896, p. 3]. Voir aussi le manuscrit posthume de *C. G. J. Jacobi*, publié par *C. W. Borchardt*, „De investigando ordine systematis aequationum differentialium vulgarium cujuscunque“ [J. reine angew. Math. 64 (1865), p. 297; Werke 5, Berlin 1890, p. 193]. Quand le système donné est algébrique, voir no **19**.

3) *Les premières recherches sur ce point sont dues à *B. Taylor* [Methodus incrementorum directa et inversa, Londres 1715, p. 12/4] qui a enseigné le procédé signalé au commencement de la note 2). *B. Taylor* donne aussi des règles pour déterminer à l'avance l'ordre de l'équation unique. Mais il ne s'est pas occupé de la réduction de l'équation (1) au système (2). *G. Boole* [A treatise on differential equations, (2e éd.) Londres 1865, p. 299] attribue à *J. L. Lagrange* le procédé enseigné par *B. Taylor,* tandis que *S. F. Lacroix* [Traité du calcul différentiel et du calcul intégral (2e éd.) 1, Paris 1810, p. LII et p. 224] est tenté de l'attribuer à *E. Waring.**

L'équation (1) se transforme[4]) évidemment en un système (2), si l'on pose

$$y = y_1, \quad \frac{dy_1}{dx} = y_2, \cdots, \quad \frac{dy_{n-1}}{dx} = y_n. \tag{3}$$

Les seconds membres $f_1, f_2, \ldots, f_n$ du système (2) peuvent dépendre d'autres fonctions inconnues $y_{n+1}(x), y_{n+2}(x), \ldots$ qui, elles, sont entièrement arbitraires. Une fois ces fonctions choisies, le problème consiste à intégrer le système (2) où $f_1, f_2, \ldots, f_n$ sont des fonctions données de $x, y_1, y_2, \ldots, y_n$ qu'on appelle *coefficients différentiels* de (2).

Tout système de fonctions

$$y_1(x), \; y_2(x), \; \ldots, \; y_n(x)$$

qui vérifie le système différentiel (2) est dit *intégrale particulière*, ou encore *solution*[5]), de ce système (2). De même toute fonction $y(x)$ qui vérifie l'équation différentielle (1) est dite intégrale particulière, ou solution de cette équation (1). L'entier n est *l'ordre* du système différentiel (2), ou de l'équation différentielle (1).

2. Etat de la théorie avant Cauchy. Quand un système de fonctions $y_1(x), y_2(x), \ldots, y_n(x)$ dépend de n constantes, on peut, par l'élimination des constantes entre les fonctions et leurs dérivées, former un système (2) [d'ordre n au plus, et en général d'ordre n] que vérifient les fonctions $y_1(x), y_2(x), \ldots, y_n(x)$ considérées.

Inversement, un système (2) donné possède-t-il une infinité de solutions *dépendant de n constantes arbitraires?* C'est là un fait que les premières équations intégrées auraient pu mettre en évidence et dont aucun des mathématiciens du 18ième siècle ayant envisagé l'existence des *intégrales complètes* des équations différentielles n'a jamais douté[6]).

---

4) *Cette transformation a été employée par *J. d'Alembert* dès 1750 [Hist. Acad. Berlin 4 (1748), éd. 1750, p. 289/90]. Voir aussi *L. Euler*, Institutiones calculi integralis 2, St Pétersbourg 1769, p. 373 (Notes 3 et 4 de *G. Eneström*).*

5) Le terme *d'intégrale particulière* est le terme classique; il a été employé déjà par *L. Euler* [voir par ex. Institutiones calculi integralis 1, St Pétersbourg 1768, p. 389]. Le nom de *solution*, qu'employaient *J. L. Lagrange* et certains de ses contemporains[8]), a été adopté systématiquement par *H. Poincaré* [Acta math. 13 (1890), p. 9; Méthodes nouvelles de la mécanique céleste 1, Paris 1892, p. 8], et après lui par de nombreux auteurs. C'est ce terme que nous emploierons dans cet article.

6) *Le fait que l'intégration d'une équation différentielle du premier ordre introduit une constante arbitraire était connu dès la fin du 17ième siècle, mais les analystes de la fin du 17ième siècle et de la première moitié du 18ième siècle y attachaient peu d'importance [voir par exemple *I. Newton*, Methodus fluxionum et serierum infinitarum, rédigé vers 1671, mais publié seulement en traduction anglaise par *J. Colson*, Londres 1736; traduction française par *G. C. Leclerc*, comte *de Buffon*, Paris 1740; Opuscula, éd. *J. Castillon* 1, Lausanne et Genève 1744,

D'une façon précise, ces mathématiciens admettaient qu'il existe une solution $y_1(x), y_2(x), \ldots, y_n(x)$ [et une seule] telle que, pour $x = x_0$, les fonctions $y_1(x), y_2(x), \ldots, y_n(x)$ prennent les valeurs $y_1^0, y_2^0, \ldots, y_n^0$ arbitrairement choisies à l'avance: c'est cette solution qu'ils appelaient *l'intégrale générale* du système (2).

La proposition est tenue pour évidente par *S. F. Lacroix*[7]), et la méthode qu'il indique pour calculer la solution en question consiste à déterminer [en différentiant les équations (2)] les valeurs, pour $x = x_0$, des dérivées successives de $y_1(x), y_2(x), \ldots, y_n(x)$, et à développer ces fonctions suivant les puissances croissantes de $(x - x_0)$. Mais il ne donne aucun moyen de démontrer la convergence de ces séries, ni de préciser les cas où elles divergent. Il signale, il est vrai[7]), des exemples où les valeurs $x_0, y_1^0, y_2^0, \ldots, y_n^0$ sont des valeurs *singulières* pour les fonctions

$$f_1(x, y_1, y_2, \ldots, y_n), \ldots, f_n(x, y_1, y_2, \ldots, y_n)$$

et où ces conditions initiales définissent plusieurs solutions différentes Il attribue le nom de *solutions particulières* aux solutions qui sont

---

opusc. II, p. 62; cf. *Daniel Bernoulli*, Comm. Acad. Petrop. 13 (1741/3), éd. 1751, p. 3] et parfois ils oubliaient même d'en tenir compte. Ainsi *Jean Bernoulli* [lettre à *L. Euler* datée du 9 janvier 1728; cf. Bibl. math. (3) 4 (1903), p. 352] avançait en 1728 que $\log(-z) = \log(z)$ parce que

$$d\log(-z) = \frac{d(-z)}{-z} = \frac{dz}{z} = d\log z.$$

Les premières équations différentielles d'ordre $n > 1$ que l'on a envisagées pouvaient s'intégrer à l'aide d'intégrations répétées d'équations différentielles du premier ordre; aussi n'a-t-on d'abord attaché aucune attention au nombre de constantes arbitraires que renferme leur intégrale générale. En étudiant l'équation $\frac{d^n y}{dx^n} = f(x)$, *I. Newton* fait cependant observer [De quadratura curvarum[1]); Opuscula 1, p. 244; Opera 1, p. 386] qu'on peut toujours ajouter à l'intégrale générale de cette équation un polynome quelconque dont la dérivée $n^{\text{ième}}$ soit nulle. Dans le même ordre d'idées, *B. Taylor* [Meth. increm.[5]), p. 9/14] a étudié le nombre des conditions auxquelles peut être soumise l'intégrale d'un système d'équations différentielles. Ce n'est toutefois qu'en 1739/40 que *L. Euler* [lettres à *Jean Bernoulli* datées du 15 septembre 1739 et du 19 janvier 1740; Bibl. math. (3) 6 (1905), p. 38, 47] fait expressément observer que, par la nature même de l'intégration, la solution complète d'une équation différentielle du quatrième ordre doit contenir quatre constantes arbitraires et qu'inversement du fait qu'une solution d'une équation différentielle du quatrième ordre contient quatre constantes arbitraires on peut conclure que cette solution est une intégrale complète (Note de *G. Eneström*).*

7) *S. F. Lacroix*, Traité du calcul différentiel et du calcul intégral, (2e éd.) 2, Paris 1814, p. 295, 325/9; Traité élémentaire de calcul différentiel et de calcul intégral, (1re éd.) Paris an X, p. 418/26.

aujourd'hui appelées communément *intégrales singulières*, c'est-à-dire aux solutions $y_1(x)$, $y_2(x)$, ..., $y_n(x)$ telles que (pour x quelconque) les valeurs x, y_1, y_2 ..., y_n soient des valeurs singulières pour les coefficients différentiels[8])

$$f_1(x, y_1, y_2, \ldots, y_n), \ldots, f_n(x, y_1, y_2, \ldots, y_n).$$

Mais toutes les démonstrations restaient à faire, tous les cas d'exception restaient à préciser. C'est *A. L. Cauchy* qui a assis sur des bases indestructibles la théorie générale des équations différentielles.

La plupart des travaux relatifs aux fondements de cette théorie pouvant être rattachés aux méthodes de *A. L. Cauchy*, nous allons analyser successivement ces diverses méthodes, en les faisant suivre des travaux postérieurs qui les perfectionnent et les complètent.

Méthode de Cauchy-Lipschitz.

3. Principe de la méthode. La méthode la plus simple proposée par *A. L. Cauchy* consiste à assimiler approximativement les équations différentielles (2) à des équations aux différences. Cette méthode, enseignée par *A. L. Cauchy* à l'Ecole polytechnique[9]) entre les années 1820 et 1830 se trouve exposée en détail dans les leçons de calcul différentiel et de calcul intégral de *F. N. M. Moigno*[10]) ainsi que dans un mémoire de *G. Coriolis*[11]).

---

8) *S. F. Lacroix* [Calc. diff.[7]), (2e éd.) 2, p. 373] donne à ces solutions le nom de *particulières* pour les opposer à l'intégrale générale; et il les appelle *solutions* (et non intégrales) particulières parce que (dans le cas du premier ordre tout au moins) leur détermination n'exige pas d'intégration. *J. L. Lagrange* [Nouv. Mém. Acad. Berlin 5 (1774), éd. 1776, p. 199; Œuvres 4, Paris 1869, p. 7] donne à ces solutions le nom *d'intégrales particulières*, et aux intégrales quelconques $y_1(x)$, ..., $y_n(x)$ le nom de *solutions particulières*. Dans des mémoires antérieurs, *P. S. Laplace* [Hist. Acad. sc. Paris 1772 I, M. p. 343; Œuvres 8, Paris 1891, p. 326] emploie les mêmes dénominations mais dans un sens inverse. **L. Euler* [Calc. integr.[5]) 1, p. 392] distingue entre *intégrale particulière* et autres *„valeurs"* qui vérifient l'équation donnée sans être contenues dans l'intégrale complète. Cf. n° 22.*

9) Les leçons de *A. L. Cauchy* qui sont consacrées à cette méthode, dont le point de départ se trouve déjà dans *L. Euler* [Calc. integr.[5]) 1, p. 493/508], ont été autographiées à cette époque mais n'ont jamais été livrées au public. La méthode a été résumée très brièvement par *A. L. Cauchy* lui-même au début d'un mémoire „Sur l'intégration des équations différentielles", lithographié à Prague en 1835, reproduit dans ses Exercices d'analyse et de phys. math. 1, Paris 1840, p. 327.

10) Leçons de calcul différentiel et de calcul intégral 2, Paris 1844, p. 385/434, 513/34 (leçons 26, 27, 28 et 33).

11) J. math. pures appl. (1) 2 (1837), p. 229.

Les résultats obtenus par *A. L. Cauchy* s'énoncent ainsi:

Soit $x^0, y_1^0, \ldots, y_n^0$ des valeurs réelles de $x, y_1, \ldots, y_n$ telles que les coefficients différentiels $f_1, f_2, \ldots, f_n$ de (2) soient des fonctions réelles, univoques et continues des variables $x, y_1, \ldots, y_n$ [ainsi que les dérivées premières $\frac{\partial f_i}{\partial y_1}, \ldots, \frac{\partial f_i}{\partial y_n}$] pour toutes les valeurs réelles $x, y_1, \ldots, y_n$ qui satisfont aux inégalités

$$(4) \qquad |x - x_0| \leqq a, \ |y_1 - y_1^0| \leqq b, \ \ldots, \ |y_n - y_n^0| \leqq b.$$

Soit de plus M le maximé des valeurs absolues des fonctions $f_1, f_2, \ldots, f_n$ dans ce domaine. *Le système* (2) *admet une solution et une seule* $y_1(x), \ldots, y_n(x)$ *continue pour* x *égal à* x_0, *ou voisin de* x_0, *et qui, pour* $x = x_0$, *satisfait aux conditions initiales* $y_1 = y_1^0, \ldots, y_n = y_n^0$. Cette solution est continue au moins dans tout l'intervalle

$$(5) \qquad |x - x_0| < l,$$

l désignant le plus petit des deux nombres a et $\frac{b}{M}$.

La méthode de *A. L. Cauchy* consiste à décomposer l'intervalle (x_0, x) en m petits intervalles $(x_0, x_1), (x_1, x_2), \ldots, (x_{m-1}, x)$ et, dans le cas d'une équation unique

$$(6) \qquad \frac{dy}{dx} = f(x, y),$$

à poser

$$(7) \qquad \begin{aligned} y_1 &= y_0 + (x_1 - x_0) f(x_0, y_0), \\ y_2 &= y_1 + (x_2 - x_1) f(x_1, y_1), \\ &\ldots\ldots\ldots\ldots\ldots\ldots \\ y_m &= y_{m-1} + (x - x_{m-1}) f(x_{m-1}, y_{m-1}). \end{aligned}$$

Quand m croît indéfiniment (chaque intervalle tendant vers zéro), $y_m(x)$ tend vers une limite $y(x)$ du moment que x est compris entre $x_0 + l$ et $x_0 - l$, et cette limite $y(x)$ est une solution de l'équation (1) qui répond aux conditions initiales. *A. L. Cauchy* montre ensuite que cette solution est unique. La méthode est identiquement la même pour un système (2) d'ordre n.

4. Perfectionnement de Lipschitz. La méthode de Cauchy a été retrouvée ultérieurement par *R. Lipschitz*[12]), qui a élargi les conditions de continuité imposées par *A. L. Cauchy*. *R. Lipschitz* a montré que tous les résultats précédents subsistent sans qu'il soit besoin de supposer l'existence et la continuité des dérivées $\frac{\partial f_i}{\partial y_j}$; *il suffit d'admettre que les fonctions* f_i [*univoques et continues dans le domaine* (4)] *satisfont, pour*

12) Lehrbuch der Analysis 2, Bonn 1880, p. 504; Bull. sc. math. (1) 10 (1876), p. 149; Ann. mat. pura appl. (2) 2 (1868/9), p. 288.

tous les systèmes de valeurs $(x, y_1, \ldots, y_n)$, $(x, y_1', \ldots, y_n')$ *de ce domaine, à l'inégalité*

(8) $|f_i(x, y_1, \ldots, y_n) - f_i(x, y_1', \ldots, y_n')| < k_1|y_1 - y_1'| + \cdots + k_n|y_n - y_n'|$,

$k_1, \ldots, k_n$ *désignant des constantes numériques positives.*

V. Volterra[13]) a donné de ce résultat une démonstration qui élargit un peu les conditions de *R. Lipschitz*. La méthode de *V. Volterra* a été interprétée graphiquement par *G. Picciati*[14]).

C. Runge[15]) est parvenu au résultat de *R. Lipschitz* par une autre méthode, qui fournit une limite commode de l'erreur commise à chaque approximation, en même temps qu'un procédé analogue à la règle de Simpson [voir l'article II 4] pour abréger le calcul. *Dans le même ordre d'idées *K. Heun*[16]) et *W. Kutta*[17]) ont généralisé la méthode des quadratures mécaniques de *C. F. Gauss* pour l'appliquer à l'intégration approchée des systèmes (2).*

5. Intervalle exact de convergence de la méthode. L'intervalle de convergence de la méthode de Cauchy-Lipschitz comprend sûrement l'intervalle $[(x_0 - l), (x_0 + l)]$, mais il est en général plus grand.

Soit notamment λ le plus petit des deux nombres

$$(9) \qquad a \quad \text{et} \quad \frac{1}{k_1 + \cdots + k_n} \log\left[1 + \frac{b(k_1 + \cdots + k_n)}{M_0}\right],$$

M_0 désignant le maximé des valeurs absolues des n fonctions

$$f_1(x, y_1^0, \ldots, y_n^0), \ldots, f_n(x, y_1^0, \ldots, y_n^0)$$

pour $|x - x_0| \leqq a$. *P. Painlevé*[18]) a montré qu'on peut substituer λ à l.

Dans un grand nombre de cas, λ est supérieur à l. Si, par exemple, les n fonctions $f_1, f_2, \ldots, f_n$ sont continues ainsi que les dérivées $\frac{\partial f_i}{\partial y_j}$ pour $|x - x_0| < a$, quels que soient $y_1, \ldots, y_n$, et si de plus les dérivées $\frac{\partial f_i}{\partial y_j}$ restent, en valeur absolue, moindres qu'une quantité finie A, la quantité λ est infinie avec b, et la solution $y_1(x), \ldots, y_n(x)$, répondant aux conditions initiales, est continue et unique dans tout l'intervalle $|x - x_0| < a$[19]).

13) Giorn. mat. (1) 19 (1881), p. 333.

14) Il Politecnico 41 (1893), p. 493, 537.

15) Math. Ann. 44 (1894), p. 437; 46 (1895), p. 167.

16) Z. Math. Phys. 45 (1900), p. 23.

17) Id. 46 (1901), p. 435.

18) Bull. Soc. math. France 27 (1899), p. 149. Cette limite avait été introduite antérieurement par *E. Lindelöf* à propos de la méthode de *E. Picard* (nº 9).

19) Voir *I. Bendixson*, Öfversigt Vetensk. Akad. förhandl. (Stockholm) 50

D'une façon générale, nous conviendrons de dire que le système (2) est *régulier* pour un système de valeurs $x = x_0$, $y_1 = y_1^0, \ldots, y_n = y_n^0$, si les conditions de Lipschitz sont remplies pour ces valeurs: sinon, les valeurs considérées seront dites *singulières* pour le système (2). Nous dirons de plus qu'une solution

$$y_1(x), \ldots, y_n(x)$$

est *régulière* dans l'intervalle (x_1, x_2), si, dans cet intervalle, les fonctions $y_1(x), \ldots, y_n(x)$ sont continues, et si aucun des systèmes de valeurs

$$x, \; y_1(x), \ldots, y_n(x)$$

n'est singulier pour le système (2).

Soit enfin (x_1, x_2), où $x_1 < x_0 < x_2$, *le plus grand* intervalle où la solution $y_1(x), \ldots, y_n(x)$, répondant aux conditions initiales $x_0, y_1^0, \ldots, y_n^0$, est *régulière.* Dans tout intervalle qui n'est pas compris dans l'intervalle (x_1, x_2), la solution $y_1(x), \ldots, y_n(x)$ cesse, en général, d'être continue ou d'être unique.

Pour remplir complètement son but, une méthode de calcul des solutions d'un système (2) doit donc admettre, comme intervalle de convergence, *tout l'intervalle de régularité* (x_1, x_2). C'est ce qui a lieu pour la méthode de Cauchy-Lipschitz, ainsi que l'ont montré *P. Painlevé*[20]) et *E. Picard*[21]). La méthode de Cauchy fournit, par le fait même, un développement de la solution $y_1(x), \ldots, y_n(x)$ en séries qui convergent dans tout l'intervalle (x_1, x_2). *P. Painlevé* en a déduit des séries de polynomes en $x_0, y_1^0 \ldots, y_n^0$, qui convergent et représentent la solution $y_1(x), \ldots, y_n(x)$ dans tout l'intervalle de régularité[22]).

*De nouvelles démonstrations de la convergence de la méthode de Cauchy-Lipschitz dans tout l'intervalle de régularité ont été publiées par *P. Trofilato*[23]), *E. Goursat*[24]) et *E. Cotton*[25]); cette dernière est remarquablement simple.*

(1893), p. 599; *E. Lindelöf*, J. math. pures appl. (4) 10 (1894), p. 117; *E. Picard*, Traité d'Analyse 3, Paris 1896, p. 88/93; (2e éd.) 2, Paris 1905, p. 340/6.

20) Cours (non publié) professé au Collège de France en 1896/7; C. R. Acad. sc. Paris 128 (1899), p. 1505. Voir aussi *C. Runge*, Math. Ann. 44 (1894), p. 437; 46 (1895), p. 167.

21) C. R. Acad. sc. Paris 128 (1899), p. 1363; Ann. Ec. Norm. (3) 21 (1904), p. 56.

22) *Voir aussi *E. Picard*, Ann. Ec. Norm. (3) 21 (1904), p. 56.*

23) *Giorn. mat. 2 (10) (1903), p. 138/44.*

24) *Cours d'Analyse math. 2, Paris 1905, p. 382.*

25) *Acta math. 31 (1908), p. 117.*

6. Intégrales premières d'un système différentiel. D'après ce qui précède, à tout système de conditions initiales régulières

$$x_0,\ y_1^0,\ \ldots,\ y_n^0$$

correspond une solution du système (2) et une seule: soit

$$(10)\quad y_1 = \varphi_1(x,\ x_0,\ y_1^0,\ \ldots,\ y_n^0)\ ,\ldots,\ y_n = \varphi_n(x,\ x_0,\ y_1^0,\ \ldots,\ y_n^0)$$

cette solution. *I. Bendixson*[26]) a étudié ces fonctions $\varphi_1,\ \varphi_2,\ \ldots,\ \varphi_n$ des $(n+2)$ variables $x,\ x_0,\ y_1^0,\ldots,\ y_n^0$, moyennant la seule restriction que les fonctions $f_1,\ f_2,\ \ldots,\ f_n$ *admettent des dérivées premières continues par rapport à* $y_1,\ y_2,\ \ldots,\ y_n$. D'une façon précise, soient $\alpha,\ \beta_1,\ \ldots,\ \beta_n$ des valeurs de $x,\ y_1,\ \ldots,\ y_n$ telles que dans le domaine

$$(11)\qquad |x-\alpha| < a,\quad |y_1-\beta_1| < b,\ \ldots,\ |y_n-\beta_n| < b$$

les fonctions $f_1,\ f_2,\ \ldots,\ f_n$ soient continues, inférieures en valeur absolue à un nombre fixe M, et aient des dérivées $\frac{\partial f_i}{\partial y_j}$ continues; soit l le plus petit des nombres a et $\frac{b}{M}$, et $x,\ x_0,\ y_1^0,\ \ldots,\ y_n^0$ des valeurs appartenant au domaine

$$(12)\quad |x-\alpha| < \frac{l}{4},\quad |x_0-\alpha| < \frac{l}{4},\quad |y_1^0-\beta_1| < \frac{b}{2},\cdots,\ |y_n^0-\beta_n| < \frac{b}{2};$$

les fonctions $y_i = \varphi_i(x,\ x_0,\ y_1^0,\ldots,\ y_n^0)$ sont, dans le domaine (12), des fonctions continues de $x,\ x_0,\ y_1^0,\ldots,\ y_n^0$, à dérivées premières continues; de plus, les valeurs de ces fonctions appartiennent elles-mêmes au domaine (12).

Si l'on permute le rôle des deux systèmes de valeurs $(x,\ y_1,\ldots,\ y_n)$ et $(x_0,\ y_1^0,\ \ldots,\ y_n^0)$, on voit que l'intégrale générale du système (2) peut se mettre sous la forme

$$(13)\quad \varphi_1(x_0,\ x,\ y_1,\ldots,\ y_n) = y_1^0,\ \ldots,\ \varphi_n(x_0,\ x,\ y_1,\ldots,\ y_n) = y_n^0,$$

les fonctions $\varphi_1,\ \varphi_2,\ \ldots,\ \varphi_n$ (où x_0 a reçu une valeur numérique) étant des fonctions continues, à dérivées premières continues, de $x,\ y_1,\ \ldots,\ y_n$.

Ces fonctions $\varphi_1,\ \varphi_2,\ \ldots,\ \varphi_n$ satisfont à l'équation aux dérivées partielles

$$(14)\qquad \frac{\partial F}{\partial x} + f_1\frac{\partial F}{\partial y_1} + f_2\frac{\partial F}{\partial y_2} + \cdots + f_n\frac{\partial F}{\partial y_n} = 0.$$

Inversement, toute intégrale $F(x,\ y_1,\ldots,\ y_n)$ de l'équation (14), à dérivées premières continues, s'obtient en prenant pour F une fonction quelconque G de $\varphi_1,\ \varphi_2,\ \ldots,\ \varphi_n$.

---

26) Bull. Soc. math. France 24 (1896), p. 220. Voir aussi *G. Peano*, Atti Accad. Torino 33 (1897/8), p. 9 et la fin du n° **10**.

On donne le nom d'*intégrale première*, ou simplement d'*intégrale*[27]), à toute relation

(15) $$F(x, y_1, \ldots, y_n) = c$$

(où c est une constante) qui est vérifiée par une solution *quelconque* du système (2).

Pour qu'une relation $F = c$ soit une intégrale première du système (2), il faut et il suffit que $F(x, y_1, \ldots, y_n)$ soit une intégrale de l'équation (14). Tout système (2) qui satisfait aux conditions de continuité énoncées admet, d'après ce qui précède, n intégrales premières *distinctes* (I 9, 75), qui définissent l'intégrale générale du système (2), et dont on peut déduire toutes les autres intégrales premières.

L'intégration du système (2) et celle de l'équation (14) apparaissent ainsi comme deux problèmes équivalents: l'existence des intégrales de *l'équation linéaire et homogène aux derivées partielles du premier ordre* (14) se trouve établie par le fait même.

Ces diverses propositions, admises dès le début du calcul intégral, sont ainsi démontrées rigoureusement, *sous la seule hypothèse que les fonctions* $f_1, f_2, \ldots, f_n$ *soient continues ainsi que les dérivées* $\frac{\partial f_i}{\partial y_j}$.

En particulier, il résulte encore de ce qui précède qu'une équation du premier ordre

(16) $$dy - f(x, y)\, dx = 0,$$

où f et $\frac{\partial f}{\partial y}$ sont des fonctions continues de x, y (dans un certain domaine), admet un *facteur intégrant*; autrement dit, il existe une fonction $M(x, y)$ telle que

$$M[dy - f(x, y)\, dx]$$

soit une différentielle totale exacte [cf. II 16, 6].

7. Application de la méthode au champ complexe. Quand le système (2) est *analytique*, la méthode de Cauchy-Lipschitz s'applique sans modification, comme l'a montré *E. Picard*[28]), à l'étude des intégrales *analytiques* du système (2).

Soient $x, y_1, \ldots, y_n$ des variables complexes, et $x_0, y_1^0, \ldots, y_n^0$ des valeurs pour lesquelles les fonctions $f_1, f_2, \ldots, f_n$ sont *holomorphes*. Traçons à partir de x_0 un chemin l à tangente continue, et définissons les points x de ce chemin l par la longueur s de l'arc $x_0 x$. Le système (2) équivaut, le long de l, à $2n$ équations différentielles

---

27) Le nom d'*intégrale première* est le terme classique; celui d'*intégrale* a été adopté par *H. Poincaré*. „On ne considère que les fonctions $F(x, y_1, \ldots, y_n)$ qui admettent des dérivées premières continues."

28) Bull. sc. math. (2) 12 (1888), p. 148; Traité d'Analyse 2, Paris 1893, p. 309; (2ᵉ éd.) 2, Paris 1905, p. 351; C. R. Acad. sc. Paris 128 (1899), p. 1363.

réelles à une variable indépendante s. En appliquant à ce système les résultats énoncés plus haut, on établit les propositions suivantes:

Théorème I. *Il existe une solution holomorphe du système* (2) *et une seule,* $y_1(x), \ldots, y_n(x)$ *telle que pour* $x = x_0$ *on ait* $y_1 = y_1^0, \ldots, y_n = y_n^0$.

Si les fonctions $f_1(x, y_1, \ldots, y_n), \ldots, f_n(x, y_1, \ldots, y_n)$ sont holomorphes et, en valeur absolue, inférieures à un nombre fixe M dans le domaine

$$|x - x_0| < a, \quad |y_1 - y_1^0| < b, \ldots, |y_n - y_n^0| < b,$$

les fonctions $y_1(x), \ldots, y_n(x)$ sont holomorphes dans le cercle $|x - x_0| < l$, où l désigne la plus petite des quantités a et $\frac{b}{M}$.

Théorème II. *En dehors de cette solution holomorphe il n'existe aucune solution* $y_1(x), y_2(x), \ldots, y_n(x)$ *telle que,* x *tendant vers* x_0 *sur un certain chemin de longueur finie,* $y_1, y_2, \ldots, y_n$ *tendent respectivement vers* $y_1^0, y_2^0, \ldots, y_n^0$.

Convenons de dire qu'une solution $y_1(x), y_2(x), \ldots, y_n(x)$ est *analytiquement régulière* pour la valeur x_1, si les fonctions $y_1(x), y_2(x), \ldots, y_n(x)$ sont holomorphes pour $x = x_1$, et si de plus les fonctions $f_1(x, y_1, \ldots, y_n), \ldots, f_n(x, y_1, \ldots, y_n)$ sont holomorphes pour les valeurs $x = x_1$, $y_1 = y_1(x_1), \ldots, y_n = y_n(x_1)$. Soit maintenant C un chemin (à tangente continue) issu de x_0, et soit $x_0\xi$ *le plus grand arc* de C le long duquel la solution $y_1(x), \ldots, y_n(x)$, répondant aux conditions initiales $x_0, y_1^0, \ldots, y_n^0$, soit régulière. *La méthode de Cauchy-Lipschitz définit la solution* $y_1(x), \ldots, y_n(x)$ *tout le long de l'arc* $x_0\xi$ *de* C; cette solution peut d'ailleurs converger au delà.

En particulier, prenons pour C une demi-droite quelconque, et soit A l'aire balayée par le segment $x_0\xi$ quand C tourne autour du point x_0; la méthode de Cauchy-Lipschitz définit la solution $y_1(x), \ldots, y_n(x)$ et permet de la développer en séries de polynomes dans toute l'aire A (Voir le n° **14**.)

*Enfin, d'après le n° **6**, les fonctions $y_1, \ldots, y_n$ sont holomorphes en $x, x_0, y_1^0, \ldots, y_n^0$ tant que ces variables restent voisines des valeurs données (n° **14**).*

8. Cas où les coefficients différentiels sont continus sans satisfaire aux conditions de Lipschitz. Si les coefficients différentiels $f_1, f_2, \ldots, f_n$ du système (2) sont assujettis seulement à la condition d'être continus dans le domaine (4), il existe *au moins une* solution $y_1(x), \ldots, y_n(x)$ du système (2) répondant aux conditions initiales $x_0, y_1^0, \ldots, y_n^0$; mais en général il en existe *une infinité* comme *G. Peano*[29]) l'a montré le premier.

29) Math. Ann. 37 (1890), p. 182; Atti Accad. Torino 26 (1890/1), p. 677.

D'une façon précise, le système (2) et les conditions initiales font correspondre à chaque valeur de x (voisine de x_0) un ensemble *continu* de systèmes de valeurs $(y_1, y_2, \ldots, y_n)$. Si cet ensemble se réduit à un système unique $(y_1, y_2, \ldots, y_n)$, alors, et alors seulement, les conditions initiales définissent une solution *unique*. Pour qu'il en soit ainsi, les conditions de Lipschitz sont suffisantes mais non nécessaires.

Le mémoire de *G. Peano*, rédigé dans le langage symbolique du calcul logique, a été exposé en langage ordinaire par *G. Mie*[30]; ses résultats ont été simplifiés et complétés par *Ch. J. de la Vallée-Poussin*[31]), *C. Arzelà*[32]) et *W. F. Osgood*[33]). Les deux premiers étendent la définition donnée par *B. Riemann* [voir les articles II 2 et II 4] de l'intégrale définie, c'est-à-dire de l'intégrale de l'équation différentielle $\frac{dy}{dx} = f(x)$, à l'intégrale de l'équation $\frac{dy}{dx} = f(x, y)$; ils démontrent l'existence des intégrales dans le cas où la fonction f, continue en y, est discontinue mais intégrable par rapport à x.

W. F. Osgood[34]) trouve que, quand $f(x, y)$ est continu au voisinage de (x_0, y_0), les conditions initiales (x_0, y_0) définissent en général une infinité de solutions; les courbes correspondantes couvrent toute l'aire du plan comprise entre une solution maximée $y = Y(x)$ et une solution minimée $y = Y_0(x)$. Quand $Y(x)$ et $Y_0(x)$ coïncident, alors et alors seulement les conditions initiales (x_0, y_0) définissent une solution unique. Cela a toujours lieu quand les conditions de Lipschitz sont remplies, mais aussi par exemple quand

$$|f(x, y_1) - f(x, y)| < k\,|y_1 - y| \log \frac{1}{|y_1 - y|},$$

ou quand

$$|f(x, y_1) - f(x, y)| < k\,|y_1 - y| \log \frac{1}{|y_1 - y|} \log\log \frac{1}{|y_1 - y|},$$

etc, k désignant une constante positive[35]).

30) Math. Ann. 43 (1893), p. 533.

31) Mém. couronnés et autres mém. Acad. Belgique in-8°, 47 (1892/3) mém. n° 6, p. 3/82; Ann. Soc. scient. Bruxelles 17¹ (1892/3), p. 8/12. Voir aussi *V. Volterra*, Giorn. mat. (1) 19 (1881) p. 333.

32) Memorie Ist. Bologna (5) 5 (1895/6), p. 225; (5) 6 (1896/7), p. 131.

33) Monatsh. Math. Phys. 9 (1898), p. 332.

34) Monatsh. Math. Phys. 9 (1898), p. 331. Voir aussi, au sujet du rôle des points singuliers dans l'application de la méthode, *L. Autonne*, Ann. Univ. Lyon 3, fasc. 1 (1892), p. 39.

35) *Voir aussi *P. Montel*, Ann. Ec. Norm. (3) 24 (1907), p. 265; *A. Rosenblatt*, Über singuläre Punkte der Differentialgleichungen erster Ordnung, Göttingue 1908, p. 1/8.*

Méthode des approximations successives.

9. Principes et résultats de la méthode. Une seconde méthode a été depuis longtemps employée par les astronomes. *J. Liouville*[36]) en a démontré la convergence dans un cas particulier, mais *A. L. Cauchy* semble avoir donné auparavant dans son enseignement une démonstration générale de cette convergence. Cette démonstration est exposée par *F. N. M. Moigno*[37]) qui, pour plus de simplicité, l'applique à l'équation linéaire du second ordre

$$\frac{d^2y}{dx^2} = X(x)\,y. \tag{17}$$

C'est une *méthode d'approximations successives* qui procède ainsi: soit x_0, y_0, y_0' les conditions initiales données [$X(x)$ est continu pour $|x - x_0| < a$]; posons, dans une première approximation,

$$y_1 = y_0'(x - x_0) + y_0,$$

puis

$$\begin{aligned} &\frac{d^2y_2}{dx^2} = X(x)\,y_1, \quad [y_2(x_0) = y_0,\ y_2'(x_0) = y_0'],\\ &\frac{d^2y_3}{dx^2} = X(x)\,y_2, \quad [y_3(x_0) = y_0,\ y_3'(x_0) = y_0'],\\ &\ldots\ldots,\ \ldots\ldots\ldots\ldots \end{aligned} \tag{18}$$

Les $y_2, y_3, \ldots$ sont données par des quadratures successives, et tendent vers une limite $y(x)$ qui est solution de l'équation (1).

F. N. M. Moigno n'indique pas d'ailleurs les conditions de continuité moyennant lesquelles la méthode est applicable à un système (2) quelconque.

Une méthode analogue a été appliquée aux équations différentielles linéaires d'ordre quelconque par *J. Caqué*[38]), *L. Fuchs*[39]) et *G. Peano*[40]).

Cette méthode a été retrouvée dans toute sa généralité par *E. Picard*[41]). Pour simplifier la notation, remplaçons, dans le système (2), $y_1, y_2, \ldots, y_n$ par $y, z, \ldots, w$, et supposons que les *conditions de Lipschitz soient remplies pour les valeurs initiales*

---

36) J. math. pures appl. (1) 2 (1837), p. 19; (1) 3 (1838), p. 566.

37) Calcul diff.[10]) 2, p. 702/7.

38) Thèse, Paris 1864; J. math. pures appl. (2) 9 (1864), p. 185.

39) Ann. mat. pura appl. (2) 4 (1870/1), p. 36.

40) Math. Ann. 32 (1888), p. 450; Atti Accad. Torino 22 (1886/7), p. 437.

41) J. math. pures appl. (4) 6 (1890), p. 145; (4) 9 (1893), p. 217; Traité d'Analyse[28]) 2, p. 301; (2e éd.) 2, p. 340; J. Ec. polyt. (1) cah. 60 (1890), p. 89; Bull. Soc. math. France 19 (1890/1), p. 63; Nouv. Ann. math. (3) 10 (1891), p. 197.

$x_0, y_0, z_0, \ldots, w_0$. Désignons par l (comme au n° **3**) le plus petit des deux nombres a et $\frac{b}{M}$, et par h le plus petit des deux nombres l et $\frac{1}{k_1+k_2+\cdots+k_n}$. La méthode de *E. Picard* consiste à poser

$$(19)\quad \begin{aligned} &\frac{dy_1}{dx}=f_1(x, y_0, z_0, \ldots, w_0), \;\ldots,\; \frac{dw_1}{dx}=f_n(x, y_0, z_0, \ldots, w_0),\\ &\frac{dy_2}{dx}=f_1(x, y_1, z_1, \ldots, w_1), \;\ldots,\; \frac{dw_2}{dx}=f_n(x_1, y_1, z_1, \ldots, w_1),\\ &\cdots\cdots\cdots\cdots\cdots\cdots\cdots\cdots\cdots\cdots\cdots\cdots \end{aligned}$$

en imposant aux fonctions $(y_1, z_1, \ldots, w_1)$, $(y_2, z_2, \ldots, w_2)$, ... la condition de coïncider avec $(y_0, z_0, \ldots, w_0)$ pour $x = x_0$. *Quand x est compris entre $x_0 - h$ et $x_0 + h$,* *E. Picard* a montré que les fonctions $y_p, z_p, \ldots, w_p$ tendent, pour $p = +\infty$, vers des limites $y(x), z(x), \ldots, w(x)$ qui définissent une solution du système (2) répondant aux conditions initiales. Il est loisible d'ailleurs, d'adopter, comme premier système approximatif, au lieu de $x, y_0, z_0, \ldots, w_0$, tout autre système de fonctions continues $Y(x), Z(x), \ldots, W(x)$, qui pour $x = x_0$, coïncident avec $y_0, z_0, \ldots, w_0$.

Si l'on applique, en particulier, la méthode de *E. Picard* au système

$$(20)\qquad \frac{dy}{dx} = y', \quad \frac{dy'}{dx} = X(x)y,$$

en prenant pour premier système approximatif,

$$y = y_0'(x - x_0) + y_0, \quad y' = y_0',$$

on retombe sur la seconde méthode de *A. L. Cauchy*, telle que l'a exposée *F. N. M. Moigno.*

I. Bendixson[42]) et *E. Lindelöf*[43]) ont complété les résultats de *E. Picard* en montrant[44]) que la méthode précédente converge sûrement (comme la première méthode de *A. L. Cauchy*), *dans l'intervalle*

$$(x_0 - l,\ x_0 + l),$$

plus grand que l'intervalle $(x_0 - h,\ x_0 + h)$. De plus, *E. Lindelöf* a établi d'une façon élémentaire, que la méthode converge au moins dans l'intervalle $(x_0 - \lambda,\ x_0 + \lambda)$ [n° **5**] et que la solution qu'elle définit est la seule.

On ne connaît encore aucun moyen de déterminer l'intervalle exact dans lequel la méthode de *E. Picard* converge. Suivant les cas, cet

---

42) Öfversigt Vetensk. Akad. förhandl. (Stockholm) 50 (1893), p. 599.

43) *E. Lindelöf,* C. R. Acad. sc. Paris 118 (1894), p. 454; J. math. pures appl. (4) 10 (1894), p. 117; *E. Picard,* Traité d'Analyse [19]) 3, p. 88; (2e éd.) 2, p. 340.

44) Voir aussi *C. Juel,* Nyt Tidsskrift mat. Köbenhavn (Copenhague), Afd. B. 4 (1893), p. 10 et *D. Sincov,* Bull. Soc. phys.-math. Kazan (2) 3 (1893), p. 138/46; **E. Goursat,* Cours d'Analyse [24]) 2, p. 369.*

intervalle peut embrasser, comme dans la méthode de Cauchy-Lipschitz, tout l'intervalle de régularité de la solution, ou être au contraire plus petit que l'intervalle de convergence des séries de Taylor en $(x-x_0)$ qui représentent la solution, quand elle est holomorphe[45]).

C. Severini[46]) et *E. Cotton*[47]) ont employé la méthode des approximations successives au calcul pratique de l'intégrale approchée du système (2). Les procédés indiqués en dernier lieu par *E. Cotton*[48]) permettent de limiter l'erreur commise en tenant compte non seulement de la valeur absolue, mais du signe des dérivées des fonctions f_i prises par rapport aux variables y_k[48]).*

10. Corollaires. Quand les coefficients différentiels $f_i(x, y, z, \ldots, w)$ admettent par rapport à $y, z, \ldots, w$ des dérivées premières continues, il résulte de la méthode des approximations successives, comme de celle de *A. L. Cauchy* (n° **6**), que les φ_i (équations 13) ont des dérivées premières continues et sont des intégrales[49]) de l'équation (14). Quand les f_i sont continus sans satisfaire aux conditions de Lipschitz, *I. Bendixson*[50]) montre que la méthode de Picard, *si elle converge*, converge vers *une* solution de l'équation (1); mais en général il existe alors d'autres solutions répondant aux mêmes conditions initiales (n° 8). En particulier dans le cas d'une équation du premier ordre, si $f(x, y)$ est positif pour x_0, y_0 et croît avec y, la méthode de Picard définit toujours une solution.

---

45) *P. Painlevé*, Bull. Soc. math. France 27 (1899), p. 152.

46) Reale Ist. Lombardo *Rendic.* (2) 31 (1898), p. 657, 950; Sull' integrazione approssimata delle equazioni differenziali ordinarie, Bologne 1899.

47) C. R. Acad. sc. Paris 140 (1905), p. 494; 141 (1905), p. 177; 146 (1908), p. 274, 510; Acta math. 31 (1908), p. 107/26.

48) *E. Cotton* [Bull. Soc. math. France 36 (1908), p. 225; Ann. Univ. Grenoble 21 (1909), p. 99/115] a généralisé la méthode des approximations successives en substituant aux quadratures successives des intégrations de systèmes linéaires à second membre.

49) *E. Picard* dans *G. Darboux*, Théorie des surfaces 4, Paris 1896, p. 353/67; Bull. Soc. math. France 25 (1897), p. 35. *E. Picard* suppose que les dérivées premières des f_i satisfont aux conditions que *R. Lipschitz* impose aux f_i. Cette restriction a été levée par *O. Niccoletti* [Atti Accad. Torino 33 (1897/8), p. 746] et *G. von Escherich* [Sitzgsb. Akad. Wien 108 IIa (1899), p. 622] qui parviennent par la méthode des approximations successives aux mêmes conclusions que *I. Bendixson*[26]) et *G. Peano*[26]) à l'aide de la méthode de Cauchy-Lipschitz. Ils montrent en outre que les séries de *E. Picard* sont différentiables terme à terme. *Ces résultats ont été démontrés d'une manière plus complète et plus simple par *J. Hadamard* [Bull. Soc. math. France 28 (1900), p. 64], *E. Lindelöf* [J. math. pures appl. (5) 6 (1900), p. 423] et *G. A. Bliss* [Annals of math. (2) 6 (1904/5), p. 49]. Voir aussi *A. Vaccaro* [Atti Accad. Torino 36 (1900/1), p. 708/20].*

43) Öfversigt Vetensk. Akad. förhandl. (Stockholm) 54 (1897), p. 617.

*Quand les coefficients différentiels sont des fonctions analytiques de $x, y, z, \ldots, w$, la méthode des approximations successives peut être étendue au champ complexe[51]) comme celle (n° 7) de Cauchy-Lipschitz (voir n° **11**).

L'application de la méthode à la détermination des solutions $y(x)$ des équations différentielles du second ordre, quand on se donne la valeur de y pour deux valeurs x_0, x_1 de x, se trouve traitée dans l'article II 17.*

Méthode du calcul des limites.

11. Principe et résultats de la méthode. A l'inverse des deux premières, les méthodes qui vont suivre supposent essentiellement le système (2) *analytique*. Soient donc $x, y_1, \ldots, y_n$ des variables *complexes* quelconques, et $x_0, y_1^0, \ldots, y_n^0$ des valeurs pour lesquelles les fonctions $f_i(x, y_1, \ldots, y_n)$ sont *holomorphes*. Si le système (2) admet une solution $y_1(x), \ldots, y_n(x)$ *holomorphe pour* $x = x_0$, cette solution est évidemment *unique*, et les valeurs (pour $x = x_0$) des dérivées successives $y_i', y_i'', \ldots$ des $y_i(x)$ se calculent en dérivant une fois, deux fois, ..., les équations (2). On sait donc former les séries de Taylor en $(x - x_0)$ qui représentent la solution holomorphe considérée, si cette solution existe. Mais c'est *A. L. Cauchy*[52]) qui a démontré le premier[53]) que les séries ainsi formées sont convergentes dans un

---

51) **E. Picard* [C. R. Acad. sc. Paris 118 (1894), p. 457; Traité d'Analyse 3, Paris 1896, p. 98; (2e éd.) 3, Paris 1908, p. 94]; *O. von Lichtenfels* [Monatsh. Math. Phys. 1 (1890), p. 275]; *G. A. Bliss*[49]); *E. Goursat* [Bull. Soc. math. France 34 (1906), p. 98.*

52) D'abord dans les mémoires lithographiés de Turin (octobre 1831, 1832, mars 1833) et de Prague (1835); Œuvres (2) 15 en préparation. Les premiers de ces mémoires sont reproduits (en partie) dans les Exercices d'analyse et de phys. math. 2, Paris 1841, p. 41; le dernier[9]) est reproduit dans les Exercices d'analyse et de phys. math. 1, Paris 1840, p. 327.

53) *Les nombreuses notes des Comptes Rendus de l'Académie des sciences de Paris consacrées par *A. L. Cauchy* au calcul des limites sont rassemblées dans ses Œuvres complètes (1re série, tomes 4 à 7 et tome 10). Les plus importantes portent les dates suivantes: 5 août et 21 novembre 1839; 29 juin, 26 octobre, 2 novembre et 9 novembre 1840; juin et juillet 1842; septembre et octobre 1846.

Cf. C. R. Acad. sc. Paris 9 (1839), p. 184/90, 637/49; 10 (1840), p. 957/69; 11 (1840), p. 639/58, 667/77; 730/46; 14 (1842), p. 1020/8; 15 (1842), p. 14/25; 23 (1846), p. 485/7, 529/37, 563/9, 617/9, 702/4, 729/40, 779/87.

Œuvres (1) 4, Paris 1884, p. 483/91; (1) 5, Paris 1885, p. 5/20, 236/49, 360/409; (1) 6, Paris 1888, p. 461/7; (1) 7, Paris 1892, p. 5/17; (1) 10, Paris 1897, p. 107/9, 124/33, 143/50, 150/3, 169/71, 171/86, 186/96.*

Voir aussi *F. N. M. Moigno*, Calcul diff.[10]) 2, p. 747.

certain cercle et définissent bien une solution du système (2) holomorphe pour $x = x_0$[54]).

La méthode de Cauchy repose essentiellement sur la *limitation* des valeurs absolues des dérivées d'une fonction analytique (voir l'article II 8): d'où le nom de *calcul des limites* adopté par *A. L. Cauchy*.

Supposons que les fonctions f_i soient holomorphes et en valeur absolue inférieures à M dans le domaine (4). On a, quels que soient les entiers $p, q, \ldots, s$,

$$\frac{1}{p!\,q!\cdots s!}\left|\frac{\partial^{p+q+\cdots+s} f(x, y_1, \ldots, y_n)}{\partial x^p\,\partial y_1^q \ldots \partial y_n^s}\right| \leq \frac{M}{a^p\, b^{q+\cdots+s}}. \tag{21}$$

Ces inégalités établies, la comparaison du système (2) avec le système (2)[bis], que l'on déduit du système (2) en y supposant tous les f_i égaux à l'expression

$$\frac{M}{\left(1-\frac{x-x_0}{a}\right)\left(1-\frac{y_1-y_1^0}{b}\right)\cdots\left(1-\frac{y_n-y_n^0}{b}\right)}, \tag{22}$$

montre que le système (2) admet une solution, répondant aux conditions initiales $x_0, y_1^0, \ldots, y_n^0$, et *holomorphe au moins dans le cercle* $|x - x_0| < \varrho$, où

$$\varrho = a\left[1 - e^{-\frac{b}{(n+1)Ma}}\right]. \tag{23}$$

C'est en s'appuyant sur la théorie des intégrales de fonctions de variable complexe que *A. L. Cauchy* a établi les inégalités fondamentales (21). La démonstration de *A. L. Cauchy* a été notablement simplifiée par *Ch. A. A. Briot* et *J. C. Bouquet*[55]).

K. Weierstrass[56]) en Allemagne, *Ch. Méray*[57]) en France, ont établi le théorème de Cauchy en s'appuyant encore sur les inégalités (21); mais ils déduisent les inégalités (21), sans avoir recours au calcul intégral, des propriétés des *séries entières*.

---

54) *Sur le calcul des limites voir encore un mémoire de *A. L. Cauchy*, traduit en italien et annoté par *P. Frisiani* et *G. Piola* [Sulla meccanica celeste e sopra un nuovo calcolo chiamato calcolo dei limiti], dont la première partie a été seule publiée [Opuscoli matematici e fisici di diversi autori 2, Milan 1834, texte p. 1/48, notes p. 49/84] (Note de *G. Vivanti*).*

55) C. R. Acad. sc. Paris 36 (1853), p. 264, 334; 39 (1854), p. 368, 755, 795; 40 (1855), p. 123; J. Ec. polyt. (1) cah. 36 (1856), p. 86, 131.

56) Definition analytischer Functionen einer Veränderlichen vermittelst algebraischer Differentialgleichungen [Werke 1, Berlin 1894, p. 75/85 (1842)]; Über die Theorie der analytischen Fakultäten [J. reine angew. math. 51 (1856), p. 1/60; Abh. aus der Functionenlehre, Berlin 1886, p. 185/260; Werke 1, Berlin 1894, p. 153/221].

57) C. R. Acad. sc. Paris 40 (1855), p. 787; Nouveau précis d'analyse infinitésimale, Paris 1872; Leçons nouvelles sur l'analyse infinitésimale 1, Paris 1894.

De plus, la méthode de *K. Weierstrass* démontre rigoureusement la proposition suivante, admise implicitement par *A. L. Cauchy*:

„Soient α, $\beta_1, \ldots, \beta_n$ des valeurs de x, $y_1, \ldots, y_n$ pour lesquelles les fonctions $f_1, f_2, \ldots, f_n$ sont holomorphes; les fonctions $\varphi_1, \varphi_2, \ldots, \varphi_n$ définies par les équations (13) [n° **6**] sont des fonctions analytiques des $(n+2)$ variables x, x_0, $y_1^0, \ldots, y_n^0$ *holomorphes pour* $x = \alpha$, $x_0 = \alpha$, $y_1^0 = \beta_1, \ldots, y_n^0 = \beta_n$"[58]).

D'après cela, si l'on résout par rapport à $y_1^0, \ldots, y_n^0$ les n équations (10) [autrement dit, si l'on permute les deux systèmes de valeurs $(x, y_1, \ldots, y_n)$ et $(x_0, y_1^0, \ldots, y_n^0)$], les n fonctions $\varphi_i(x_0, x, y_1, \ldots, y_n)$ [où on laisse à x_0 la valeur numérique α] sont n *intégrales premières du système* (2) *holomorphes pour* $x = \alpha$, $y_1 = \beta_1, \ldots, y_n = \beta_n$.

Ces fonctions $\varphi_1, \varphi_2, \ldots, \varphi_n$ vérifient l'équation aux dérivées partielles (14).

Toute intégrale $F(x, y_1, \ldots, y_n)$ de cette équation, holomorphe pour $x = \alpha$, $y_1 = \beta_1, \ldots, y_n = \beta_n$, s'obtient par une combinaison $G(\varphi_1, \ldots, \varphi_n)$ des fonctions $\varphi_i(x, y_1, \ldots, y_n)$ où G est holomorphe pour $\varphi_1 = \beta_1$, $\ldots, \varphi_n = \beta_n$. *L'existence des intégrales* F *de l'équation* (14), *holomorphes pour* $x = \alpha$, $y_1 = \beta_1, \ldots, y_n = \beta_n$ [valeurs pour lesquelles les fonctions $f_1, f_2, \ldots, f_n$ sont holomorphes], *est ainsi démontrée.*

L'exposition de *K. Weierstrass* a été simplifiée par *L. Königsberger*[59]).

12. Développement de la méthode. La limite donnée par l'équation (23) pour le rayon de convergence des séries est en général dépassée.

E. Picard a agrandi notablement cette limite. Tout d'abord, en modifiant l'exposition de *Ch. A. A. Briot* et *J. C. Bouquet* de façon à faire disparaître des équations du système (2) la variable indépendante, il a montré[60]) qu'on peut [pour le nouveau système (2)] substituer à ϱ la quantité

$$\frac{b}{(n+1)M}.$$

58) *K. Weierstrass,* Werke 1, Berlin 1894, p. 81 [1842]. Il résulte d'une note qui fait suite au mémoire (p. 84) que *K. Weierstrass* ignorait les travaux de *A. L. Cauchy* à l'époque où il a rédigé ce mémoire. *Le théorème en question se trouvait d'ailleurs démontré rigoureusement par *A. L. Cauchy* comme conséquence de ses travaux sur les équations linéaires aux dérivées partielles du premier ordre [voir n° **16**].*

59) *L. Königsberger,* J. reine angew. Math. 104 (1889), p. 174; Lehrbuch der Theorie der Differentialgleichungen, Leipzig 1889, p. 25/33. *Voir aussi *E. Goursat,* Cours d'Analyse[24]) 2, p. 330.*

60) Cours d'Analyse professé à la Faculté des sciences de Paris en 1886/7, rédigé par *L. Caron* et *Ch. Philippe* (lithographié), Paris 1887, p. 292.

Plus tard (nº 7), en étendant au champ complexe la méthode de Cauchy-Lipschitz, il a remplacé ϱ par la quantité l, la plus grande des quantités a et $\frac{b}{M}$ (l est dans tous les cas supérieur à ϱ).

P. Stäckel[61]) a remarqué qu'on peut en général, dans les inégalités (21), substituer à M une quantité G plus petite, et par suite à ϱ la quantité *plus grande*

$$a\left[1-e^{-\frac{b}{(n+1)aG}}\right].$$

Enfin *E. Lindelöf*[62]) a trouvé directement un rayon de convergence $l_1 > l > \varrho$, en présentant d'une façon très élémentaire les principes du calcul des limites: l_1 désigne la plus petite des deux quantités a et $\frac{b}{M_1}$, M_1 étant le maximé dans le domaine (4) des valeurs qu'on obtient en remplaçant dans les développements des f_i suivant les puissances de $x-x_0$, $y_1-y_1^0$, ..., $y_n-y_n^0$ tous les termes par leurs valeurs absolues.

**E. Goursat*[63]) et *L. Fejér*[64]) ont perfectionné encore la méthode.*

L'existence des *fonctions implicites* est une conséquence évidente du théorème de Cauchy[65]). D'une façon précise, soient

$$H_1(x, y_1, \ldots, y_n),\ H_2(x, y_1, \ldots, y_n),\ \ldots,\ H_n(x, y_1, \ldots, y_n)$$

n fonctions holomorphes et nulles pour $x = x_0$, $y_1 = y_1^0, \ldots, y_n^0 = y_n^0$, et telles que le déterminant fonctionnel [cf. I 9, 73]

$$\frac{\partial(H_1, \ldots, H_n)}{\partial(y_1, \ldots, y_n)}$$

ne soit pas nul pour $x = x_0$, $y_1 = y_1^0, \ldots, y_n = y_n^0$. Les égalités

$$(24)\qquad H_1 = 0,\quad H_2 = 0,\ \ldots,\ H_n = 0$$

définissent un système de fonctions $y_1(x)$, $y_2(x)$, ..., $y_n(x)$ holomorphes et égales à y_1^0, y_2^0, ..., y_n^0 pour $x = x_0$. Ce système est d'ailleurs unique. Dans un autre travail, *E. Lindelöf*[66]) a démontré directement l'existence de ces fonctions implicites, à l'aide d'un procédé très simple de récurrence, et en a déduit le théorème de Cauchy pour un système différentiel (2).

61) C. R. Acad. sc. Paris 126 (1898), p. 203.

62) Acta Soc. scient. Fennicae 21 (1896), mém. nº 7, p. 1/13.

63) Bull. Soc. math. France 35 (1907), p. 81.

64) C. R. Acad. sc. Paris 143 (1906), p. 957.

65) Voir notamment *A. L. Cauchy*, C. R. Acad. sc. Paris 9 (1839), p. 184/90; 23 (1846), p. 729 et suiv.; Œuvres (1) 4, Paris 1884, p. 483/91; (1) 10, Paris 1897, p. 171 et suiv.

66) Bull. sc. math. (2) 23 (1899), p. 68.

13. Détermination unique d'une solution par les conditions initiales. Il est évident que le système (2) ne saurait admettre, en dehors de la solution de *A. L. Cauchy*, une autre solution *holomorphe pour* $x = x_0$ et qui réponde aux mêmes conditions initiales.

Mais existe-t-il d'autres solutions, *non holomorphes pour* $x = x_0$, et telles que, x tendant vers x_0 sur un certain chemin C,

$$y_1(x),\ y_2(x),\ \ldots,\ y_n(x)$$

tendent respectivement vers $y_1^0, y_2^0, \ldots, y_n^0$? C'est la question que nous allons maintenant étudier[67]).

Tout d'abord, si l'on assujettit le chemin C à avoir *une longueur finie*, la réponse est négative. C'est ce qu'ont démontré pour la première fois *Ch. A. A. Briot* et *J. C. Bouquet*[68]) dans le cas d'une équation unique du premier ordre. La démonstration a été étendue par *E. Picard*[69]) à un système (2) quelconque; elle résulte aussi de la méthode de Cauchy-Lipschitz (n° 7).

Mais la proposition qui nous occupe jouant dans la théorie des équations différentielles un rôle fondamental, il importait de l'établir *sans assujettir le chemin C à aucune restriction*[70]).

Précisons d'abord ce qu'il faut entendre par un chemin *qui tend vers* x_0. On dit qu'un chemin C (issu d'un certain point x_1) tend vers x_0 si, quelque petit qu'on prenne ε, il existe sur C un point x au delà duquel le chemin C reste intérieur au cercle γ de centre x_0 et de rayon ε[71]). De même, par définition, une fonction $y(x)$, holomorphe le long de C (le point x_0 excepté), *tend vers* y_0 pour x tendant vers x_0 sur C si, pour tout point x de C intérieur à γ, on a

$$|y(x) - y_0| < \eta,$$

η tendant vers zéro avec ε (voir II 1, n° 23B). Ces définitions adoptées on démontre[72]) *qu'il n'existe, en dehors de la solution de Cauchy, aucune*

67) Nous dirons, pour abréger, que toute solution satisfaisant à la condition précédente *répond* aux conditions initiales $x_0, y_1^0, \ldots, y_n^0$.

68) J. Ec. polyt. (1) cah. 36 (1856), p. 31.

69) Cours d'Analyse lithographié[60]), p. 299.

70) On peut imaginer une fonction analytique $y(x)$ qui n'existe qu'entre deux spirales (sans point commun) s'enroulant autour du point x_0; la fonction $y(x)$ est holomorphe dans l'aire A comprise entre ces deux spirales, et tend vers y_0 lorsque x tend vers x_0 à l'intérieur de A. Enfin tout chemin tendant vers x_0 à l'intérieur de A a une longueur infinie, si les deux spirales ont une longueur infinie.

71) Quand C admet une tangente continue, x_0 peut être un point asymptote de C, et la longueur de l'arc C peut être infinie.

72) Cette proposition a été contestée par *L. Fuchs* [Sitzgsb. Akad. Berlin 1886, p. 279]; le malentendu provient de ce que *L. Fuchs* n'attribue pas aux mots „tendre

solution $y_1(x), y_2(x), \ldots, y_n(x)$ *de* (2) *qui tende vers* $y_1^0, y_2^0, \ldots, y_n^0$, *quand* x *tend vers* x_0 *sur un chemin.*

C'est *E. Picard*[73]) qui a le premier publié une démonstration rigoureuse de ce théorème. *E. Picard* suppose établie directement l'existence des fonctions implicites, ainsi que l'existence des intégrales des équations (analytiques) linéaires et homogènes du premier ordre aux dérivées partielles.

Une démonstration tout à fait intuitive a été indiquée par *P. Painlevé*[74]). Soit

$$y_1 = \varphi_1(x, x_0, y_1^0, \ldots, y_n^0), \ldots, y_n = \varphi_n(x, x_0, y_1^0, \ldots, y_n^0)$$

la solution holomorphe du système (2) qui répond aux conditions initiales $x_0, y_1^0, \ldots, y_n^0$. La transformation

$$y_1 = \varphi_1(x, x_0, Y_1, \ldots, Y_n), \ldots, y_n = \varphi_n(x, x_0, Y_1, \ldots, Y_n),$$

où les fonctions $\varphi_1, \varphi_2, \ldots, \varphi_n$ sont définies par les équations (13), ramène le système (2) au système

$$\frac{dY_1}{dx} = 0, \quad \frac{dY_2}{dx} = 0, \ldots, \quad \frac{dY_n}{dx} = 0$$

pour lequel le théorème en question est évident.

14. Extension du domaine de convergence de la méthode. La solution *unique* qui répond aux conditions initiales $x_0, y_1^0, \ldots, y_n^0$ est définie par le calcul des limites dans *le plus grand cercle*, de centre x_0, où les n fonctions $y_i(x)$ sont holomorphes. Ce domaine est en général bien moins étendu que le domaine de convergence de la méthode de Cauchy-Lipschitz (n° 7). Des trois méthodes exposées jusqu'ici, la première est donc celle qui possède le domaine de convergence le plus étendu. Toutefois, si, dans le calcul des limites, on substitue aux séries de Taylor les séries de polynomes introduites par *G. Mittag Leffler*[75]), ces séries représentent la solution $y_1(x), \ldots, y_n(x)$ *dans toute son étoile d'holomorphie* (relative à x_0).

---

vers x_0" le sens qui est défini plus haut. *Dans les exemples qu'il cite, il introduit un chemin C qui tantôt se rapproche indéfiniment de x_0, tantôt s'en écarte d'une quantité finie. Voir à ce sujet *A. R. Forsyth*, Theory of differential equations 2, Cambridge 1900, p. 80/3; *P. Painlevé*, Bull. Soc. math. France 28 (1900), p. 191; *F. d'Arcais* [Atti Ist. Veneto (8) 4 (1901/2), p. 351/5]; *W. H. Young* [Proc. London math. Soc. (1) 34 (1901/2), p. 234]; *E. Picard* [id. (1) 35 (1902/3), p. 39].*

73) Traité d'analyse[28]) 2, p. 314; (2e éd.) 2, p. 357. *K. Weierstrass* a enseigné ce théorème, mais dans aucune de ses publications on ne trouve trace de sa démonstration.

74) Leçons sur la théorie analytique des équations différentielles (professées en 1895 à Stockholm, lithographiées Paris 1897), p. 394.

75) C. R. Acad. sc. Paris 128 (1899), p. 1212. Voir l'article II 8.

Méthode de la variation des constantes.

15. Exposé de la méthode. Une quatrième méthode proposée par *A. L. Cauchy*[76]) pour calculer les solutions de (2) consiste à multiplier tous les coefficients différentiels f_i par ε et à développer les différences $(y_i - y_i^0)$ suivant les puissances croissantes de ε. *A. L. Cauchy* rattache ce procédé à la méthode de *la variation des constantes* [cf. II 16 n° **26**, note 168] de la manière suivante: supposons que les fonctions $f_1, f_2, \ldots, f_n$ dépendent analytiquement d'un paramètre ε et soient holomorphes pour $x = x_0$, $y_1 = y_1^0, \ldots, y_n = y_n^0$, $\varepsilon = 0$; supposons de plus qu'on sache intégrer le système (2) pour $\varepsilon = 0$, et soit

$$y_1 = \varphi_1(x, x_0, y_1^0, \ldots, y_n^0), \ldots, y_n = \varphi_n(x, x_0, y_1^0, \ldots, y_n^0)$$

l'intégrale générale du système (2) pour $\varepsilon = 0$. Le changement de variables

$$y_1 = \varphi_1(x, x_0, Y_1, \ldots, Y_n), \ldots, y_n = \varphi_n(x, x_0, Y_1, \ldots, Y_n)$$

transformera le système (2) en un nouveau système $(2)^{\text{bis}}$ dont les coefficients différentiels renfermeront ε en facteur, et on développera les différences $Y_1 - y_1^0, \ldots, Y_n - y_n^0$ suivant les puissances croissantes de ε.

Sous sa forme la plus générale, le principe de la nouvelle méthode ne diffère pas du théorème que *H. Poincaré*[77]) a pris comme base de ses recherches en mécanique céleste et dont il a donné le premier une démonstration explicite et rigoureuse. Ce théorème peut s'énoncer ainsi: Les fonctions $f_1, f_2, \ldots, f_n$ dépendant analytiquement d'une constante ε, soit (pour $\varepsilon = 0$) $\bar{y}_1(x), \ldots, \bar{y}_n(x)$ la solution de l'équation (1) qui répond aux conditions initiales $x_0, y_1^0, \ldots, y_n^0$; soit Δ un domaine[78]), dont fait partie x_0, dans lequel les n fonctions $\bar{y}_i(x)$ sont holomorphes (points limites compris). Admettons enfin que les n fonctions $f_i(x, y_1, \ldots, y_n, \varepsilon)$ soient holomorphes pour $x = x_1$, $y_1 = \bar{y}_1(x_1), \ldots, y_n = \bar{y}_n(x_1)$, $\varepsilon = 0$, du moment que x_1 est un point intérieur à Δ ou un point limite de Δ. Dans ces conditions, *la solution $y_1(x), \ldots, y_n(x)$ de (2), qui répond aux conditions initiales $x^0, y_1^0, \ldots, y_n^0$, est holomorphe dans le domaine Δ pour $|\varepsilon|$ suffisamment petit, et est développable suivant les puissances croissantes de ε, pour $|\varepsilon| < \eta$, quelle que soit la valeur de x dans Δ.*

---

76) C. R. Acad. sc. Paris 11 (1840), p. 1, 629, 730; 15 (1842), p. 102, 141, 188.

77) Acta math. 13 (1890), p. 9; Méc. céleste[6]) 1, p. 48. *H. Poincaré* donne ce théorème comme une extension du théorème de *A. L. Cauchy*.

78) Ce domaine peut être une ligne, par exemple un segment de l'axe réel; c'est aux valeurs réelles de la variable que le théorème est surtout appliqué.

Le théorème subsiste si x_0 et les y_i^0 sont des fonctions de ε holomorphes pour $\varepsilon = 0$, et si les f_i *dépendent analytiquement, non plus d'un, mais de plusieurs paramètres.*

E. Lindelöf[79]) et *E. Picard*[80]) démontrent ce théorème en se servant de la méthode des approximations successives [n° 9]. Le théorème résulterait aussi bien de la méthode de Cauchy-Lipschitz. Ces deux méthodes entraînent, pour les équations (1) réelles *non analytiques*, dépendant d'un paramètre ε, un théorème qui est en quelque sorte l'image du précédent.

Méthode de la recherche des intégrales premières.

16. Exposé de la méthode. Les méthodes précédentes entraînent l'existence des intégrales des équations aux dérivées partielles du premier ordre, linéaires et homogènes, analytiques ou non [n° 6]. Inversement, en démontrant[81]) par un procédé direct l'existence de ces intégrales pour les équations analytiques, *A. L. Cauchy* a créé par le fait même une nouvelle méthode pour le calcul des intégrales d'un système (2). Il est revenu à plusieurs reprises sur cette méthode.

Singularités ordinaires des coefficients différentiels.

17. Conditions initiales pour lesquelles certains des f_i sont méromorphes et infinis. Nous ne nous sommes occupés jusqu'ici que des conditions initiales régulières. Il nous reste à considérer le cas où les coefficients différentiels $f_1, f_2, \ldots, f_n$ (n° **1**) ne satisfont plus (pour les valeurs initiales des variables) aux restrictions, relatives à la continuité ou à l'holomorphie, qui leur ont été imposées précédemment.

Nous nous limiterons exclusivement au cas où les valeurs $x_1^0, y_1^0, \ldots, y_n^0$ définissent une singularité *d'espèce algébrique* des fonctions $f_i(x, y_1, \ldots, y_n)$.

Si les fonctions $f_1, f_2, \ldots, f_n$ sont *univoques* dans le voisinage des valeurs $x_0, y_1^0, \ldots, y_n^0$, elles sont alors nécessairement des fonctions *méromorphes* de $x, y_1, \ldots, y_n$ dans ce domaine; autrement dit, les f_i sont de la forme $\frac{P_i}{Q}$, les P_i étant holomorphes et Q étant holomorphe et nul pour $x = x_0$, $y_1 = y_1^0, \ldots, y_n = y_n^0$.

---

79) C. R. Acad. sc. Paris 118 (1894), p. 454; J. math. pures appl. (4) 10 (1894), p. 117; (5) 6 (1900), p. 423.

80) Traité d'Analyse[51]) 3, p. 157; (2e éd.) 3, p. 159. Voir aussi *E. Goursat*, Bull. Soc. math. France 35 (1907), p. 81.

81) C. R. Acad. sc. Paris 15 (1842), p. 25. *F. N. M. Moigno*, Calcul diff.[10]) 2, p. 722.

Si une au moins des n quantités $P_i(x_0, y_1^0, \ldots, y_n^0)$, par exemple $P_1(x_0, y_1^0, \ldots, y_n^0)$, n'est pas nulle, la singularité $(x_0, y_1^0, \ldots, y_n^0)$ sera dite *singularité ordinaire* du système (2).

L'étude d'une singularité ordinaire n'offre aucune difficulté: il suffit de prendre y_1 comme variable indépendante pour voir que les conditions initiales $x_0, y_1^0 \ldots, y_n^0$ définissent une solution $y_1(x), \ldots, y_n(x)$ *qui admet* $x = x_0$ *comme point critique algébrique*: en dehors des branches de cette solution, il n'existe pas de solution qui tende vers $y_1^0, \ldots, y_n^0$ quand x tend vers x_0 sur un certain chemin[82]. Il faut toutefois signaler un cas exceptionnel, celui où, dans la solution $x(y_1)$, $y_2(y_1)$, $\ldots, y_n(y_1)$ considérée, la fonction $x(y_1)$ se réduit identiquement à x_0: le système (2) n'admet alors *aucune* solution $y_1(x), \ldots, y_n(x)$ répondant aux conditions initiales $x_0, y_1^0, \ldots, y_n^0$.

18. Conditions initiales constituant une singularité algébrique des f_i. Si les fonctions $f_1, f_2, \ldots, f_n$ sont *plurivoques* dans le voisinage de $x_0, y_1^0, \ldots, y_n^0$, les systèmes de valeurs de chacune des fonctions $f_1, f_2, \ldots, f_n$ qui se permutent entre eux dans ce domaine sont, par hypothèse, en nombre fini, soit s, et les combinaisons symétriques des s branches de f_i sont *méromorphes* pour $x = x_0$, $y_1 = y_1^0, \ldots$, $y_n = y_n^0$. On dit alors que les fonctions $f_1, f_2, \ldots, f_n$ sont *algébroïdes*[83] pour les valeurs $x_0, y_1^0, \ldots, y_n^0$ de $x, y_1, \ldots, y_n$.

On peut, comme il est bien connu, exprimer $f_1, f_2, \ldots, f_n$ à l'aide d'un paramètre u, lié aux variables $x, y_1, \ldots, y_n$ par une relation de la forme

$$(26) \qquad A_s(x, y_1, \ldots, y_n)u^s + A_{s-1}(x, y_1, \ldots, y_n)u^{s-1} + \cdots + A_0(x, y_1, \ldots, y_n) = 0,$$

où $A_s, A_{s-1}, \ldots, A_0$ sont holomorphes pour $x = x_0$, $y_1 = y_1^0, \ldots$, $y_n = y_n^0$. Les fonctions $f_1, f_2, \ldots, f_n$ sont alors des expressions de la forme

$$(27) \qquad f_1 = \frac{P_1(x, y_1, \ldots, y_n, u)}{Q(x, y_1, \ldots, y_n)}, \ldots, f_n = \frac{P_n(x, y_1, \ldots, y_n, u)}{Q(x, y_1, \ldots, y_n)},$$

où $P_1, P_2, \ldots, P_n$ sont des polynomes en u de degré $(s-1)$, dont les coefficients sont, ainsi que Q, holomorphes pour $x = x_0$, $y_1 = y_1^0$, $\ldots, y_n = y_n^0$.

82) *Ch. A. A. Briot* et *J. C. Bouquet*, J. Ec. polyt. (1) cah. 36 (1856), p. 146; Théorie des fonctions doublement périodiques et, en particulier, des fonctions elliptiques, Paris 1859, n° 247; Théorie des fonctions elliptiques, (2e éd.) Paris 1875, p. 325; *H. Poincaré*, J. math. pures appl. (4) 2 (1886), p. 151. *L. Königsberger*, Differentialgl.[59], p. 347.

83) **H. Poincaré* a rendu ce terme classique. Voir par ex. *P. Boutroux*, Leçons sur les fonctions définies par les équations différentielles du premier ordre, Paris 1908, p. 10, note 1.*

Les s branches de u définies par la relation (26) se permutent dans le voisinage de $x_0, y_1^0, \ldots, y_n^0$. Regardons $x, y_1, \ldots, y_n$ comme les coordonnées (complexes) d'un point réel ou imaginaire de l'espace à $(n+1)$ dimensions: les points critiques $(x, y_1, \ldots, y_n)$ de la fonction u sont donnés par une relation

$$G(x, y_1, \ldots, y_n) = 0, \tag{28}$$

où G est holomorphe et nul pour $x = x_0, y_1 = y_1^0, \ldots, y_n = y_n^0$.

Cette relation (28) définit une surface à n dimensions (complexes), dont les points *multiples* [points $(x, y_1, \ldots, y_n)$ où s'annulent à la fois toutes les dérivées premières de G] forment une variété à $(n-1)$ dimensions au plus.

Supposons que $(x_0, y_1^0, \ldots, y_n^0)$ ne soit pas un de ces points multiples. On peut alors résoudre l'équation $G = 0$ par rapport à l'une des variables y_i, soit y_1 [ou par rapport à x]: la fonction

$$y_1 = \psi(x, y_2, \ldots, y_n) \quad [\text{ou } x = \chi(y_1, y_2, \ldots, y_n)]$$

ainsi obtenue est holomorphe pour les valeurs initiales, et la transformation

$$y_1 - \psi = Y^s \quad [\text{ou } x - \chi = X^s]$$

ramène le système (2) à un système (2') dont les coefficients différentiels sont méromorphes pour les nouvelles valeurs initiales.

Si ces nouvelles conditions initiales sont régulières pour le système (2'), ou si elles constituent une singularité ordinaire de (2'), la singularité $(x_0, y_1^0, \ldots, y_n^0)$ sera dite *singularité ordinaire* du système (2). La solution de (2) définie par les conditions initiales $(x_0, y_1^0, \ldots, y_n^0)$ se déduit de la solution correspondante de (2') et admet alors le point $x = x_0$ comme point *régulier* ou comme point *critique algébrique.*

Observons toutefois qu'après la transformation précédente certains coefficients différentiels du système (2') peuvent renfermer au numérateur et au dénominateur Y [ou X] à une certaine puissance j. Il convient alors de diviser, haut et bas, par Y^j [ou X^j]. Mais il faut, dans ce cas, adjoindre aux solutions du système (2) déduites de (2') les solutions $y_1(x), \ldots, y_n(x)$ qui vérifient identiquement la relation $Y = 0$ [ou $X = 0$], c'est-à-dire $G(x, y_1, \ldots, y_n) = 0$.

Ces solutions sont dites *intégrales singulières*[8]) [cf. n° **22**], parce que (quel que soit x), pour les valeurs correspondantes $y_1, \ldots, y_n$ définies par ces intégrales, les fonctions $f_i(x, y_1, \ldots y_n)$ sont irrégulières. En tenant compte de la relation $G = 0$, on voit que ces intégrales (si elles existent) vérifient un système différentiel d'ordre $(n-1)$ au plus[84]), qu'on peut former et auquel on peut appliquer la même discussion qu'au système (2).

L'étude des singularités ordinaires $(x_0, y_1^0, \ldots, y_n^0)$ s'effectue donc, dans tous les cas, sans difficulté[85]: les solutions $y_1(x), \ldots, y_n(x)$ qu'elles définissent ne sauraient présenter, pour $x = x_0$, qu'une singularité *algébrique.*

Il en va tout autrement pour les singularités non ordinaires. Observons que les singularités non ordinaires [n^os **24** et suivants] $(x_0, y_1^0, \ldots, y_n^0)$ du système (2), ou bien sont des points multiples de la surface $G = 0$, ou bien donnent aux coefficients différentiels de (2) ou de (2') la forme $\frac{0}{0}$. Elles constituent donc une variété à $(n-1)$ *dimensions au plus*, tandis que les conditions régulières constituent une variété à $(n+1)$ *dimensions* et les singularités ordinaires une variété à n dimensions.

Il est loisible d'ailleurs de ramener tous les cas où les coefficients différentiels f_i sont *algébroïdes* au cas où ils sont *méromorphes*, à condition d'augmenter d'une unité l'ordre du système différentiel[86]). Il suffit d'adjoindre au système (2) l'équation (26) différentiée une fois, et de regarder $x, y_1, \ldots, y_n, u$ comme $(n+2)$ variables indépendantes.

H. Poincaré[87]) a indiqué un cas où l'on sait ramener les coefficients différentiels à être méromorphes, sans augmenter l'ordre différentiel du système. C'est le cas où $f_1, f_2, \ldots, f_n$ sont holomorphes pour

$$x = x_0,\ y_1 = y_1^0, \ldots, y_n = y_n^0,\ u = u_0$$

mais où le point

$$(x_0, y_1^0, \ldots, y_n^0, u_0)$$

est un point double conique de la surface (26).

Nous avons supposé les quantités $x_0, y_1^0, \ldots, y_n^0$ *finies.* Quand une ou plusieurs de ces quantités, soit y_i^0 (ou x_0), sont *infinies*, il suffit, pour éliminer cette difficulté nouvelle, de faire pour les variables

84) Il peut se faire que ce système renferme moins d'équations que de fonctions inconnues.

Exemple: $\frac{dx}{y_2} = \frac{dy_1}{y_3} = \frac{dy_2}{y_2^\alpha} = \frac{dy_3}{y_3^\beta}$ [où α et β sont commensurables et > 1]. Pour $y_2 \equiv 0$, $y_3 \equiv 0$, l'expression $y_1 = \varphi(x)$ vérifie le système quel que soit $\varphi(x)$.

85) La discussion qui précède a été donnée, sous une tout autre forme, et dans le cas où deux valeurs des f_i se permutent, par *E. Picard* [Traité d'Analyse[51]) 3, p. 52; (2e éd.) 3, p. 52], dans le cas général par *P. Painlevé*, Leçons de Stockholm[74]), p. 49, 417. Voir aussi *L. Königsberger*, Differentialgl.[59]), p. 416.

86) *L. Königsberger*, Differentialgl.[59]), p. 416.

87) Le procédé n'est indiqué par *H. Poincaré* que pour une équation du premier ordre [n° **28**]; mais il s'étend à un système différentiel quelconque.

correspondantes le changement de variable

$$y_i = \frac{1}{z_i} \qquad \left(\text{ou } x = \frac{1}{\xi}\right).$$

Dans certains cas, il est préférable d'employer une autre transformation, par exemple une transformation homographique en $x, y_1, \ldots, y_n$[88]).

19. Systèmes différentiels algébriques d'ordre n. Lorsque le système (2) est *algébrique*, il est toujours réductible[89]) à la forme normale suivante:

$$(29) \qquad \frac{dy_i}{dx} = \frac{P_i(x, y_1, \ldots, y_n, u)}{\frac{\partial H(x, y_1, \ldots, y_n, u)}{\partial u}}, \qquad (i = 1, 2, \ldots, n)$$

avec

$$(30) \qquad H(x, y_1, \ldots, y_n, u) = 0.$$

H est un polynome en $x, y_1, \ldots, y_n, u$ de degré r en u et $P_1, P_2, \ldots, P_n$ sont des polynomes en $x, y_1, \ldots, y_n, u$, de degré $(r-1)$ en u; de plus, u s'exprime rationnellement en $x, y_1, \ldots, y_n, y_1', \ldots, y_n'$.

Les singularités *ordinaires* de l'équation (29) sont les points $(x_0, y_1^0, \ldots, y_n^0)$ communs aux deux surfaces $H = 0$ et $\frac{\partial H}{\partial u} = 0$ (variété à n dimensions). Les singularités *non ordinaires* forment une variété à $(n-1)$ dimensions au plus (qui fait partie de la précédente).

Quand $f_1, f_2, \ldots, f_n$ sont rationnels en sorte que

$$(31) \qquad f_i = \frac{P_i(x, y_1, \ldots, y_n)}{P_0(x, y_1, \ldots, y_n)}, \qquad (i = 1, 2, \ldots, n),$$

$P_0, P_1, \ldots, P_n$ désignant des polynomes, les seules conditions initiales (finies) qui soient singularités *non ordinaires* sont celles qui annulent les $n+1$ polynomes $P_0, P_1, P_2, \ldots, P_n$. Quand les $n+1$ polynomes $P_0, P_1, P_2, \ldots, P_n$ sont les plus généraux de leur degré, les $(n+1)$ surfaces

$$P_0 = 0, \; P_1 = 0, \; P_2 = 0, \ldots, P_n = 0$$

n'ont qu'un nombre fini de points communs $(x_0, y_1^0, \ldots, y_n^0)$.

20. Application aux équations du premier ordre. Intégrales singulières. Considérons l'équation

$$(32) \qquad \frac{dy}{dx} = f(x, y),$$

où f n'est pas holomorphe pour $x = x_0$, $y = y_0$, mais est ou *méromorphe*, ou *algébroïde*. Nous regardons, dans ce qui suit, x et y comme

88) Voir *P. Painlevé*, Leçons de Stockholm[74]), p. 417.

89) *C. G. J. Jacobi*[2]), Werke 5, p. 193; *K. Weierstrass*, dans des leçons reproduites par *L. Königsberger*, Differentialgl.[59]), p. 11.

les coordonnées complexes d'un point du plan (x, y): toute solution de l'équation (32) définira une *courbe intégrale.*

Supposons d'abord f *méromorphe*: $f(x_0, y_0)$ est alors infini, sinon $f(x_0, y_0)$ serait de la forme $\frac{0}{0}$ et (x_0, y_0) serait une singularité non ordinaire de (32). La fonction

$$\varphi(x, y) = \frac{1}{f(x, y)}$$

est nulle et holomorphe pour $x = x_0$, $y = y_0$. Deux cas sont alors possibles, suivant que $\varphi(x_0, y_0)$ est identiquement nulle ou non.

Dans le premier cas, l'équation (32) n'admet aucune solution $y(x)$ répondant aux conditions initiales (x_0, y_0); la droite $x = x_0$ est la seule courbe intégrale passant par le point (x_0, y_0). Dans le second cas, les conditions initiales définissent une solution $y(x)$ développable suivant les puissances de $(x - x_0)^{\frac{1}{\nu}}$, où $\nu > 1$, soit

$$y - y_0 = a(x - x_0)^{\frac{1}{\nu}} + \cdots\cdot, \tag{33}$$

où a est différent de 0. La courbe intégrale unique qui passe par le point (x_0, y_0) admet ce point comme point simple à tangente verticale[90]).

Supposons maintenant que $f(x, y)$ soit *algébroïde* pour $x = x_0$, $y = y_0$. Soit, pour x quelconque, $y = g(x)$ un point critique de la fonction f, point qui tend vers y_0 quand x tend vers x_0, et autour duquel s branches $f_1, \ldots, f_s$ de f se permutent. Si on laisse de côté des valeurs *exceptionnelles* de x_0, $g(x)$ est holomorphe pour $x = x_0$[91]), et, en posant

$$y - g(x) = Y^s,$$

on pourra développer f suivant les puissances croissantes de Y. On aura, pour Y suffisamment petit,

$$Y^{s-1}\frac{dY}{dx} = \alpha_i(x)Y^i + \alpha_{i+1}(x)Y^{i+1} + \alpha_{i+2}(x)Y^{i+2} + \cdots\cdot, \tag{34}$$

où i peut être positif nul ou négatif et où $\alpha_i, \alpha_{i+1}, \ldots.$ sont holomorphes pour $x = x_0$. Ceci posé, quatre cas sont possibles[92]):

1⁰) $i \leqq 0$. Dans ce cas la solution de l'équation (32) qui répond aux conditions initiales est une fonction $y(x)$ à $(s - i)$ branches [où

90) Voir *Ch. A. A. Briot* et *J. C. Bouquet*, J. Ec. polyt (1) cah. 36 (1856), p. 146.

91) Quand $g(x)$ n'est pas holomorphe pour $x = x_0$, mais quand la fonction inverse $x = h(y)$ est holomorphe pour $y = y_0$, on permute le rôle de x et de y; c'est ce qu'on fait notamment si $x = x_0$ est, quel que soit y, un point critique de f. Quand $g(x)$ et $h(y)$ sont tous deux irréguliers pour la valeur initiale de la variable, (x_0, y_0) est une singularité non ordinaire.

92) Voir au n° 22 l'historique de la question.

$s - i \geqq s$] qui se permutent autour de $x = x_0$; on a

$$(35) \qquad y = g + a(x - x_0)^{\frac{s}{s-i}} + \cdots\cdots$$

La courbe intégrale qui passe par le point (x_0, y_0) est unique et admet le point (x_0, y_0) comme point de rebroussement[93]) à s branches; elle ne touche pas en ce point la courbe $y = g(x)$ qui est un lieu de points de rebroussement.

2°) $0 < i < s - 1$. Dans ce cas la courbe $y = g(x)$ est une courbe intégrale qui passe par le point (x_0, y_0) et qui n'est pas comprise dans l'intégrale générale $y = \varphi(x, x_0, y_0)$. En outre de cette *intégrale singulière*, il passe par le point (x_0, y_0) une courbe intégrale, tangente en (x_0, y_0) à la précédente, et qui admet le point (x_0, y_0) comme point de rebroussement à $(s - i)$ branches. La courbe intégrale singulière $y = g(x)$ est, à la fois, enveloppe et lieu de points de rebroussement des courbes intégrales[94]).

3°) $i = s - 1$. La courbe $y = g(x)$ est encore une intégrale singulière non comprise dans l'intégrale générale. Par le point (x_0, y_0) il passe en outre une courbe intégrale tangente à la précédente et pour laquelle (x_0, y_0) est un point simple. La courbe $y = g(x)$ est une enveloppe de courbes intégrales.

4°) $i > s - 1$. Il ne passe, par le point (x_0, y_0), d'autre courbe intégrale que l'intégrale singulière $y = g(x)$. Cette intégrale, qui rentre alors dans l'intégrale générale, est une sorte de *solution multiple* de l'équation (32). Par un point (x_1, y_1), voisin de la courbe $y = g(x)$, passent s courbes intégrales qui viennent se confondre avec l'intégrale singulière quand (x_1, y_1) tend vers (x_0, y_0).

Si $M(x, y)$ désigne un *facteur intégrant* de l'expression $dy - f(x, y)dx$, l'intégrale singulière $y = g(x)$, quand elle existe, rend M infini[95]). Inversement, l'égalité $\frac{1}{M} = 0$ définit des solutions $y(x)$ de l'équation (32), parmi lesquelles figure toujours la solution singulière $y = g(x)$. Les solutions $y(x)$ communes à *toutes* les égalités $\frac{1}{M} = 0$ sont nécessairement singulières.

---

93) Nous appelons ici point de rebroussement tout point (x_0, y_0) tel que, *quels que soient les axes*, deux branches au moins de la courbe passent par ce point et se permutent autour de x_0.

94) *Dans ces deux cas on doit supposer que $\alpha_i(x_0)$ n'est pas nul.*

95) **S. Rothenberg* [Abh. Gesch. Math. 20 (1905/8), fasc. 3 (1908), p. 346] mentionne en passant des travaux de *J. L. Lagrange*, de *S. F. Lacroix* et de *Orlov* sur la recherche de l'intégrale singulière à l'aide des facteurs de l'équation $\frac{1}{M} = 0$, où M est un facteur intégrant.*

La discussion qui précède n'est en défaut que pour des valeurs *exceptionnelles* de x_0; ces valeurs et les valeurs correspondantes y_0 définissent des singularités (x_0, y_0) *non ordinaires* de l'équation (32). Dans tout domaine où $f(x, y)$ est algébroïde, nécessairement les singularités non ordinaires sont des points *isolés* (x_0, y_0).

21. Cas où l'équation du premier ordre est algébrique. Si y' est *rationnel* en x, y, soit

$$y' = \frac{P(x, y)}{Q(x, y)}, \tag{36}$$

où P et Q sont des polynomes en x, y, les singularités *non ordinaires* (x_0, y_0) de l'équation (36) sont les intersections (en nombre fini) des deux courbes $P = 0$, $Q = 0$. Par un point (x_0, y_0), distinct de ces points exceptionnels, passe une seule courbe intégrale, et elle admet le point (x_0, y_0) comme point ordinaire. La courbe $Q = 0$ est le lieu des points de ces courbes où la tangente est verticale. Des conclusions analogues s'appliquent aux valeurs *infinies* de y (ou de x).

Soit maintenant une équation de la forme

$$F(y', y, x) \equiv A_m y'^m + A_{m-1} y'^{m-1} + \cdots + A_0 = 0, \tag{37}$$

les A désignant des polynomes en x, y. Le nombre de *singularités non ordinaires* (x_0, y_0) est encore *limité*. Si on laisse de côté ces singularités, à tout couple de valeurs (x_0, y_0), finies ou non, répondent des solutions $y(x)$ [ou $x(y)$] de l'équation (37), et ces solutions admettent $x = x_0$ comme point régulier ou comme point singulier algébrique.

Si le point (x_0, y_0) du plan des x, y est pris au hasard, par ce point passent m courbes intégrales, non tangentes entre elles. Mais soit maintenant $R(x, y) = 0$ le résultant des deux équations $F(y') = 0$, $\frac{\partial F}{\partial y'} = 0$, et soit $G(x, y) = 0$ une des courbes irréductibles définies par l'équation $R = 0$. Si l'on se place dans l'hypothèse la plus compliquée, le long de cette courbe $G = 0$, r racines y' de l'équation (37) seront égales par exemple à Y', r_1 à Y_1', etc.; les r premières racines se partageront en ν cycles distincts, chaque cycle étant formé de branches qui se permutent dans le voisinage de la courbe $G = 0$. Aux s branches d'un même cycle s'appliquera la discussion du n° **20**: *pour chaque cycle*, la courbe $G = 0$ pourra être, si $s > 1$, soit un lieu de points de rebroussement, soit une intégrale singulière enveloppe des courbes intégrales (qui présentent ou non des points de rebroussement), soit une intégrale singulière jouant le rôle de solution ordinaire multiple[96]); si $s = 1$, en un point (x, y) de la courbe $G = 0$ passera une

96) Considérons, par exemple, l'équation $y'\sqrt{y} = x + \sqrt{x^2 + y}$. Pour $y = 0$, deux valeurs de y' sont infinies, et deux sont nulles; pour les premières, $y = 0$

courbe intégrale correspondant au cycle et admettant le point (x, y) comme point ordinaire; cette courbe pourra se confondre avec la courbe $G(x, y) = 0$. En particulier si les cycles attachés à la racine multiple Y' sont tous d'ordre 1, et si la courbe $G = 0$ n'est pas solution de (37), c'est un lieu de points de contact des courbes intégrales entre elles.

22. Comparaison avec la théorie des enveloppes. Si l'équation (37) est la plus générale de son degré, la courbe $R(x, y) = 0$ est un lieu de points de rebroussement des courbes intégrales. Pour qu'il existe une intégrale singulière, il faut que les équations $F = 0$, $\frac{\partial F}{\partial y'} = 0$, $\frac{\partial F}{\partial y} y' + \frac{\partial F}{\partial x} = 0$ soient compatibles quel que soit x. Soit $y = g(x)$, $y' = h(x)$ leur solution commune[97]). La condition est suffisante, si $\frac{\partial F}{\partial y}$ et $\frac{\partial F}{\partial x}$ ne s'annulent pas identiquement pour $y = g$, $y' = h$.

Dans le cas de $m = 2$, soit $G(x, y) = 0$, ou $y = g(x)$, une courbe irréductible le long de laquelle les deux valeurs de y' se confondent et sont égales à $z(x)$ par exemple. Si pour $y = g(x)$, $y' = g'(x)$ la fonction F n'est pas identiquement nulle, la courbe $y = g(x)$ n'est point une enveloppe des courbes intégrales, mais est un lieu soit de points de rebroussement de ces courbes, soit de contacts de ces courbes entre elles; la seconde circonstance est d'ailleurs exceptionnelle et ne peut se présenter que quand $\frac{\partial F}{\partial x}$ et $\frac{\partial F}{\partial y}$ sont identiquement nuls pour $y = g(x)$, $y' = z(x)$. Si, pour $y = g(x)$, $y' = g'(x)$, la fonction F est identiquement nulle, mais non $\frac{\partial F}{\partial x}$ et $\frac{\partial F}{\partial y}$, la courbe $y = g(x)$ est une *intégrale singulière* non comprise dans l'intégrale générale, et une enveloppe des courbes intégrales, lesquelles admettent le point de contact comme point ordinaire. Si pour $y = g(x)$, $y' = g'(x)$ on a, à la fois[87]):

$$(38) \qquad F = 0, \quad \frac{\partial F}{\partial x} = 0, \quad \frac{\partial F}{\partial y} = 0,$$

$y = g(x)$ est une intégrale singulière qui rentre comme solution double dans l'intégrale générale, et par un point arbitraire (x, y) de cette courbe ne passe aucune autre courbe intégrale.

*Des conclusions analogues s'appliquent avec quelques modifications[98]) au cas où m est quelconque, mais où deux branches

---

est lieu de points de rebroussement; pour les secondes, $y = 0$ est une intégrale singulière enveloppe.

97) *Nous laissons ici de côté les intégrales singulières qui sont de la forme $x =$ constante. Pour les étudier il suffit de permuter x et y.*

98) *Les deux valeurs de y' étant confondues par hypothèse pour $y = g(x)$, la condition $F\left(\frac{dg}{dx}, g, x\right) = 0$ entraîne $\frac{\partial F}{\partial y'} = 0$. Il n'en est plus ainsi pour $m > 2$.*

seulement de la fonction y' se confondent pour $y = g(x)$. Pour que $y = g(x)$ soit intégrale singulière, il faut que $g'(x) = \frac{dg(x)}{dx}$ soit précisément la racine double y' de $F = 0$.*

D'après ce qui précède, si l'équation (37) est la plus générale de son degré, les courbes intégrales n'ont pas d'enveloppe. D'autre part, l'intégrale générale peut se mettre sous la forme

$$(39) \qquad y = \varphi(x, C),$$

φ étant une fonction analytique de x et de C, holomorphe dans un certain domaine; elle est, en général, transcendante et a un nombre infini de branches. Appliquons aux courbes (39) la théorie des enveloppes: si l'égalité $\frac{\partial \varphi(x, C)}{\partial C} = 0$ est vérifiée pour une valeur $C = B(x)$ [telle que $\varphi(x, C)$ soit holomorphe ou algébroïde pour x arbitraire et $C = C(x)$], la courbe $y = \varphi(x, B(x))$ est une enveloppe des courbes (39). Il suit de là que pour une équation (37) quelconque, l'égalité $\frac{\partial \varphi(x, C)}{\partial C} = 0$ n'admet pas en général de telle racine $C = B(x)$.

Si l'on part au contraire d'une famille de courbes algébriques

$$(40) \qquad H(x, y, C) = 0,$$

où H est un polynome en x, y, C, le plus général de son degré, l'équation différentielle de ces courbes sera une équation algébrique en x, y, y', d'un certain degré p, et qui admettra une intégrale singulière. Mais l'équation différentielle sera loin d'être la plus générale de son degré.

D'ailleurs, l'intégrale générale de l'équation différentielle (37) peut être algébrique (pour $m > 1$) sans qu'il existe d'intégrale singulière, ni par suite d'enveloppe; c'est ce que montre l'exemple

$$(41) \qquad \frac{dy}{dx} = \frac{2}{3} y^{-\frac{1}{2}}, \qquad [y^3 = (x - C)^2].$$

Il peut même arriver qu'il n'existe ni enveloppe, ni lieu de points de rebroussement, mais seulement des solutions ordinaires multiples; exemple:

$$(42) \qquad \frac{dy}{dx} = -2y^{\frac{3}{2}}, \qquad \left[y = \left(\frac{C}{Cx+1}\right)^2\right].$$

*Déjà[99]) *B. Taylor*[100]) avait trouvé incidemment par différentiation

99) *On a avancé que la notion d'intégrale singulière n'avait pas échappé à *G. W. Leibniz* et on a renvoyé à l'article qu'il a publié dans les Acta Erud. Lps. 1694, p. 311/6 [Werke, éd. *C. I. Gerhardt,* Math. Schr. 5, Halle 1858, p. 301/6]. Il est vrai que, dans cet article, *G. W. Leibniz* s'est occupé d'un problème qui, en se plaçant à notre point de vue, équivaut à la solution d'une équation différentielle et que le résultat auquel il est parvenu se trouve être précisément la

la solution singulière d'une équation différentielle du premier ordre et du second degré et il avait appelé cette solution *solutio singularis*, mais la notion de solution singulière ne remonte guère qu'à *A. C. Clairaut* et à *L. Euler*.

A. C. Clairaut a remarqué[101]) qu'il y a certaines équations différentielles intégrables à l'aide de simples dérivations et que, d'autre part, les solutions ainsi obtenues ne sont pas des cas particuliers des solutions obtenues par la voie ordinaire.

Vers la même époque *L. Euler*[102]) a fait observer que l'équation différentielle

$$\frac{dx}{A(x)} = B(y)\,dy,$$

où $A(0) = 0$, est vérifiée pour $x = 0$ quoique cette solution ne soit pas, en général, comprise dans celle qu'on obtient par intégration.*

D'autres remarques sur la nature et les propriétés de ssolutions singulières sont dues à *J. de Condorcet*[103]), *L. Euler*[104]) et *J. d'Alembert*[105]). Mais c'est *J. L. Lagrange* qui a publié le premier travail général sur la question[106]).

Partant de la théorie des enveloppes, *J. L. Lagrange*[107]) concluait

---

solution singulière de cette équation différentielle. Mais, en fait, *G. W. Leibniz* réduit le problème dont il s'agit à la recherche de l'enveloppe d'une certaine famille de cercles; il n'y a donc aucune équation différentielle dont il aurait obtenu une solution singulière, en sorte que la *notion* de solution singulière lui est complètement étrangère. On doit donc dire seulement que *G. W. Leibniz* a, le premier, indiqué un procédé qui pourrait être utilisé pour obtenir la solution singulière d'une certaine équation différentielle [cf. *G. Eneström*, Bibl. math. (3) 9 (1908/9), p. 260/2] (Note de *G. Eneström*).*

100) *Meth. increm.[5]), p. 27.*

101) Hist. Acad. sc. Paris 1734, M. p. 209. Les équations étudiées par *A. C. Clairaut* appartiennent au type le plus simple d'une équation du premier ordre avec enveloppe et les équations de ce type sont ordinairement appelées *équations de Clairaut*.

102) Mechanica sive motus scientia analytice 2, St Pétersbourg 1736, p. 155/6.

103) Du calcul intégral, Paris 1765, p. 67; Misc. Taurinensia (Mélanges de philos. et de math. de la Société royale de Turin) 4 (1766/9), math. p. 7.

104) Hist. Acad. Berlin 12 (1756), éd. 1758, p. 312; Calc. integr.[5]) 1, p. 416. *L. Euler* fait ici remarquer que l'on obtient l'intégrale singulière en annulant l'inverse du facteur intégrant.

*Le texte correspondant aux notes 99 à 104 est dû à *G. Eneström*.*

105) Hist. Acad. Paris 1769, M. p. 84.

106) *Sur l'histoire de la théorie des solutions singulières, voir la monographie détaillée de *S. Rothenberg*, Abh. Gesch. Math. 20 (1905/8), fasc. 3 (1908), p. 315/404 (Note de *G. Eneström*).*

107) *J. L. Lagrange*, Nouv. Mém. Acad. Berlin 5 (1774), éd. 1776, p. 197; Œuvres 4, Paris 1869, p. 5. Aux travaux inspirés de *J. L. Lagrange* se rapportent

à l'existence en général de l'intégrale singulière. Au contraire *A. A. Cournot*[108]) remarquait, et de la discussion de *Ch. A. A. Briot* et de *J. C. Bouquet*[109]) il résultait implicitement, qu'il existe en général un lieu de points de rebroussement et non une enveloppe des courbes intégrales.

L'apparente contradiction qui existe entre la théorie des enveloppes et celle des équations différentielles a été levée par *A. Cayley*[110]) et *G. Darboux*[111]). Ce dernier a approfondi géométriquement les diverses circonstances qui peuvent se présenter dans le cas où y' est racine double (points de rebroussement, enveloppe, contacts de courbes intégrales). La discussion analytique complète, dans le cas où y' est racine double, a été faite par *E. Picard*[112]).

La discussion absolument générale, qui notamment ne suppose rien sur la multiplicité de la racine y', se trouvait faite déjà dans ses grandes lignes par *Ch. A. A. Briot* et *J. C. Bouquet*[113]) pour les équations

---

les travaux de *S. D. Poisson* [J. Ec. polyt. (1) cah. 13 (1806), p. 60] et de *E. Catalan* [id. (1) cah. 31 (1847), p. 271]. Voir aussi *P. S. Laplace,* Hist. Acad. sc. Paris 1772 I, M. p. 620; Œuvres 8, Paris 1891, p. 327.

108) Traité élémentaire de la théorie des fonctions et du calcul infinitésimal 2, Paris 1841, p. 343; voir *J. Boussinesq,* Cours élémentaire d'Analyse infinitésimale (2e éd.) 2, Paris 1890, p. 233. La question, mainte fois controversée entre géographes et géodésiens, des lignes de thalweg, est en connexion avec le problème traité ici.

109) J. Ec. polyt. (1) cah. 36 (1856), p. 193 (voir n° 28). Cette discussion ne s'applique qu'au seul cas où $\frac{\partial F}{\partial y'}$ est nul pour (x_0, y_0, y_0'), sans que $\frac{\partial F}{\partial x} + \frac{\partial F}{\partial y} y'$ le soit. Les autres cas sont ramenés à l'étude du cas où numérateur et dénominateur de y' sont nuls (cas plus compliqué), en *supposant* que les intégrales cherchées $y(x)$ sont algébroïdes. Observons que, d'après *F. N. M. Moigno* [Calcul diff.[10]) 2, p. 445], *A. L. Cauchy* avait déjà remarqué que l'existence d'une intégrale singulière entraîne la compatibilité (pour x quelconque) des trois équations (38). *A. L. Cauchy* avait en outre aperçu cette condition: pour que l'intégrale singulière $y = g(x)$ soit vraiment singulière, c'est-à-dire ne rentre pas dans l'intégrale générale, il faut et il suffit que la différence $(y' - g')$ soit infiniment petite d'ordre inférieur à 1 par rapport à $(y - g)$.

110) London Edinb. Dublin philos. mag. (4) 32 (1866), p. 379/81; Messenger math. (2) 2 (1873), p. 17/20; (2) 6 (1877), p. 29; Papers 7, Cambridge 1894, p. 5/7; 8, Cambridge 1895, p. 535/7; 10, Cambridge 1896, p. 24.

111) C. R. Acad. sc. Paris 70 (1870), p. 1332; 71 (1870), p. 265 [réponse à une remarque de *E. Catalan,* id. p. 50]; Bull. sc. math. (1) 4 (1873), p. 58; Mém. présentés Acad. sc. Paris (2) 27 (1883), mém. n° 2, p. 1/243. Voir aussi un mémoire antérieur de *J. A. Serret,* J. math. pures appl. (1) 18 (1855), p. 1. La soi-disant antinomie en question a donné lieu à de nombreuses discussions: voir, par ex. *E. Catalan,* C. R. Acad. sc. Paris 71 (1870), p. 50; *G. Darboux* id. p. 267; *M. Hamburger,* J. reine angew. Math. 112 (1893), p. 205.

112) Cours d'Analyse lithographié[60]), p. 230; Traité d'Analyse[51]) 3, p. 44; (2e éd.) 3, p. 45.

113) J. Ec. polyt. (1) cah. 36 (1856), p. 208.

où x ne figure pas, et a été étendue par *L. Fuchs*[114]) aux équations quelconques. La conséquence fondamentale de cette discussion, c'est que les singularités non ordinaires (x_0, y_0) d'une équation (37) [les seules conditions initiales auxquelles puissent répondre des solutions $y(x)$ qui ne soient pas algébroïdes pour $x = x_0$] sont *isolées*. Cette discussion a été exposée en détail par *M. Hamburger*[115]) et *P. Painlevé*[116]).

23. Intégrales singulières d'un système différentiel d'ordre quelconque. La discussion précédente s'étend d'elle-même aux systèmes différentiels d'ordre quelconque.

Si le système (2) est de l'espèce la plus générale, la surface $G(x, y_1, \ldots, y_n) = 0$ [équation 28] est un lieu de points de rebroussement des courbes intégrales (courbes gauches de l'espace à $n + 1$ dimensions).

---

114) *L. Fuchs,* Sitzgsb. Akad. Berlin 1884, p. 702.

115) *M. Hamburger,* J. reine angew. Math. 112 (1893), p. 205.

116) Leçons de Stockholm[74]), p. 49. Voir aussi *G. Boole,* A treatise on differential equations, (4e éd.) Londres 1877, p. 139; *A. R. Forsyth,* Theory of differential equations 2, Cambridge 1900, p. 255; *L. Königsberger,* Differentialgl.[59]), p. 38, 275; **E. Goursat,* Cours d'Analyse[24]) 2, p. 508.*

Signalons enfin quelques travaux complémentaires, ou géométriques ou relatifs à des équations du premier ordre particulières (équations du second ou du troisième degré en y', etc.): *Carl Schmidt* [Diss. Giessen 1884; *H. B. Fine* [Amer. J. math. 12 (1890), p. 295/322]; *J. W. L. Glaisher* [Messenger math. (2) 12 (1882/3), p. 1]; *W. Kapteyn* [Bull. sc. math. (2) 12 (1888), p. 135]; *W. Johnson* [Messenger math. (2) 16 (1886/7), p. 186/8; Annals of math. (1) 3 (1887), p. 33]; *Isabel Maddison* [Quart. J. pure appl. math. 26 (1893), p. 307; 28 (1896), p. 311]; *M. Petrovitch* [Thèse, Paris 1894]; **Th. Hudson* [Proc. Lond. math. Soc. (1) 33 (1900/1), p. 380]; *L. C. Lachtine* [Math. Sbornik (recueil Soc. math. Moscou) 24 (1903/4), p. 30/56]; *K. Vorovka* [Časopis math. fys. (Prague) 32 (1903), p. 229]; *H. Dulac* [Bull. Soc. math. France 36 (1908), p. 126].*

*On peut aussi consulter à ce sujet: *J. Trembley,* Mémoires Acad. Turin (1) 5 (1790/1), éd. 1793, p. 53/78; *J. A. Timmermans,* Nouv. Mém. Acad. Bruxelles 15 (1842), p. 3/24; *A. de Morgan,* Trans. Cambr. philos. Soc. 9 part II (1850/1), p 107/38; *F. Casorati,* Reale Ist. Lombardo *Rendic.* (2) 7 (1874), p. 846/50; Ann. mat. pura appl. (2) 7 (1875/6), p. 197/201; Bull. sc. math. (2) 3 (1876), p. 42/8; Reale Ist. Lombardo *Rendic.* (2) 8 (1875), p. 962/6; Atti Accad. Lincei *Memorie mat.* (2) 3 (1875/6), p. 160/7; Bull. sc. math. (2) 3 (1879), p. 48/59; Atti Accad. Lincei *Memorie mat.* (3) 3 (1878/9), p. 271/6; *G. Torelli,* Giorn. mat. (1) 24 (1886), p. 280/9; Ann. mat. pura appl. (2) 19 (1891/2), p. 254/60; *W. P. Workman,* Quart. J. pure appl. math. 22 (1887), p. 175/98, 308/24; *J. Neuberg,* Mathesis (2) 3 (1893), p. 244/7; *Lia Predella,* Giorn. mat. (2) 2 (1895), p. 31/56, 183/209; *J. M. Page,* Amer. J. math. 18 (1896), p. 95/7; *H. Amstein,* Bull. Soc. vaudoise sc. naturelles (4) 33 (1897), p. 22/9; *M. Petrovitch,* Math. Ann. 50 (1898), p. 103/12; *A. Emch,* Studies Univ. Colorado 1 (1904), p. 269/74; *L. Isely,* Bull. Soc. sc. naturelles Neuchâtel 34 (1907), p. 3/24 (Note de *G. Vivanti*).*

Si la relation $G = 0$ est compatible avec le système (2), il existe des intégrales ou solutions singulières qui peuvent être en nombre fini ou dépendre d'un système différentiel d'ordre $(n - 1)$ au plus[117].

E. Picard[118]) a montré qu'une courbe intégrale singulière est, en général, une enveloppe de courbes intégrales particulières; ces solutions singulières ne rentrent pas dans l'intégrale générale. Dans des cas exceptionnels, ces solutions font partie de l'intégrale générale et sont alors des solutions ordinaires *multiples.*

E. Goursat[119]) a relié la théorie des solutions singulières à la théorie des enveloppes de courbes gauches de la manière suivante: Bornons-nous, pour plus de clarté, au cas de trois variables et considérons une *congruence* de courbes gauches (que nous supposons algébrique). Ces courbes peuvent être associées, d'une infinité de façons, en familles (à un paramètre) de courbes qui admettent une enveloppe. Ces enveloppes Γ dépendent, en général, d'une constante et engendrent une ou plusieurs surfaces, soit $G(x, y, z) = 0$. Le système différentiel algébrique (2), qui définit la congruence (système qui est loin d'être le plus général de son degré), admet les courbes Γ comme courbes intégrales singulières.

**M. Hamburger*[120]) a étendu à une équation différentielle (1) ou à un système différentiel (2) d'ordre quelconque, la discussion qu' il a développée dans le cas du premier ordre (n° 22). *P. Burgatti*[121]) a étudié l'ordre des contacts entre les intégrales singulières et les intégrales ordinaires d'une équation différentielle du second ordre.*

Singularités non ordinaires du coefficient différentiel d'une équation du premier ordre.

24. Travaux de Briot et Bouquet relatifs aux équations $xy' = ax + by + \cdots$.

Quand $f(x, y)$ est méromorphe et de la forme $\frac{0}{0}$ (n° 20), les exemples les plus anciens, tels que $y' = \alpha \frac{y}{x}$, suffisent à montrer que les

117) Le système différentiel qui définit ces solutions singulières est d'ordre $(n-1)$ au plus, mais peut renfermer moins d'équations que de fonctions [voir note 15].

118) Traité d'Analyse[51]) 3, p. 56; (2e éd.) 3, p. 56.

119) Amer. J. math. 11 (1889), p. 329. Voir aussi J. math. pures appl. (1) 18 (1853), p. 1; *A Mayer*, Math. Ann. 22 (1883), p. 368; *H. B. Fine*, Amer. J. math. 12 (1890), p. 295/322; *A. C. Dixon,* Philos. Trans. London 186 A (1895), p. 523/65.

120) *Sitzgsb. Akad. Berlin 1899, p. 140; J. reine angew. Math. 121 (1900), p. 265; 122 (1900), p. 322.*

121) *Rend. Circ. mat. Palermo 20 (1905), p. 256.*

circonstances les plus diverses se présentent: il peut exister plusieurs solutions $y(x)$ ou une infinité de solutions qui répondent aux conditions initiales (x_0, y_0), et ces solutions peuvent admettre $x = x_0$ comme point singulier transcendant, ou comme point régulier. Mais c'est à *Ch. A. A. Briot* et *J. C. Bouquet*[122]) que sont dues les premières recherches générales en cette matière. Ils se sont particulièrement attachés à l'étude dans le voisinage de $x = 0$, $y = 0$ des équations de la forme

$$x \frac{dy}{dx} = ax + by + \cdots \equiv \varphi(x, y), \tag{43}$$

où b est différent de zéro.

Les résultats qu'ils ont obtenus se résument ainsi:

I. Si b n'est pas un entier positif, il existe une solution holomorphe $y(x)$ et une seule qui s'annule avec x.

II. Si b est un entier positif, une telle solution n'existe pas en général. Quand il en existe une, il en existe une infinité, dépendant d'une constante arbitraire. Si $b = 1$, pour que ces solutions existent, il faut et il suffit que a soit nul. Si $b > 1$, une transformation

$$y = c_1 x + c_2 x^2 + \cdots + z x^{p-1}$$

ramène l'équation au type

$$x \frac{dz}{dx} = \alpha x + z + \cdots;$$

la condition est alors $\alpha = 0$.

La démonstration de *Ch. A. A. Briot* et *J. C. Bouquet* repose sur l'emploi des *fonctions majorantes* (n° **11**). L'équation (1) permet de former le développement formel en série de Maclaurin de la solution $y(x)$ cherchée. En comparant avec le développement analogue de la fonction implicite $y_1(x)$ définie par $y_1 = \varphi(y_1, x)$, on établit la convergence de la série.

Existe-t-il, en dehors de ces solutions holomorphes, des solutions $y(x)$ de l'équation (43) qui tendent vers zéro quand x tend vers zéro sur un chemin l? Pour des chemins l de longueur finie et qui ne s'enroulent pas indéfiniment autour de l'origine, *Ch. A. A. Briot* et *J. C. Bouquet* arrivent à la conclusion suivante:

Si la partie réelle de b est négative ou nulle, de telles solutions n'existent pas. Si la partie réelle de b est positive, il en existe une infinité dépendant d'une constante arbitraire[123]). Ces solutions ad-

---

122) J. Ec. polyt. (1) cah. 36 (1856), p. **161**. Voir aussi *E. Picard*, Traité d'Analyse[51]) 3, p. 23; (2e éd.) 3, p. 23; *L. Königsberger*, Differentialgl.[59]), p. 352.

123) *Voir aussi *E. Goursat*, Cours d'Analyse[24]) 2, p. 480.*

mettent le point $x = 0$ comme point singulier *transcendant* sauf dans les deux cas suivants:

1°) b est réel, positif et commensurable (sans être entier), auquel cas $x = 0$ est un point critique *algébrique* de ces solutions $y(x)$;

2°) b est un entier positif p, et la condition $\alpha = 0$ est remplie, auquel cas ces solutions $y(x)$ sont *holomorphes* pour $x = 0$.

Si $b = 0$, la solution holomorphe qui s'annule avec x existe encore. *Ch. A. A. Briot* et *J. C. Bouquet* pensent démontrer qu'il n'existe pas (sauf dans des cas exceptionnels) d'autres solutions $y(x)$ qui tendent vers zéro quand x tend vers zéro sur un chemin l de longueur finie et d'argument limité. Mais cette dernière conclusion est inexacte (n° **30**).

Ch. A. A. Briot et *J. C. Bouquet* ont également discuté le type

$$x^m \frac{dy}{dx} = ax + by + \cdots, \tag{44}$$

où b est différent de 0, et ont montré qu'il n'existe pas de solution holomorphe s'annulant avec x (sauf dans des cas exceptionnels où certaines conditions transcendantes sont remplies). **G. Rémoundos*[124]) a étendu ce résultat au cas où $m = 2$, et où b peut être nul.*

Un cas remarquable est celui où l'équation (44) n'admet pas d'intégrale holomorphe (nulle avec x) et où cependant l'équation (3) permet de former une série de Maclaurin (répondant aux conditions initiales $x = 0$, $y = 0$) qui satisfait *formellement* à l'équation, mais qui diverge. C'est ce qui a lieu en particulier pour les équations de la forme

$$x^2 \frac{dy}{dx} = ax + by + \cdots. \tag{45}$$

En appliquant à de tels développements sa théorie des „séries sommables", *E. Borel*[125]) a montré (du moins dans certains cas) qu'un tel développement définit, dans un angle convenable E issu de l'origine, une solution $y(x)$, qui admet $x = 0$ comme point transcendant, et qui, quand x varie seulement dans l'angle E, s'annule pour $x = 0$ et admet des dérivées de tout ordre, dont les valeurs y_0', y_0'', ... coïncident avec les valeurs calculées d'après l'équation différentielle.

---

124) *C. R. Acad. sc. Paris 146 (1908), p. 389; Bull. Soc. math. France 36 (1908), p. 185.*

125) Ann. Ec. Norm. (3) 16 (1899), p. 95. Voir aussi *J. Horn* [J. reine angew. Math. 120 (1899), p. 1; 122 (1900), p. 73] qui, par une autre méthode, étudie le point singulier $x = 0$ de l'équation linéaire

$$x^{q+1} y' = A(x) y + B(x),$$

où q est positif et où $A(x)$ et $B(x)$ sont des fonctions holomorphes pour $x = 0$.

E. Maillet[126]) a généralisé ce résultat et montré que la théorie des séries sommables s'applique aux séries divergentes qui vérifient formellement une équation différentielle algébrique quelconque (de premier ordre ou d'ordre n).*

25. Travaux de Picard et de Poincaré. La méthode de *Ch. A. A. Briot* et *J. C. Bouquet* ne donne aucun moyen de représenter, par des séries, les solutions non holomorphes de l'équation (43) qui s'annulent avec x. Ce nouveau problème a été résolu simultanément par *E. Picard*[127]) et *H. Poincaré*[128]). Par deux méthodes distinctes, qui reposent sur l'emploi des fonctions majorantes (n° **12**), ces auteurs ont obtenu le théorème suivant:

„Si, dans l'équation (43), la quantité b n'est ni un entier positif[129]), ni une quantité réelle négative ou nulle, les solutions $y(x)$ sont développables suivant les puissances croissantes de x et de $u = x^b$, le développement s'annulant avec x et u, et convergeant tant que $|x|$ et $|x^b|$ sont suffisamment petits.“

La méthode de *E. Picard* consiste à introduire une fonction $y = \varphi(x, u)$ des deux variables indépendantes x, u, fonction qui donne une solution $y(x)$ de (43) quand on y remplace u par x^b. Cette fonction $\varphi(x, u)$ vérifie une certaine équation aux dérivées partielles, dont on détermine une intégrale holomorphe et nulle pour $x = 0$, $u = 0$.

26. Méthode de Poincaré et compléments. La méthode de *H. Poincaré* (voir aussi n° **32**) embrasse le cas plus général où, dans l'équation

$$\frac{dy}{dx} = \frac{P(x, y)}{Q(x, y)} = \frac{ax + by + \cdots}{\alpha x + \beta y + \cdots}, \tag{46}$$

les deux courbes $P = 0$, $Q = 0$ ont à l'origine un point commun *unique*. Soit alors λ_1, λ_2 les deux racines (toutes deux différentes de zéro) de l'équation

$$\begin{vmatrix} \alpha - \lambda & \beta \\ a & b - \lambda \end{vmatrix} = 0, \tag{47}$$

et soit $\lambda = \frac{\lambda_2}{\lambda_1}$.

Quand λ n'est ni un entier positif, ni l'inverse d'un entier positif, ni une quantité réelle négative, il passe par le point $x = 0$, $y = 0$ deux courbes intégrales qui admettent ce point comme point régulier et

126) *Ann. Éc. Norm. (3) 20 (1903), p. 487.*

127) C. R. Acad. sc. Paris 87 (1878), p. 430, 743; Bull. Soc. math. France 12 (1883/4), p. 48.

128) J. Éc. polyt. (1) cah. 45 (1878), p. 13; Thèse, Paris 1879; J. math. pures appl. (3) 7 (1881), p. 375; (3) 8 (1882), p. 251/96; (4) 1 (1885), p. 167/244.

129) Pour le cas où b est un entier positif voir le n° **26**.

ne sont pas tangentes en ce point: soient

$$gx + hy + \cdots = 0, \quad \gamma x + \varkappa y + \cdots = 0$$

ces deux courbes. L'intégrale générale de l'équation (46) peut se mettre sous la forme:

$$\text{(48)} \qquad \text{constante} = \frac{gx + hy + \cdots}{[\gamma x + \varkappa y + \cdots]^{\lambda}} = \frac{Y(x, y)}{[X(x, y)]^{\lambda}},$$

X et Y étant holomorphes pour $x = 0$, $y = 0$. En posant $X = t$, $Y = ct^{\lambda}$, on voit que x et y se laissent développer suivant les puissances croissantes de t et de ct^{λ}, pour des valeurs suffisamment petites de $|t|$ et de $|ct^{\lambda}|$; c désigne une constante arbitraire. Faisons tendre t vers zéro dans son plan, sur une direction déterminée, et soit $x(t)$, $y(t)$ la solution de l'équation (46) définie par les valeurs initiales x_0, y_0 très petites: si la partie réelle de λ est positive, x et y tendent simultanément vers zéro. Si elle est négative ou nulle, x et y ne tendent simultanément vers zéro que pour les deux solutions régulières; mais on peut faire tendre t vers zéro sur des chemins *n'ayant pas de tangente d'origine* de façon qu'une infinité de solutions $y(x)$ tendent vers zéro[130]).

Si λ *ou* $\frac{1}{\lambda}$ *est un entier positif,* il passe par le point $x = 0$, $y = 0$ une courbe intégrale régulière en ce point: il n'en passe d'ailleurs qu'une, à moins qu'une certaine condition algébrique ne soit remplie, auquel cas il en passe une infinité (dépendant d'une constante arbitraire). L'intégrale générale peut recevoir la forme

$$\text{(49)} \qquad \frac{S(x, y)}{X(x, y)} + h \log X(x, y) = \text{const.},$$

où h est une fonction rationnelle des premiers coefficients $a, b, \ldots$, $\alpha, \beta, \ldots$ de P, Q. Les fonctions S et X sont holomorphes et nulles pour $x = 0$, $y = 0$, et la courbe $X = 0$ est la courbe intégrale régulière passant par l'origine. Si l'on pose $X = t$, x et y sont développables suivant les puissances croissantes de t et de $(t \log t)$. Quand h est nul, toutes les courbes intégrales admettent l'origine comme

---

130) Si l'équation (46) a la forme (23) de Briot et Bouquet, on a:

$$\alpha = 1, \ \beta = 0, \ \lambda_1 = 1, \ \lambda_2 = b, \ \lambda = b, \ X(x, y) = x, \text{ d'où } x = t;$$

on retrouve ainsi les résultats du n° **24**. *Pour ce qui se passe dans le domaine complexe lorsque l'équation (46) a sa forme générale et qu'on garde x comme variable indépendante, voir *H. Dulac* [J. Ec. polyt. (2) cah. 9 (1904), p. 1/125]; quand les courbes $X = 0$, $Y = 0$ ne sont tangentes à aucun des axes, *H. Dulac* montre notamment que, pour toute solution définie par des conditions initiales x_0, y_0 voisines de zéro, x et y peuvent tendre simultanément vers zéro de telle façon que leurs arguments restent finis.*

point ordinaire. En particulier, quand h est nul et λ égal à 1, toutes les courbes intégrales ont à l'origine des tangentes distinctes; le point singulier ($x=0$, $y=0$) est appelé, dans ce cas, *dicritique*.

Ces résultats ont été établis, dans le cas de $\lambda=1$, par *H. Poincaré*[131]), *I. Bendixson*[132]), *E. Picard*[133]), *J. Horn*[134]), **A. Lĭapunov*[135])* et, dans les cas où λ est égal à p ou à $\frac{1}{p}$, par *J. Horn*[136]), *E. Lindelöf*[137]) et **H. Dulac*[138]).*

Si λ est une quantité réelle négative, il passe encore par l'origine deux courbes intégrales régulières (et deux seulement); mais il est impossible en général de mettre l'intégrale générale sous la forme $XY^{-\lambda}=$ const. *I. Bendixson*[139]) ramène dans ce cas l'équation (46) à une forme où $\alpha=1$, $\beta=0$, $a=0$, $b=\lambda$, et, posant alors

$$xy^{-\lambda}=\varrho^{(1-\lambda)},\ \log\frac{y}{x}=u,$$

il montre que l'intégrale générale est développable ainsi:

$$(50)\qquad \varrho+\varrho^2A_2(u)+\varrho^3A_3(u)+\cdots+\varrho^iA_i(u)+\cdots\cdots=\text{constante},$$

les A_i étant holomorphes pour $u=0$ et la série (50) convergeant pour $|\varrho|<\delta$, $|u|<G$; la quantité G est prise arbitrairement, la quantité δ dépend de G et tend vers zéro avec $\frac{1}{G}\cdot$

H. Dulac[140]) ramène l'équation (46) à la forme

$$(51)\qquad x\,dy+y\,dx\,[-\lambda+xy(1+\cdots)]=0,$$

et développe ainsi l'intégrale générale:

$$(52)\qquad yx^{-\lambda}[1+\varphi_1(x)y+\varphi_2(x)y^2+\cdots]=\text{constante},$$

où φ_1, φ_2, ... sont des polynomes en $x^{-\lambda}$ (pour λ irrationnel), ou en $\log x$ (pour λ rationnel), dont les coefficients sont des fonctions holomorphes de x. La série (52) converge pour $|y|$ et $|y\varrho\theta|$ suffisamment petits, si $x=\varrho e^{i\theta}$.

131) Rend. Circ. mat. Palermo 5 (1891), p. 161.

132) Öfversigt Vetensk. Akad. förhandl. (Stockholm) 51 (1894), p. 142.

133) Traité d'Analyse[51]), 3, p. 30; (2e éd.) 3, p. 30.

134) Z. Math. Phys. 49 (1903), p. 246; Archiv Math. Phys. (3) 8 (1905), p. 237.

135) *Soobščĕnija Charĭkovskago matĕmatičeskago Obščestva [Communic. Soc. math. Kharkov] (2) 1 (1888), p. 7/60; Obščaja zadača ob ustoičivosti dvižĕnija (Le problème général de la stabilité des mouvements) Charkov 1892, p. 146; trad. par *E. Davaux*, Ann. Fac. sc. Toulouse (2) 9 (1907), p. 353; J. math. pures appl. (5) 3 (1897), p. 83.*

136) J. reine angew. Math. 116 (1896), p. 265.

137) Acta Soc. scient. Fennicae 22 (1897), mém. n° 7, p. 1/26.

138) *J. Ec. polyt. (2) cah. 9 (1904), p. 1/125.*

139) Öfversigt Vetensk. Akad. förhandl. (Stockholm) 52 (1895), éd. 1896, p. 81.

140) J. Ec. polyt. (2) cah. 9 (1904), p. 3 et suiv.

Le cas où λ est égal à -1, et le cas plus général où λ est *négatif et rationnel*, ont été étudiés particulièrement, le premier par *H. Poincaré*[141]), le second par *I. Bendixson*[142]) et *H. Dulac*[143]). Ces auteurs ont formé une *infinité*[144]) de conditions nécessaires et suffisantes pour que l'intégrale puisse recevoir la forme

$$XY^{-\lambda} = \text{const.}$$

Que le nombre négatif λ soit rationnel ou irrationnel, il n'existe aucune solution $y(x)$ [ou $x(y)$] (en dehors de deux solutions régulières) qui s'annule avec x de façon que $\frac{dy}{dx}$ tende vers une limite, ou encore qui s'annule quand x tend vers zéro sur un chemin l admettant une tangente à l'origine. Mais quand l n'est pas assujetti à cette condition, par exemple quand l est une spirale entourant l'origine, existe-t-il d'autres solutions qui s'annulent avec x? La plupart des auteurs inclinaient vers la négative: dans les cas où λ est rationnel, *H. Dulac*[145]) a cependant montré qu'une infinité de solutions $y(x)$ tendent vers zéro quand x tend vers zéro sur un chemin convenable; il n'y a d'exception que dans le cas très particulier où l'intégrale peut recevoir la forme $XY^{-\lambda} = \text{const.}$ Quand λ est irrationnel, la question reste douteuse.

Le cas où λ est nul a été également étudié par *H. Dulac*[145]). Il passe alors par l'origine *une* courbe intégrale régulière (et en général une seule): une infinité de solutions s'annulent avec x quand x tend vers zéro sur un chemin convenable. Dans des cas particuliers, il passe par le point ($x = 0$, $y = 0$) une seconde courbe intégrale régulière: l'équation est alors réductible à la forme (43) de Briot et Bouquet, où $b = 0$. Dans le cas général, l'équation est réductible à la forme

$$(53) \qquad (x + \cdots)\, dy + y^m dx = 0.$$

27. Cas général où f est méromorphe et de la forme $\frac{0}{0}$. Pour ce qui est du cas général où y est de la forme $\frac{0}{0}$, soit

---

141) J. math. pures appl. (4) 1 (1885), p 170.

142) Öfversigt Vetensk. Akad. förhandl. (Stockholm) 52 (1895), p. 81/90.

143) C. R. Acad. sc. Paris 129 (1899), p. 276; J. Ec. polyt. (2) cah. 9 (1904), p. 80.

144) Si P et Q sont des polynomes de degrés *donnés* qu'on cherche à déterminer de façon que l'intégrale soit de la forme $XY^{-\lambda} =$ constante, où λ est *donné*, les conditions qu'on trouve sont en nombre fini et entrainent les conditions (en nombre infini) fournies par les méthodes précédentes; cf. *H. Dulac*, Bull. sc. math. (2) 32 (1908), p. 230/52.

145) J. Ec. polyt. (2) cah. 9 (1904), p. 1/125. Dans le cas où $\lambda = -1$, l'existence de telles solutions se déduit aussitôt de l'étude des foyers (nº 29) faite dans le champ réel par *H. Poincaré*.

$$(54) \qquad y' = \frac{a_{ij}x^i y^j + \cdots}{b_{kl}x^k y^l + \cdots} = \frac{P(x,y)}{Q(x,y)},$$

Ch. A. A. Briot et *J. C. Bouquet* se sont bornés à rechercher les solutions $y(x)$ qui *sont d'un ordre infinitésimal déterminé par rapport à* x, soit

$$y(x) = x^{\mu}[c + \varepsilon(x)],$$

ε s'annulant avec x.

Les valeurs possibles de μ sont données par une règle analogue à celle du polynome de Newton [II 10]; mais ici, deux sommets du polygone peuvent se confondre, et μ peut alors être irrationnel ou imaginaire. Écartons ce cas particulier qui a échappé à *Ch. A. A. Briot* et à *J. C. Bouquet*[146]); les valeurs possibles de μ sont rationnelles et en nombre limité.

Soit $\mu = \frac{p}{q}$: la transformation

$$x = \xi^q, \; y = \xi^p(c + z)$$

ramène *en général* l'équation différentielle à la forme (43). Mais dans bien des cas exceptionnels, la nouvelle équation est encore d'une forme (54) moins simple que la forme (43), et de nouvelles transformations analogues à la précédente sont nécessaires.

*En définitive, la méthode de Briot et Bouquet permet, pour les équations (54), de rechercher toutes les solutions $y(x)$ qui, pour $x = 0$, sont nulles et *algébroïdes.**

Encore les travaux de *Ch. A. A. Briot* et *J. C. Bouquet* présentaient-ils une lacune: il fallait montrer qu'après un nombre fini de transformations on n'avait plus à discuter que des types de la forme (43). Cette lacune a été comblée par *L. Autonne*[146]): il existe un entier ν tel qu'en posant $x = X^{\nu}$, toutes les intégrales algébroïdes de l'équation (54), nulles avec x, soient développables suivant les puissances entières de X; elles sont représentées par un certain nombre de développements qui peuvent dépendre d'une constante arbitraire[147]).

H. Dulac[148]) montre que si, dans P et Q, les termes de degré minimum sont de degré n, il y a en général $(n+1)$ intégrales algébroïdes nulles pour $x = 0$. S'il en existe davantage, il en existe une

---

146) *L. Autonne*, Ann. Univ. Lyon 3, fasc. 1 (1892), p. 1/120; J. Ec. polyt. (2) cah. 2 (1897), p. 51; (2) cah. 3 (1897), p. 1; *Rend. Circ. mat. Palermo 10 (1896), p. 196/228.*

147) Voir aussi *J. Horn*, J. reine angew. Math. 113 (1894), p. 50; **Th. Hudson*, Proc. London math. Soc. (1) 34 (1901/2), p. 154.*

148) *J. Ec. polyt. (2) cah. 9 (1904), p. 82; Ann. Univ. Grenoble 17 (1905), p. 1; C. R. Acad. sc. Paris 145 (1907), p. 913.*

infinité; s'il en existe moins de $n+1$, il existe en outre une infinité d'intégrales $y(x)$ admettant $x=0$ comme point transcendant et qui tendent vers zéro quand x tend vers zéro sur un chemin convenable. En général, si l'on écarte certains cas exceptionnels nettement précisés, il existe[149]) des intégrales $y(x)$ telles que x et y tendent vers zéro sans que $\frac{y}{x}$ tende vers une limite.*

*Quand l'équation (54) admet $(n+1)$ intégrales algébroïdes, son intégrale peut-elle se mettre sous la forme

$$(55) \qquad H(x,y)\prod_{i=0}^{i=n}[y+\varphi_i(x)]^{\lambda_i}=\text{const.}, \qquad (\lambda_0=1),$$

les fonctions $\varphi_1, \varphi_2, \ldots, \varphi_n$ étant holomorphes ou algébroïdes (et nulles) pour $x=0$, et H étant holomorphe et non nulle pour $x=0$, $y=0$? On détermine aisément les valeurs possibles des λ, mais en général on est arrêté dans le calcul des coefficients de H. Pour $n>1$, c'est donc seulement dans des cas exceptionnels[149]) que l'intégrale de l'équation (54) peut recevoir la forme (55).

Au sujet des valeurs des λ, quatre cas sont à distinguer:

1°) *Les λ ne sont pas tous positifs.* Si l'on peut calculer le développement $H(x,y)$, il converge.

2°) *Les λ sont tous positifs mais non tous rationnels.* Le développement $H(x,y)$, s'il existe, peut être divergent.

3°) *Les λ sont tous positifs et rationnels*, et le développement $H(x,y)$ n'existe pas.

4°) *Les λ sont tous positifs et rationnels* et le développement $H(x,y)$ existe. Dans ce cas, il en existe une infinité, qui sont convergents, et l'intégrale générale, définie par (55), est algébroïde pour $x=0$.

Dans le premier et le troisième cas, une infinité de solutions $y(x)$ tendent vers zéro quand x tend vers zéro sur un chemin convenable.*

*Enfin, *H. Dulac*[150]) étudie le cas du point dicritique généralisé, c'est-à-dire le cas où:

$$P=yA(x,y)+\cdots, \qquad Q=xA(x,y)+\cdots,$$

A désignant un polynome homogène en x, y de degré q, tandis que les termes non écrits sont de degré supérieur à $q+1$. Il montre que (sauf cas exceptionnels) toute intégrale $y(x)$ définie par des con-

149) *H. Dulac*[148]); Bull. sc. math. (2) 32 (1908), p. 230/52. Voir aussi *S. Wigert*, Öfversigt Vetensk. Akad. förhandl. (Stockholm) 56 (1899), p. 697; 57 (1900), p. 47; *A. Rosenblatt*, Über singul. Punkte[35]), p. 1/8. Cf. n° **30**.*

150) *J. math. pures appl. (6) 2 (1906), p. 381.*

ditions initiales suffisamment petites est holomorphe ou algébroïde pour $x=0$ et qu'une au moins de ses branches s'annule avec x[151]).*

P. Boutroux[152]) a approfondi certains types de points singuliers rentrant dans le type plus général (54). Il a étudié notamment les équations de la forme:

$$y' = A_0(x) + y A_1(x) + y^2 A_2(x) + y^3 A_3(x)$$

pour les valeurs très grandes de y et

1°) pour les valeurs de x voisines des zéros de A_3;

2°) pour x infini, dans le cas où les A sont des polynomes.*

Enfin les résultats obtenus par *J. Horn* et *I. Bendixson* dans le domaine réel (n° **32**) entraînent des conséquences évidentes dans le domaine complexe.

28. Cas où f est algébroïde pour $x=0$, $y=0$. Quant aux singularités (non ordinaires) pour lesquelles $f(x, y)$ est algébroïde (et non méromorphe), elles n'ont fait l'objet que d'un très petit nombre de travaux. La méthode de Briot et Bouquet (n^os **24**, **27**) ramène, en général, la recherche des solutions $y(x)$ qui pour $x=x_0$ admettent une dérivée déterminée, à l'étude des solutions d'une équation du type (43) dans le voisinage de $x=0$, $y=0$. Mais de nombreux cas d'exception se présentent. Dans tous les cas, la méthode permet de déterminer toutes les solutions égales à y_0 et algébroïdes pour $x=x_0$, si compliquée que soit la singularité algébrique (x_0, y_0) de $f(x, y)$. Toutefois, la démonstration de Briot et Bouquet présentait une lacune (n° **27**) qu'a comblée *L. Autonne.*

Quant aux solutions $y(x)$ qui s'annulent avec x mais admettent $x=0$ comme point transcendant, *H. Poincaré* a indiqué un moyen de les étudier dans le cas suivant[153]): soit

$$\frac{dy}{dx} = H(x, y, z), \quad \text{avec} \quad F(x, y, z) = 0,$$

où H et F sont holomorphes pour le point $(x=0,\ y=0,\ z=0)$ qui est un point *double conique* de la surface $F=0$. La transformation:

$$\xi = \frac{x}{z}(1-z), \quad \eta = \frac{y}{z}(1-z), \quad \zeta = (1-z)$$

---

151) *Au sujet de l'étude générale de l'équation (54), voir aussi *C. F. E. Björling*, Archiv Math. Phys. (2) 4 (1886), p. 358; *K. Hlibovickij*, Sammelschrift der math.-naturw.-ärztlichen Ševčenko Ges. der Wiss. in Lemberg (Lvov) 6 (1900), p. 11/3; *W. Büchel*, Mitt. math. Ges. Hamburg 4 [n° 4 (1904)], p. 133.*

152) *C. R. Acad. sc. Paris 139 (1904), p. 258; 144 (1907), p. 368; 145 (1907), p. 50, 670; Fonctions définies par éq. diff. 1er ordre[83]). Cf. II 9.*

153) J. math. pures appl. (4) 1 (1885), p. 199.

ramène la question à l'étude des solutions $\eta(\xi)$ de l'équation

$$\frac{d\eta}{d\xi} = \varphi(\xi, \eta),$$

(où φ est *méromorphe*) dans le voisinage des différents points d'une conique située dans le plan $\xi = 1$ et dont les divers points correspondent au point double de $F = 0$.

${}_*$H. Dulac[154]) ramène à l'étude d'une équation (46) le cas où les conditions initiales singulières correspondent soit à un point ordinaire de la surface $F = 0$, soit à un point double non uniplanaire. On peut étudier ainsi toutes les singularités qui se présentent pour une équation algébrique $F(y', y, x) = 0$ de l'espèce la plus générale.*

29. Application au domaine réel. Supposons que dans l'équation (46) les coefficients de P, Q soient tous réels, et étudions dans le domaine réel les courbes intégrales de (46), courbes que *H. Poincaré* appelle les *caractéristiques* de (46). Deux cas généraux sont à distinguer suivant que λ_1, λ_2 sont imaginaires ou réels:

1°) λ_1 *et* λ_2 *réels.* Si le rapport $\lambda = \frac{\lambda_2}{\lambda_1}$ est positif, il passe par l'origine une infinité de caractéristiques: le point $(x = 0, y = 0)$ est dit alors un *nœud* de l'équation différentielle.

Si le rapport $\lambda = \frac{\lambda_2}{\lambda_1}$ est négatif, il ne passe par l'origine que deux caractéristiques: le point $(x = 0, y = 0)$ est dit alors un *col*[155]).

2°) λ_1, λ_2 *sont imaginaires conjugués.* Il ne passe par l'origine aucune caractéristique, mais les caractéristiques s'enroulent autour de l'origine qui est un point asymptote, et qu'on appelle alors un *foyer.* Il n'y a d'exception que si, le rapport $\lambda = \frac{\lambda_2}{\lambda_1}$ étant égal à -1, l'intégrale générale peut se mettre sous la forme $XY =$ constante, ce qui exige, comme on l'a vu, une infinité de conditions[156]): les caractéristiques forment alors des courbes fermées qui entourent l'origine sans y passer; ce point est dit dans ce cas un *centre.*

30. Travaux de Bendixson et de Horn. L'étude des équations de la forme (44) a été complètement effectuée dans le champ réel (voisin de l'origine) par *I. Bendixson*[157]) et *J. Horn*[158]). Par l'emploi

154) ${}_*$C. R. Acad. sc. Paris 133 (1901), p. 268.*

155) Ce résultat, admis par *H. Poincaré*, a été démontré pour la première fois par *E. Picard* [Traité d'Analyse[51]) 3, p. 201; (2e éd.) 3, p. 208]; les autres résultats sont dus à *H. Poincaré* [J. math. pures appl. (3) 7 (1881), p. 375; (3) 8 (1882), p. 251; (4) 1 (1885), p. 167/244; (4) 2 (1886), p. 151]. Voir *E. Picard*, Traité d'Analyse[51]) 3, p. 198; (2e éd.) 3, p. 206.

156) Voir la note 144. Les fonctions X, Y ont, dans ce cas, leurs coefficients imaginaires conjugués.

157) Öfversigt Vetensk. Akad. förhandl. (Stockholm) 55 (1898), p. 69/85, 139/51,

de la méthode (généralisée) de *E. Picard* (nº 9), ils ont déterminé toutes les caractéristiques de l'équation (44) qui passent par l'origine. Ces caractéristiques sont en nombre infini, sauf dans le cas où m est impair et $b < 0$: dans ce dernier cas, il ne passe par l'origine (en dehors de l'axe $x = 0$) qu'une caractéristique à droite et une à gauche de l'axe. Quand m est impair et $b > 0$, les caractéristiques issues de l'origine couvrent une petite aire entourant l'origine. Quand m est pair, les caractéristiques sont toutes situées du même côté de l'axe des y (à l'exception d'une seule). Toutes ces caractéristiques $y = \varphi(x)$ se trouvent définies par des développements en séries: *J. Horn* en donne également une représentation asymptotique à l'aide de séries semi-convergentes (I 4, 19) qui vérifient formellement l'équation (44).

Quand b est nul, les circonstances sont très différentes. *I. Bendixson* et *J. Horn* ont élucidé le cas de $m = 1$, et déterminé (à l'aide de développements assez compliqués) toutes les caractéristiques de l'équation

$$(56)\qquad x\frac{dy}{dx} = x[a + \cdots] + \beta y^{q+1}(1 + \cdots), \qquad \text{où } \beta \text{ est différent de } 0,$$

qui passent par l'origine. Elles sont en nombre infini, sauf dans le cas où q est pair et β négatif (auquel cas il ne passe par l'origine que les deux caractéristiques régulières). La distribution de ces caractéristiques dépend de la parité de q et du signe de β.

Enfin, *quand b est nul et m quelconque* > 1, soit

$$(57)\qquad x^m\frac{dy}{dx} = x[a + \cdots] + \beta y^{q+1}(1 + \cdots) \equiv f(x, y),$$

où β est différent de zéro. On ne connaît pas de représentation[159]) des caractéristiques issues de l'origine, mais leur étude *qualitative* a été faite complètement par *I. Bendixson*. Il en existe une infinité (sauf dans le cas où q est pair, m impair et $\beta < 0$), et leur distribution dépend de la parité de m, de q et du signe de β.

La méthode qualitative de *I. Bendixson*[160]) n'exige pas que f soit holomorphe pour $x = 0$, $y = 0$, mais seulement que f soit une fonction

---

171/88. Voir aussi *E. Picard*, Traité d'Analyse (2ᵉ éd.) 3, Paris 1908, p. 238; *T. Levi-Civita*, Ann. mat. pura appl. (3) 5 (1901), p. 221.

158) J. reine angew. Math. 118 (1897), p. 257; 119 (1898), p. 196, 267; Math. Ann. 51 (1899), p. 346, 360.

159) *Toutefois *A. Rosenblatt* [Prace matematyczno-fizyczne 20 (1909), p. 145/52], moyennant certaines conditions imposées au second membre de l'équation différentielle (57), a formé de tels développements et a montré leur convergence pour une partie des caractéristisques.*

160) Öfversigt Vetensk. Akad. förhandl. (Stockholm) 55 (1898), p. 171/88. *J. Horn* emploie aussi incidemment des raisonnements qualitatifs.

réelle des deux variables réelles x, y, continue dans le voisinage de l'origine et satisfaisant à la condition de Lipschitz.

Dans le cas absolument général de l'éq. (54), *I. Bendixson*[161]) montre que les caractéristiques passant par l'origine, ou bien sont *toutes* des spirales, ou bien admettent *toutes* une tangente à l'origine. Le second cas est le seul qui se présente pour les types (44), (56), (57). A l'aide d'un nombre *fini* de transformations simples (analogues à celles de Briot et Bouquet), il détermine ces caractéristiques ou ramène leur étude à celle d'un type (44), (56) ou (57) dans le voisinage de l'origine. La discussion qualitative des caractéristiques issues de l'origine se trouve ainsi complètement achevée pour une équation (54) quelconque.

31. Caractéristiques des équations du second degré en y'. *E. Picard*[162]) a discuté les caractéristiques réelles d'une équation

$$(ax + by + \cdots)\left(\frac{dy}{dx}\right)^2 + 2\,(a_1 x + b_1 y + \ldots)\frac{dy}{dx} + (a_2 x + b_2 y + \cdots) = 0,$$

dans le voisinage de l'origine.

Ces caractéristiques ont nécessairement une tangente déterminée à l'origine, et la transformation $y = tx$ ramène leur recherche à celle des solutions $t(x)$, nulles avec x, d'une équation

$$x\frac{dt}{dx} = gx + hy + \cdots.$$

Il n'y a d'exception que si les coefficients a, b, a_1, b_1, a_2, b_2 satisfont à certaines égalités. Suivant les cas, les caractéristiques sont (à l'origine) tangentes à la même direction ou à trois directions distinctes.

E. Picard a appliqué cette discussion à l'étude des lignes de courbure d'une surface qui passent par un ombilic, problème déjà traité par *A. Cayley*[163]) et par *G. Darboux*[164]). Il passe, suivant les cas, par l'ombilic une infinité de lignes de courbure, ou trois, ou une seule; ce dernier cas est celui des quadriques.

**H. Dulac*[165]) a étudié les caractéristiques réelles de l'équation $f(x, y, y') = 0$ de degré m en y', les coefficients des f étant holomorphes pour $x = 0$, $y = 0$, valeurs singulières de y'. Il a déterminé la forme de ces caractéristiques; suivant les cas, ces formes sont les mêmes que pour une équation du premier degré en y' (nœuds, cols,

161) Öfversigt Vetensk. Akad. förhandl. (Stockholm) 55 (1898), p. 635/58; Acta math. 24 (1901), p. 1/88 [1900].

162) Traité d'Analyse[51]) 3, p. 217; (2e éd.) 3, p. 223; Math. Ann. 46 (1895), p. 521.

163) London Edinb. Dublin philos. mag. (4) 26 (1863), p. 373/9, 441/52; Papers 5, Cambridge 1892, p. 115.

164) C. R. Acad. sc. Paris 97 (1883), p. 1133; Ann. Ec. Norm. (3) 6 (1889), p. 385; Théorie des surfaces[40]) 4, p. 448 (note 7).

165) *C. R. Acad. sc. Paris 132 (1901), p. 1169.*

foyers, centres) ou sont au contraire nouvelles (arcs séparés par des points de rebroussement en nombre infini, cycles fermés n'entourant pas l'origine, etc.). Même dans le cas de $m = 2$[166]), il existe des singularités $x = 0$, $y = 0$ pour lesquelles l'équation n'est pas de la forme considérée par *E. Picard*, et les caractéristiques peuvent présenter tous les aspects du cas de m quelconque.*

Singularités non ordinaires des coefficients différentiels d'un système d'ordre quelconque.

32. Théorème général de Poincaré. Considérons un système (2) d'ordre quelconque dont les coefficients différentiels (n° **1**) sont (pour les valeurs initiales considérées) méromorphes et de la forme $\frac{0}{0}$. Pour plus de symétrie dans la notation, supposons que le système soit d'ordre $(n-1)$, que les variables soient $x_1, x_2, \ldots, x_n$ (coordonnées complexes d'un point de l'espace à n dimensions) et que dans le voisinage des valeurs initiales $x_1 = 0, \cdots, x_n = 0$ le système soit de la forme

$$(59) \quad \frac{dx_1}{a_{11}x_1 + a_{12}x_2 + \cdots + a_{1n}x_n} = \frac{dx_2}{a_{21}x_1 + a_{22}x_2 + \cdots + a_{2n}x_n} = \cdots = \frac{dx_n}{a_{n1}x_1 + a_{n2}x_2 + \cdots + a_{nn}x_n}.$$

Si $P_1, P_2, \ldots, P_n$ désignent les dénominateurs des rapports précédents, dans le cas le plus simple et le plus général les n surfaces $P_i = 0$ se coupent à l'origine en un point *unique*. C'est le cas que nous envisageons. Les n racines $\lambda_1, \lambda_2, \ldots, \lambda_n$ de l'équation

$$(60) \quad \Delta(\lambda) \equiv \begin{vmatrix} (a_{11}-\lambda) & a_{12} & \ldots a_{1n} \\ a_{21} & (a_{22}-\lambda) & \ldots a_{2n} \\ \cdot & \cdot & \cdot \\ a_{n1} & a_{n2} & \ldots (a_{nn}-\lambda) \end{vmatrix} = 0$$

sont alors différentes de zéro.

H. Poincaré[167]) égale à $\frac{dt}{t}$ les rapports (59) et cherche les inté-

166) *A. Wahlgren*, Thèse, Upsal 1903; Bihang Svenska Vetenskaps Akad. Handl. Afdelning I math. 28 (1902), mém. n° 4; cf. Archiv mat. astron. och fys. (Stockholm) 1 (1904/5), p. 43/63; *A. Wahlgren* applique ses résultats à l'étude complète des lignes de courbure au voisinage d'un ombilic; plusieurs des cas traités dans cette étude avaient été élucidés par *A. Gullstrand*, Nova Acta Soc. Upsal. (3) 20 (1904), mém. n° 4 [1900].*

167) J. Ec. polyt. (1) cah. 45 (1878), p. 13; Thèse, Paris 1879; voir aussi *L. Königsberger*, Differentialgl.[69]), p. 352; *E. Picard*, Traité d'Analyse[51]) 3, p. 1; (2e éd.) 3, p. 1; *A. Ljapunov*, Soobščenija Charĭkovskago matěmatičeskago Obščěstva (Communic. Soc. math. Kharkov), (2) 1 (1888), p. 7/60.

grales de l'équation aux dérivées partielles (n° **16**)

$$(60)\qquad \frac{\partial F}{\partial x_1} P_1 + \frac{\partial F}{\partial x_2} P_2 + \cdots + \frac{\partial F}{\partial x_n} P_n + t \frac{\partial F}{\partial t} = 0.$$

Les procédés du calcul des limites (n° **11**) établissent qu'il existe n intégrales distinctes de la forme

$$(62)\qquad F_1 \equiv t^{-\lambda_1} T_1,\ F_2 \equiv t^{-\lambda_2} T_2,\ \ldots,\ F_n \equiv t^{-\lambda_n} T_n,$$

où $T_1, T_2, \ldots, T_n$ sont holomorphes pour $x_1 = x_2 = \cdots = x_n = 0$, et cela pourvu que les trois conditions suivantes soient remplies:

a) Si l'on représente les quantités λ_i (réelles ou imaginaires) dans le plan complexe, il existe une droite passant par l'origine et qui laisse tous les points λ_i d'un même côté;

b) Les diviseurs élémentaires [I 11] de $\Delta(\lambda)$ sont distincts (ce qui est le cas notamment quand tous les λ_i sont distincts);

c) Il n'existe entre les λ aucune relation de la forme

$$(63)\qquad p_1 \lambda_1 + p_2 \lambda_2 + \cdots + p_n \lambda_n = \lambda_i$$

où $p_1, p_2, \ldots, p_n$ soient des entiers positifs ou nuls dont la somme surpasse l'unité.

Quand ces conditions sont remplies, l'intégrale générale de l'équation (59) est définie dans le voisinage de l'origine par les $(n-1)$ égalités

$$(64)\qquad \frac{T_2^{\lambda_1}}{T_1^{\lambda_2}} = \text{const.},\quad \frac{T_3^{\lambda_1}}{T_1^{\lambda_3}} = \text{const.},\ \cdots,\ \frac{T_n^{\lambda_1}}{T_1^{\lambda_n}} = \text{const.};$$

il n'existe (en dehors des courbes intégrales ainsi définies) aucune autre courbe intégrale passant par un point $(x_1^0, \ldots, x_n^0)$ voisin de l'origine.

Si l'on pose

$$\theta_1 = C_1 t^{\lambda_1},\ \theta_2 = C_2 t^{\lambda_2}, \ldots,\ \theta_n = C_n t^{\lambda_n},$$

$C_1, C_2, \ldots, C_n$ désignant des constantes arbitraires, les solutions de l'équation (59) peuvent recevoir la forme

$$x_1 = \varphi_1(\theta_1, \ldots, \theta_n),\ x_2 = \varphi_2(\theta_1, \ldots, \theta_n),\ \ldots,\ x_n = \varphi_n(\theta_1, \ldots, \theta_n),$$

où chacune des fonctions $\varphi_1, \varphi_2, \ldots, \varphi_n$ est holomorphe pour

$$\theta_1 = \theta_2 = \cdots = \theta_n = 0.$$

Il est loisible de supposer un des λ_i et un des C_i égaux à l'unité (soit $C_1 = 1$, $\lambda_1 = 1$), à condition de remplacer

$$\lambda_2, \ldots, \lambda_n \quad \text{par} \quad \frac{\lambda_2}{\lambda_1}, \ldots, \frac{\lambda_n}{\lambda_1}.$$

Si on annule tous les C_i sauf un seul, on obtient $(n-1)$ *solutions holomorphes* passant par l'origine, et il n'en existe pas d'autres. L'existence de ces solutions holomorphes résulte également de la méthode de Briot et Bouquet généralisée[168]): cette dernière démonstration subsiste dans le cas où les conditions (b) et (c) sont vérifiées mais non plus la condition (a).

Grâce à cette représentation des intégrales, la discússion des courbes intégrales, dans le domaine de l'origine, n'offre aucune difficulté[169]). Les circonstances diverses qui peuvent se présenter dépendent, comme pour le premier ordre (n^{os} **24** et **25**), des signes comparés des parties réelles des rapports de $\lambda_1, \lambda_2, \ldots, \lambda_n$. Si, par exemple, ces parties réelles sont toutes positives, soit $\lambda_1 = 1$: toute courbe intégrale (passant par un point voisin de l'origine) tendra vers l'origine, quand t tendra vers zéro sans que son argument croisse indéfiniment.

33. Compléments au théorème précédent. Lorsque les conditions (a) et (c) sont remplies, mais non la condition (b), soit λ une racine de l'équation (60) à laquelle correspond un diviseur élémentaire d'ordre j.

I. Bendixson[170]) a montré qu'il existe j intégrales de l'équation (62) qui sont de la forme

$$(68)\quad \frac{T_1}{t^\lambda},\ \frac{T_2 + T_1\log t}{t^\lambda}, \ldots, \frac{T_j + T_{j-1}\log t + \cdots + \frac{1}{(j-1)!}T_1(\log t)^{j-1}}{t^\lambda},$$

les T étant holomorphes pour $x_1 = x_2 = \cdots x_n = 0$. L'élimination de t, si l'on considère toutes les racines $\lambda_1, \lambda_2, \ldots, \lambda_n$, fournit $(n-1)$ intégrales premières distinctes de l'équation (59), qui définissent l'intégrale générale.

Si les conditions (a) et (b) sont remplies mais non la condition (c), *E. Lindelöf*[171]) a formé n intégrales premières de la forme $\frac{S}{t^\lambda}$, où S est encore un polynome en $\log t$ dont les coefficients sont holomorphes pour $x_1 = x_2 = \cdots = x_n = 0$; il déduit de là l'existence de $(n-1)$ intégrales premières du système (59), l'une de la forme

$$T_1 e^R = \text{constante}$$

(où T_1 est holomorphe et R méromorphe pour $x_1 = x_2 = \cdots = x_n = 0$), d'autres de la forme

$$\frac{T_i^{\lambda_1}}{T_1^{\lambda_i}},\ (\text{où } i < n),$$

d'autres enfin méromorphes à l'origine.

168) *H. Poincaré*, J. math. pures appl. (4) 2 (1886), p. 154.

169) *L. Königsberger* [Differentialgl.[59]), p. 490] a discuté en détail le cas où P_1 se réduit à x_1 (cas analogue à celui du n° **24**).

170) Öfversigt Vetensk. Akad. förhandl. (Stockholm) 51 (1894), p. 141/51.

171) Acta Soc. scient. Fennicae 22 (1897), mém. n° 7, p. 1/26.

Enfin, *J. Horn*[172]) a traité le cas plus général où *la condition* (a) *est seule remplie.* Il établit qu'à chaque racine distincte λ_k correspondent deux entiers j et h[173]), tels qu'en posant

$$\theta_1 = t^\lambda (\log t)^h,\ \theta_2 = t^\lambda (\log t)^{h+1}, \cdots, \theta_j = t^\lambda (\log t)^{h+j-1}$$

(et de même pour les autres racines), l'intégrale générale du système (59) puisse se développer sous la forme

$$(66)\ x_1 = \varphi_1(\theta_1, \theta_2, \ldots, \theta_m),\ x_2 = \varphi_2(\theta_1, \theta_2, \ldots, \theta_m), \ldots, x_n = \varphi_n(\theta_1, \theta_2, \ldots, \theta_m),$$
$$(\text{où } m = j_1 + j_2 + \cdots + j_n \geqq n);$$

les fonctions $\varphi_1, \varphi_2, \ldots, \varphi_n$ étant holomorphes pour $\theta_1 = \theta_2 = \cdots = \theta_m = 0$ et dépendant de n constantes.

La possibilité théorique d'un tel développement résulte des propositions de *I. Bendixson* et *E. Lindelöf* dans chacun des cas particuliers traité par ces deux auteurs[174]); mais la méthode de *J. Horn* montre que les coefficients du développement peuvent être déduits du système (59), par la méthode des coefficients indéterminés.

*Lors donc que les surfaces $P_i = 0$ se coupent à l'origine en un point unique, le seul cas où l'on ne sache pas représenter (dans le voisinage de l'origine) l'intégrale générale du système (59) est celui où *la condition* (a) *n'est pas remplie.**

34. Détermination, dans les cas exceptionnels, de classes de solutions particulières. Mais lors même que la condition (a) [n° **32**] n'est pas remplie, on sait former des développements qui représentent (dans le voisinage de l'origine), non point toutes les solutions de (59), mais du moins certaines des ses solutions, dépendant ou non de constantes arbitraires.

Considérons toutes les racines λ situées du même côté d'une certaine droite D issue de l'origine. Soient

$$\lambda_1, \lambda_2, \ldots, \lambda_m$$

ces racines ($m < n$). Supposons que ces racines soient simples et qu'il n'existe entre elles aucune relation de la forme

$$(67) \qquad p_1 \lambda_1 + \cdots + p_m \lambda_m = \lambda_j \qquad (\text{où } j = 1, 2, \ldots \text{ ou } n)$$

où $p_1, p_2, \ldots, p_m$ soient des entiers positifs ou nuls dont la somme

---

172) J. reine angew. Math. 116 (1896), p. 265/306; 117 (1897), p. 104/28, 254/66.

173) j_k est le maximé du degré des diviseurs élémentaires correspondant à λ_k; la somme $j_1 + j_2 + \cdots + j_n$ est $\leqq n$.

174) Quand les conditions (a) et (b) sont remplies, la possibilité d'un tel développement était déjà démontrée par *L. Königsberger* [Differentialgl.[59]), p. 402].

surpasse 1. Si l'on pose

$$\theta_1 = C_1 t^{\lambda_1}, \ldots, \theta_m = C_m t^{\lambda_m},$$

il existe des solutions du système (59) qui sont de la forme

(68) $x_1 = \varphi_1(\theta_1, \ldots, \theta_m),\ x_2 = \varphi_2(\theta_1, \theta_2, \ldots, \theta_m), \ldots, x_m = \varphi_m(\theta_1, \theta_2, \ldots, \theta_m),$

où les fonctions $\varphi_1, \varphi_2, \ldots, \varphi_m$ sont holomorphes pour

$$\theta_1 = \theta_2 = \cdots = \theta_m = 0;$$

les solutions du système (59) ainsi définies dépendent de $(m-1)$ constantes distinctes.

Plus généralement supposons que les m racines $\lambda_1, \lambda_2, \ldots, \lambda_m$ se réduisent à r distinctes $\lambda_1, \ldots, \lambda_r$, mais que tous les diviseurs élémentaires correspondants de l'équation (60) sont simples. Posons alors

$$\theta_1 = t^{\lambda_1},\ \theta_2 = t^{\lambda_2}, \ldots, \theta_r = t^{\lambda_r},$$

et il existe des solutions du système (59), de la forme

$$x_1 = \varphi_1(\theta_1, \ldots, \theta_r),\ x_2 = \varphi_2(\theta_1, \ldots, \theta_r), \ldots, x_m = \varphi_m(\theta_1, \ldots, \theta_r),$$

où les fonctions $\varphi_1, \varphi_2, \ldots, \varphi_m$ sont holomorphes pour $\theta_1 = \cdots = \theta_r = 0$ et dépendent de $(m-1)$ constantes arbitraires[175]).

Supposons maintenant que les diviseurs élémentaires correspondant aux m racines $\lambda_1, \lambda_2, \ldots, \lambda_m$ ne soient pas tous simples ou qu'il existe entre ces racines des relations de la forme (67). Les résultats de *J. Horn,* énoncés pour $m = n$, subsistent sans modification, à cela près que les développements (66) dépendent seulement de $(m-1)$ constantes arbitraires. Il importe peu d'ailleurs que plusieurs des racines λ non considérées soient nulles.

Il est loisible dans tous les cas de choisir la droite D de façon que m soit égal au moins à $\frac{n}{2}$.

A. Liapunov[175]) a indiqué également le moyen de former des solutions correspondant à m racines λ *distinctes* et dépendant de $(m-1)$ constantes. Les développements de *A. Liapunov* procèdent suivant les puissances des $\theta_i = t^{\lambda_i}$, mais les coefficients sont des polynomes en $\log t$.

35. Cas général où les coefficients différentiels sont méromorphes. Pour ce qui est du cas où les surfaces $P_i = 0$ (nº **32**) ont à l'origine plusieurs points communs confondus, il a été peu étudié jusqu'ici

175) Ce théorème a été établi de façons différentes par *H. Poincaré* [Acta math. 13 (1890), p. 30], *E. Picard* [Traité d'Analyse[51]) 3, p. 17; (2e éd.) 3, p. 17] *L. Königsberger* [Differentialgl.[69]), p. 390], *J. Horn,* J. reine angew. Math. 115 (1895), p. 23/32; 116 (1896), p. 265/306; 117 (1897), p. 104/28, 254/66; *A. Liapunov,* Soobščenija Charïkovskago matěmatičeskago Obščěstva [Communic. Soc. math. Kharkov] (2) 1 (1888), p. 7.

Étendant les procédés de Briot et Bouquet, *L. Königsberger*[176]) a montré que la recherche des solutions holomorphes à l'origine se ramène en général au même problème concernant des systèmes (59) pour lesquels $P_1 \equiv x_1$, l'origine étant point d'intersection simple des surfaces $P_i = 0$. Mais les cas d'exception sont nombreux et variés.

Il convient de signaler le cas où les équations (59) différentiées permettent de calculer un développement qui vérifie formellement le système (59), mais qui *diverge.*

Les résultats du n° **24** s'appliquent. *E. Le Roy*[177]) a appliqué avec succès cette méthode aux intégrales irrégulières des équations linéaires.

36. Application au domaine réel. Supposons maintenant que, dans le système (59), les variables et les coefficients différentiels soient réels. Dans tous les cas où l'on connaît la forme analytique de l'intégrale générale dans le voisinage de l'origine, la discussion des *caractéristiques* (courbes intégrales réelles) [n° **29**] n'offre aucune difficulté. Bornons-nous, pour plus de clarté, au cas de *trois* variables; *H. Poincaré*[178]) distingue *cinq* cas suivant la nature des racines de l'équation en λ:

1°) Les trois racines λ_1, λ_2, λ_3 sont réelles et de même signe. Toutes les caractéristiques (voisines de l'origine) passent par l'origine qui est alors un *noeud.*

2°) Les racines λ_1, λ_2, λ_3 sont réelles mais non de même signe. Par l'origine *(col)* passent une infinité de caractéristiques formant une surface et une caractéristique isolée.

3°) Deux des racines λ_2, λ_3 sont imaginaires conjuguées et leur somme est de même signe que λ_1. Les caractéristiques sont des spirales ou des vis ayant l'origine (qui est dite alors un *foyer*) comme point asymptote.

4°) Deux des racines λ_2, λ_3 sont imaginaires conjuguées et leur somme est de signe contraire à λ_1. Une infinité de caractéristiques (formant une surface) admettent l'origine comme point asymptote; une caractéristique isolée passe par l'origine, qui est dite *col-foyer.*

5°) Les racines λ_2, λ_3 sont imaginaires conjuguées, et leur somme est nulle. L'origine est un *foyer* ou un *col-foyer,* sauf dans un cas remarquable où une infinité de conditions sont remplies: il ne passe

176) Differentialgl. [69]), p. 347.

177) C. R. Acad. sc. Paris 128 (1899), p. 495. Les singularités des équations différentielles linéaires sont étudiées spécialement dans l'article II 12 de l'Encyclopédie.

178) J. math. pures appl. (4) 2 (1886), p. 161.

alors qu'une caractéristique par l'origine, qui est entourée d'une infinité de caractéristiques fermées formant une surface; l'origine est dite un *centre.*

H. Poincaré étudie aussi le cas où les trois surfaces $P_1 = 0$, $P_2 = 0$, $P_3 = 0$ se coupent suivant une ligne; il montre que cette ligne sera formée d'arcs dont les points seront tous respectivement des noeuds ou tous des foyers, ou tous des cols. Les points de séparation sont des singularités plus compliquées.

A. Lïapunov[179]) et *J. Horn*[180]) ont étudié le cas (5°) où deux racines λ conjuguées sont purement imaginaires, et cela que n soit égal à 3 ou quelconque.*

A. Lïapunov considère également le cas où une racine λ est nulle.*

37. Solutions asymptotiques réelles. Les résultats précédents ont servi de point de départ aux travaux de *H. Poincaré* sur les solutions asymptotiques des équations de la Dynamique (III D 8) et à ceux de *A. Lïapunov*[181]) sur la *stabilité* de l'équilibre.

Égalons à dt les rapports qui figurent dans le système (59) et supposons que les équations ainsi obtenues définissent le mouvement d'un système matériel à k paramètres $x_1, x_2, \ldots, x_k$, les variables $x_{k+1}, \ldots, x_n$ définissant les vitesses ($2k = n$).

Aux conditions initiales

$$t = t_0,\ x_1 = x_2 = \cdots = x_n = 0$$

ne correspond d'autre solution que

$$x_1 \equiv x_2 \equiv \cdots \equiv x_n \equiv 0.$$

Si donc il passe par l'origine des caractéristiques réelles, ces caractéristiques ne peuvent être décrites que quand t croît (ou décroît) indéfiniment.

De telles solutions $x_1(t), x_2(t), \ldots, x_n(t)$ sont dites *asymptotiques* à l'origine. Il suffit qu'une telle solution existe pour que la position d'équilibre $x_1 = x_2 = \cdots = x_k = 0$ soit *instable.*

Dans le cas des équations de la Dynamique la condition (a) [n° **32**] n'est jamais remplie. Mais les résultats du n° **34** entraînent le théorème suivant:

---

179) Obščaja zadača ob ustoičivosti dviženija (Le problème général de la stabilité des mouvements) Kharkow 1892, p. 1/245; trad. française par *E. Davaux*, Ann. Fac. sc. Toulouse (2) 9 (1907), p. 203/469; J. math. pures appl. (5) 3 (1897), p. 81/94.

180) Z. Math. Phys. 48 (1903), p. 400. Voir aussi *C. Popovici*, C. R. Acad. sc. Paris 147 (1908), p. 176/9.

181) J. math. pures appl. (5) 3 (1897), p. 81/94; cf. note 179. Voir aussi *E. Picard*, Traité d'Analyse[157]), (2e éd.) 3, p. 200.

La stabilité de l'équilibre exige que toutes les racines de l'équation en λ soient purement imaginaires.

Quand les forces dérivent d'un potentiel $V(x_1, \ldots, x_n)$ [nul à l'origine ainsi qu'il est loisible de l'admettre], V commence par des termes du second degré (au moins): soit $\Pi_2(x_1, \ldots, x_k)$ l'ensemble de ces termes; Π_2 est représentable par une somme algébrique de j carrés distincts [$j < k$] (I 11). Quand tous ces carrés ne sont pas précédés du signe —, il existe des solutions asymptotiques. Dans le cas général, j est égal à k, et l'équilibre n'est stable que si V est *maximée* pour $x_1 = x_2 = \cdots = x_k = 0$: cette condition (qu'on sait suffisante) est donc *nécessaire.*

Les résultats de *A. Lĭapunov* ont été retrouvés et complétés par *A. Kneser*[182]), *J. Hadamard*[183]), *P. Painlevé*[184]) *et *P. Bohl*[185]).*

A. Kneser a montré (pour $k = 2$) que, si P_2 est une somme de deux carrés positifs, il existe une infinité de solutions asymptotiques dépendant de deux constantes arbitraires.

P. Painlevé a traité le cas où $\Pi_2(x_1, x_2)$ se réduit à un seul carré négatif [sans que V soit maximée], et le cas où V commence par des termes de degré m ($m > 2$), soit $\Pi_m(x_1, x_2)$, l'équation $\Pi_m = 0$ n'ayant comme racines réelles $\frac{x_2}{x_1}$ que des racines *simples.* Ces deux cas échappent à la discussion de *A. Lĭapunov.* Dans le premier cas[186]), il existe une solution asymptotique qui peut être unique. Dans le second cas, si Π_m est positif autour de l'origine[187]), il existe une infinité de solutions asymptotiques dépendant de deux constantes; si l'équation $\Pi_m = 0$ admet l racines réelles $\frac{x_2}{x_1}$, il existe au moins $2l$ solutions asymptotiques; si Π_m est négatif autour de l'origine, l'équilibre est stable. Les solutions asymptotiques ainsi mises en évidence ne sont plus représentables par les développements des n° **32, 33** et **34.**

Les méthodes qualitatives de *A. Kneser, J. Hadamard* et *P. Pain-*

---

182) J. reine angew. Math. 115 (1895), p. 308; 118 (1897), p. 186.

183) C. R. Acad. sc. Paris 124 (1897), p. 1503/5; J. math. pures appl. (5) 3 (1897), p. 332.

184) C. R. Acad. sc. Paris 125 (1897), p. 1021.

185) *J. reine angew. Math. 127 (1904), p. 179.*

186) *La discussion de *P. Painlevé* suppose la position d'équilibre isolée. *G. Hamel* [Math. Ann. 57 (1903), p. 541/53] a étudié le cas où le potentiel est nul le long d'une courbe du plan (x_1, x_2) et positif et du second ordre au voisinage de cette courbe; chaque point de la courbe correspond alors à une position d'équilibre instable.*

187) *Le cas où $\Pi_m(x_1, x_2)$ est positif autour de l'origine avait déjà été traité par *A. Lĭapunov*[179]).*

levé n'exigent pas que les dénominateurs $P_1, P_2, \ldots, P_n$ des expressions différentielles (59) soient holomorphes, mais seulement qu'ils soient continus, ainsi que leurs dérivées premières, dans un domaine réel voisin de l'origine[188]).

*C'est par une méthode qualitative également que *P. Bohl* a retrouvé et complété les résultats de *A. Liapunov* pour n quelconque: le résultat fondamental de *P. Bohl* c'est que, les conditions (a), (b), (c) n'étant pas remplies [ce qui est toujours le cas pour les équations de la Dynamique], tout se passe dans le domaine réel, quant à la forme des courbes intégrales, comme si les développements de *H. Poincaré* [n° **32**] étaient convergents.*

**J. Horn*[189]) a indiqué également (pour étudier les mouvements au voisinage de la position d'équilibre) des développements en séries; mais ces séries sont divergentes dans le cas de l'équilibre instable et leur convergence n'est pas assurée dans le cas de l'équilibre stable.*

---

188) *Quand $P_1, P_2, \ldots, P_n$ sont continus mais non leurs dérivées premières, l'équilibre peut être stable bien que V ne soit pas maximée pour la position d'équilibre [*P. Painlevé,* C. R. Acad. sc. Paris 138 (1904), p. 1555].*

170) *J. reine angew. Math. 126 (1903), p. 194; 131 (1906), p. 224.*

II 16. MÉTHODES D'INTEGRATION ELEMENTAIRES. ÉTUDE DES ÉQUATIONS DIFFÉRENTIELLES ORDINAIRES AU POINT DE VUE FORMEL.

EXPOSÉ PAR **E. VESSIOT** (LYON).

Introduction.

1. Énoncé du problème général de l'intégration d'un système d'équations différentielles ordinaires. Les problèmes, dont l'étude constitue la théorie des équations différentielles, ont été énoncés précédemment (II 15, **1**). On a vu qu'ils sont tous contenus dans le problème général suivant:

Intégrer un système quelconque de n équations du premier ordre, à n fonctions inconnues:

$$\frac{dx_1}{dx} = \lambda_1(x, x_1, \ldots, x_n), \ldots, \frac{dx_n}{dx} = \lambda_n(x, x_1, \ldots, x_n). \tag{1}$$

Le nombre n est l'*ordre* du système.

Sous certaines conditions, que nous supposerons toujours remplies, la *solution générale* du système (1) se compose de n fonctions

$$x_1(x), x_2(x), \ldots, x_n(x)$$

vérifiant le système, et se réduisant, pour une valeur particulière $x = x_0$, à des valeurs arbitraires $x_1^0, x_2^0, \ldots, x_n^0$. Pour chaque système de valeurs numériques attribuées à ces arbitraires, on a une *solution particulière.*

Au point de vue géométrique, *le système (1) fait correspondre à chaque point $(x, x_1, \ldots, x_n)$ de l'espace à $n+1$ dimensions la droite, passant par ce point, qui a pour coefficients de direction $1, \lambda_1, \ldots, \lambda_n$*; et chaque solution est représentée par une *courbe intégrale*

$$x_1 = x_1(x), x_2 = x_2(x), \ldots, x_n = x_n(x)$$

tangente, en chacun de ses points, à la droite ainsi associée à ce point. La solution générale est une famille de ∞^n courbes intégrales, telle que par chaque point de l'espace il passe une courbe intégrale et une seule

Intégrer le système, c'est trouver sa solution générale, et cela équivaut à trouver une solution

$$(2) \qquad x_1 = \theta_1(x/a_1, \ldots, a_n), \ldots, x_n = \theta_n(x/a_1, \ldots, a_n),$$

dépendant *essentiellement* de n constantes arbitraires $a_1, \ldots, a_n$. Les fonctions $\theta_1, \ldots, \theta_n$ ne sont pas entièrement définies; car on y peut remplacer les constantes $a_1, \ldots, a_n$ par n fonctions indépendantes quelconques de n autres constantes arbitraires, c'est-à-dire effectuer sur ces constantes $a_1, \ldots, a_n$ la transformation ponctuelle la plus générale.

A. L. Cauchy[1]) et *C. G. J. Jacobi*[2]) ont montré que le problème, ainsi posé, ne devait pas être séparé du suivant: *Intégrer l'équation linéaire homogène aux dérivées partielles*

$$(3) \qquad Lf = \frac{\partial f}{\partial x} + \sum_{i=1}^{i=n} \lambda_i(x, x_1, \ldots, x_n)\frac{\partial f}{\partial x_i} = 0.$$

On sait en effet, depuis *J. L. Lagrange*[3]), que, si l'on résout les équations (2) par rapport aux constantes, les seconds membres constituent un *système fondamental de solutions* de l'équation (3), c'est-à-dire un ensemble de n solutions, indépendantes, de cette équation. Et, réciproquement, on obtient la *solution générale* du système (1) en égalant à des constantes arbitraires les n fonctions qui constituent un système fondamental quelconque de solutions de l'équation (3),

$$z_1(x, x_1, \ldots, x_n), \; z_2(x, x_1, \ldots, x_n), \; \ldots, \; z_n(x, x_1, \ldots, x_n).$$

De plus, de ce système fondamental particulier on déduit le plus général en effectuant sur $z_1, z_2, \ldots, z_n$ la transformation ponctuelle la plus générale.

L'équation (3) est appelée l'équation linéaire aux dérivées partielles *équivalente* au système (1) ou *associée* à ce système.

---

1) *A. L. Cauchy* possédait dès 1824 [C. R. Acad. sc. Paris 10 (1840), p. 963; Œuvres (1) 5, Paris 1885, p. 243] la méthode de réduction du système (1) à l'équation (3), appelée par lui *équation caractéristique*. Il l'a exposée dans son „Mémoire sur les équations différentielles" lithographié à Prague en 1835. Il y est revenu dans de nombreuses notes ou mémoires. Voir, en particulier: C. R. Acad. sc. Paris 2 (1836), p. 85; 10 (1840), p. 957; 11 (1840), p. 1; Œuvres (1) 4, Paris 1884, p. 5, 196; (1) 5, Paris 1885, p. 236, 249. *A. L. Cauchy* a appliqué cette méthode au développement des intégrales en série, à l'intégration des équations de la mécanique céleste par approximations successives, aux équations linéaires et à divers problèmes de physique mathématique.

2) *C. G. J. Jacobi* [J. reine angew. Math. 23 (1842), p. 1/104 [1841]; Werke 4, Berlin 1886, p. 149/255] a exposé la même réduction.

3) Voir à ce sujet l'article II 21.

On appelle *intégrale première* ou simplement *intégrale* du système (1) toute équation obtenue en égalant à une constante arbitraire une solution de l'équation (3), et souvent, par abréviation, cette solution particulière de l'équation (3) elle-même.

L'équation différentielle d'ordre n

$$\frac{d^n y}{dx^n} = F\left(x, y, \frac{dy}{dx}, \ldots, \frac{d^{n-1}y}{dx^{n-1}}\right) \tag{4}$$

se ramène à un système d'ordre n en posant

$$y = x_1, \quad \frac{dy}{dx} = x_2, \quad \ldots, \quad \frac{d^{n-1}y}{dx^{n-1}} = x_n; \tag{5}$$

de sorte qu'au point de vue des théories d'intégration elle fournit seulement une classe particulière de systèmes d'ordre n.

Une *intégrale première* de l'équation (4) est donc une relation

$$\varphi\left(x, y, \frac{dy}{dx}, \ldots, \frac{d^{n-1}y}{dx^{n-1}}\right) = a$$

vérifiée par chaque solution de (4), pour une valeur correspondante de la constante arbitraire a.

Plus généralement, on appelle *intégrale* $k^{\text{ième}}$ (ou d'ordre k) une relation

$$\varphi\left(x, y, \frac{dy}{dx}, \ldots, \frac{d^{n-k}y}{dx^{n-k}} / a_1, a_2, \ldots, a_k\right) = 0 \tag{6}$$

vérifiée par chaque solution de l'équation (4), pour des valeurs correspondantes attribuées aux constantes arbitraires $a_1, \ldots, a_k$.

Enfin l'*intégrale générale* est définie par une relation de la forme

$$\varphi(x, y, a_1, \ldots, a_n) = 0,$$

et elle est représentée par une famille de ∞^n *courbes intégrales planes*.

Ces définitions se généralisent sans difficulté pour les systèmes quelconques d'équations d'ordre supérieur.

2. Aperçu historique sur le problème de l'intégration formelle. D'après ce qui précède, le problème de l'intégration du système (1) consisterait à déterminer les fonctions inconnues $\theta_1, \theta_2, \ldots, \theta_n$ au moyen d'équations finies, où n'interviendraient, et en nombre fini, que les symboles des opérations algébriques et des transcendantes exponentielles et circulaires.

Ainsi posé, le problème, qui est celui de l'*intégration explicite*, est impossible, sauf dans des cas très particuliers. Cette impossibilité résulte des travaux de *N. H. Abel* et de *J. Liouville* sur les transcendantes définies par les équations de la forme

$$\frac{dy}{dx} = f(x).$$

Mais les mathématiciens du 18ième siècle en étaient déjà convaincus et avaient abordé un autre problème plus large, celui de l'*intégration par quadratures,* où l'on doit seulement ramener le calcul des fonctions θ_i à une suite d'opérations algébriques et d'*intégrations indéfinies* en nombre fini.

C'est à ce problème que répondaient la méthode de la *séparation des variables* et du *facteur intégrant.*

Ce nouveau problème est également insoluble en général: c'est un fait qui a été démontré rigoureusement pour la première fois par *J. Liouville* (n[os] **10, 41**) mais qui était admis depuis longtemps.

Aussi les *théories classiques* d'intégration n'ont-elles effectivement pour objet que la réduction, dans certains cas particuliers bien définis, du problème d'intégration du système (1), d'ordre n, à des problèmes de même nature, mais plus simples. C'est ainsi que, dans les cas classiques de l'*abaissement des équations d'ordre* n, on ramène le problème à l'intégration d'une équation d'ordre moindre et à des quadratures; dans la méthode du *multiplicateur d'Euler* pour les équations d'ordre supérieur, on abaisse de même l'ordre d'une unité, dès qu'un multiplicateur est connu; et la méthode du *multiplicateur de Jacobi* permet de terminer l'intégration par des quadratures, sous certaines hypothèses.

Dans ces méthodes, c'est donc, avant tout, l'abaissement de l'ordre du système que l'on recherche. Ce n'est que depuis quelques années que l'on considère comme un élément essentiel des simplifications à obtenir la *nature des systèmes auxiliaires* auxquels on ramène le système proposé. Ce nouveau point de vue est résulté de la découverte progressive de nombreuses propriétés de diverses *classes d'équations,* dont l'étude devenait peu à peu une partie importante de la théorie générale: principalement les *équations et systèmes linéaires* étudiés surtout par *L. Euler, J. d'Alembert, J. L. Lagrange, C. G. J. Jacobi, L. Fuchs*; les *systèmes canoniques* de la dynamique étudiés en particulier par *W. R. Hamilton* et *C. G. J. Jacobi* et l'*équation de Riccati,* la plus simple et la plus importante des équations du premier ordre non intégrables par quadratures.

La théorie générale des groupes de transformations (II 23), créée par *S. Lie,* et son annexe la théorie des invariants différentiels, ont fait faire des progrès décisifs aussi bien aux théories générales d'intégration qu'à l'étude des classes particulières d'équations. La théorie de

S. Lie, sur l'intégration des *systèmes qui admettent des groupes de transformations connus,* non seulement permet de ramener à un principe unique la plupart des méthodes classiques, mais elle donne aussi le moyen de déduire de la structure du groupe supposé connu des résultats précis sur la nature des systèmes auxiliaires intervenant dans l'intégration du système proposé. En même temps se sont introduits les *systèmes de Lie ou à solutions fondamentales,* dont les systèmes linéaires et l'équation de Riccati ne sont que des cas très particuliers, et pour lesquels se constituent des méthodes régulières d'intégration; enfin les systèmes canoniques de la dynamique sont aussi des cas particuliers d'autres systèmes très généraux, dont l'étude est liée à celle des groupes infinis.

L'ensemble de ces théories, dites *théories formelles d'intégration,* et que nous exposerons d'abord, se rattache en somme aux deux questions suivantes:

1°) Tirer le meilleur parti possible, pour l'intégration d'un système différentiel, de propriétés de ce système connues d'avance et ayant un caractère général;

2°) Définir des classes particulières de systèmes différentiels, et étudier leurs propriétés.

3. Changements de variables. Problèmes d'équivalence. La méthode d'intégration la plus générale, et la plus ancienne, est la *méthode des changements de variables* ou de la *transformation des systèmes différentiels.* Elle consiste, étant donné un système (1), à chercher un changement des variables (indépendante et dépendantes), c'est-à-dire une transformation de l'espace à $n+1$ dimensions

$$(7)\qquad \bar{x} = F(x, x_1, \ldots, x_n), \quad \bar{x}_i = F_i(x, x_1, \ldots, x_n) \qquad (i = 1, 2, \ldots, n)$$

qui le transforme en quelque système de forme particulière déjà intégré.

Sous cette forme, cette méthode est tellement vague qu'elle semble à peine mériter le nom de méthode: deux systèmes (1) quelconques peuvent en effet toujours se ramener l'un à l'autre par une infinité de transformations (7). Cependant, elle a non seulement fourni nombre de résultats particuliers, mais encore on peut dire, avec *S. Lie,* qu'elle constitue le fonds commun de toutes les théories formelles d'intégration, qui n'ont pour but que de la préciser dans les divers cas qu'elles traitent. Chacune de ces théories étudie en effet un problème d'intégration particulier; des circonstances spéciales à ce problème résulte que le système considéré peut être transformé en un système déjà intégré par des transformations appartenant à un ensemble spécial; et ce sont les propriétés de cet ensemble de transformations qui déterminent la nature des intégrations nécessaires pour résoudre le problème considéré.

C'est en partant de ce principe général, que *tout problème d'intégration équivaut à un problème de transformation*, que *S. Lie*[4]) a pu faire des divers problèmes d'intégration qui se sont posés aux mathématiciens une étude systématique.

La méthode de transformation donne lieu en particulier à des problèmes précis, dès qu'on cherche à reconnaître si deux systèmes différentiels, appartenant à une même classe, peuvent se transformer l'un dans l'autre par une transformation (7) appartenant à un groupe (fini ou infini), dont les transformations changent toute équation de la classe considérée en une autre de la même classe. Ces problèmes portent le nom de *problèmes d'équivalence*, et leur solution est liée étroitement à la théorie des *invariants différentiels*: nous les étudierons à part (n[os] **37, 38, 39**).

4. **Théories rationnelles d'intégration.** Nous analyserons enfin en dernier lieu, sous le nom de *théories rationnelles d'intégration*[5]), certaines théories plus récentes qui ont pour objet, un système particulier étant donné, de déterminer exactement la nature des simplifications que comporte son intégration, comparée à celle du système le plus général de la même classe.

Plus exactement, une telle théorie a pour but de répondre aux trois questions suivantes:

1°) définir un système *spécial* de la classe considérée et les différentes catégories de systèmes spéciaux qu'elle contient;

2°) pour chacune de ces catégories, indiquer les simplifications que présente l'intégration du système;

3°) donner une méthode régulière pour décider si un système donné est spécial et, dans ce cas, pour décider à quelle catégorie il appartient.

La deuxième question rentre dans le cadre des théories formelles d'intégration, car chaque catégorie de systèmes spéciaux constitue une classe nouvelle de systèmes différentiels. Mais, inversement, la théorie rationnelle de l'intégration des systèmes d'équations différentielles ordinaires de la classe la plus générale entraîne une classification complète

---

4) Ber. Ges. Lpz. 47 (1895), math. p. 269 [1894]; 48 (1896), math. p. 390.

5) *J. Drach* [Thèse, Paris 1898, p. 30] emploie dans un sens analogue l'expression: *intégration logique*.

des problèmes d'intégration formelle; elle doit donc dominer, en quelque sorte, toutes les théories formelles d'intégration[6]).*

*Ajoutons que cette même théorie rationnelle de l'intégration du système (1) ou de l'équation (3), de la classe générale, fait intervenir, comme systèmes auxiliaires, certains systèmes d'équations aux dérivées partielles, dits *systèmes automorphes*, dont l'étude se rattache encore à celle des groupes continus de transformations, finis ou infinis.*

*Dans l'exposé de ces diverses théories nous laisserons de côté les questions qui nécessitent l'étude des intégrales des systèmes différentiels, faite au point de vue de la théorie moderne des fonctions. C'est ainsi que d'autres articles traiteront de l'*intégration algébrique* et de l'*intégration au moyen des intégrales définies*.*

Équations du premier ordre.

5. Séparation des variables. Le système (1) le plus simple est celui qui se réduit à une seule équation ($n = 1$) du premier ordre[7])

$$\frac{dy}{dx} - \lambda(x, y) = 0, \tag{8}$$

---

6) *Cf. *J. Drach*, Thèse[5]); *P. Painlevé*, Bull. sc. math. (2) 28 (1904), p. 193.*

7) *Déjà avant l'invention du calcul infinitésimal on avait traité et résolu des problèmes équivalant, en fait, à l'intégration d'une équation différentielle de la forme

$$\frac{dy}{dx} = f(x, y).$$

Il s'agissait généralement de déterminer une courbe dont la tangente [ou, d'une façon plus précise, la sous-tangente, c'est-à-dire $\frac{y\,dx}{dy}$] était soumise à une condition donnée. C'est pour cela que la méthode dont on faisait usage était désignée sous le nom de „méthode inverse des tangentes".

Le premier problème de ce genre [*R. Descartes*, Œuvres, éd. *Ch. Adam* et *P. Tannery* 2, Paris 1898, p. 510; cf. *P. Tannery*, Verhandl. des 3ten internat. Math.-Kongresses in Heidelberg 1904, publ. par *A. Krazer*, Leipzig 1905, p. 501/14] avait été proposé en 1638 par *F. Debaune* à *R. Descartes*; il a été ramené par *R. Descartes* à la résolution de l'équation

$$\frac{y}{s} = \frac{x - y}{a},$$

où s est la sous-tangente, et cette équation équivaut évidemment à l'équation différentielle

$$\frac{dy}{dx} = \frac{x - y}{a}.$$

R. Descartes fait usage d'un procédé équivalant à l'introduction de deux nouvelles variables

$$X = x\sqrt{2}, \qquad Y = a + y - x$$

ou, sous forme plus symétrique,

$$\text{(8a)} \qquad \frac{dx}{\alpha(x,y)} = \frac{dy}{\beta(x,y)}.$$

L'intégrale générale est $f(x, y) = a$, $f(x, y)$ étant solution de l'équation équivalente

$$\text{(9)} \qquad Lf = \frac{\partial f}{\partial x} + \lambda(x,y)\frac{\partial f}{\partial y} = 0,$$

ou de l'équation[8])

$$\text{(9a)} \qquad Af = \alpha(x,y)\frac{\partial f}{\partial x} + \beta(x,y)\frac{\partial f}{\partial y} = 0.$$

G. W. Leibniz[9]) et ses élèves immédiats étudièrent en premier lieu le cas où λ est le produit d'une fonction de x par une fonction de y. L'équation s'écrit alors

$$\text{(10)} \qquad P(x)\,dx + Q(y)\,dy = 0$$

et l'intégrale générale est

$$\text{(11)} \qquad \int P(x)\,dx + \int Q(y)\,dy = c,$$

où c est une constante, et où il ne reste plus qu'à effectuer les quadratures indiquées. On dit, dans ce cas, que *les variables sont séparées* dans l'équation (10).

La méthode de la *séparation des variables*[10]), que l'école de *G. W.*

---

d'où

$$\frac{dY}{Y} = -\frac{dX}{a\sqrt{2}}.$$

La résolution du problème est ainsi ramenée à des quadratures.

D'autres problèmes concernant la méthode inverse des tangentes furent ensuite résolus par plusieurs géomètres parmi lesquels nous citerons *J. Gregory* [Geometriae pars universalis, Padoue 1668, p. 17/9] et tout particulièrement *I. Barrow* [cf. *H. G. Zeuthen*, Geschichte der Math. im 16. und 17. Jahrhundert, Leipzig 1903, p. 352/7].*

8) *G. W. Leibniz* avait déjà eu l'idée de transformer l'équation (8a) en l'équation équivalente (9a) [voir sa lettre à *G. F. A. de l'Hospital* datée du 27 novembre (décembre) 1694; Werke, éd. *C. I. Gerhardt*, Math. Schr. 2, Berlin 1850, p. 261].*

9) *Voir la communication faite par *G. W. Leibniz* à *Chr. Huygens* vers la fin de l'année 1691 [Werke, éd. *C. I. Gerhardt*, Math. Schr. 2, Berlin 1850, p. 119/20].*

10) *La *méthode* de la séparation des variables semble avoir été indiquée *expressément* pour la première fois par *Jean Bernoulli* dans sa lettre à *G. W. Leibniz* datée du 9 mai 1694 [*G. W. Leibniz*, Werke, éd. *C. I. Gerhardt*, Math. Schr. 3, Halle 1855/6, p. 138/9] bien que *G. W. Leibniz* en ait fait usage dès ses premières recherches sur la théorie des équations différentielles [cf. notes 7, 9, 11 et 12] comme d'un procédé se présentant tout naturellement à l'esprit.

En 1703, *G. W. Leibniz* faisait ressortir que la méthode de la séparation

Leibniz fonda sur cette remarque, consiste à chercher un changement de variables qui ramène l'équation proposée à une nouvelle équation où les variables soient séparées. Elle réussit, entre autres exemples, pour l'*équation homogène*

$$\frac{dy}{dx} = \varphi\left(\frac{y}{x}\right), \tag{12}$$

où la séparation des variables s'obtient en posant[11])

$$y = ux;$$

et pour l'*équation linéaire*[12])

$$\frac{dy}{dx} = A(x)y + B(x), \tag{13}$$

où les variables se séparent en posant

$$y = uz$$

et déterminant u par la condition

$$du = Au\,dx.$$

On généralise la méthode, en cherchant à ramener la proposée, par un changement de variables (dont le plus simple consiste à changer le rôle respectif de x et y) à une équation déjà traitée, par exemple au type homogène ou linéaire. Signalons seulement, comme

---

des variables ne saurait être appliquée à des équations différentielles d'ordre supérieur au premier [voir sa lettre à *Jacques Bernoulli* datée du 3 décembre 1703; Werke, éd. *C. I. Gerhardt*, Math. Schr. 3, Halle 1855/6, p. 84/5].*

11) *L'équation différentielle homogène du premier ordre a été intégrée par *G. W. Leibniz* dès 1692 [voir sa lettre à *G. F. A. de L'Hospital* écrite vers le 1er janvier 1693; Werke, éd. *C. I. Gerhardt*, Math. Schr. 2, Berlin 1850, p. 219/20]. A la même époque *Jean Bernoulli* avait aussi intégré cette équation [voir la lettre de *Jean Bernoulli* à *G. W. Leibniz*, datée du 9 mai 1694 et la réponse de *G. W. Leibniz*, datée du 7 juin 1694, Werke, éd. *C. I. Gerhardt*, Math. Schr. 3, Halle 1855/6, p. 138/9, 141].

L'intégration de l'équation différentielle homogène du premier ordre a été publiée pour la première fois par *G. Manfredi* [Giornale de' letterati d'Italia (Venise) 18 (1714), p. 309/15; cf. *G. Loria*, Abh. Gesch. Math. 9 (1899), p. 250].

Jean Bernoulli n'a publié sa solution que quelques années plus tard [Comm. Acad. Petrop. 1 (1726), éd. 1728, p. 175/7; Opera 3, Lausanne et Genève 1742, p. 115/8] (Notes 7 à 11 de *G. Eneström*).*

12) *La réduction de l'équation linéaire aux quadratures était connue de *G. W. Leibniz* dès 1694 [voir sa lettre à *G. F. A. de l'Hospital* du 27 novembre (décembre) 1694; Werke, éd. *C. I. Gerhardt*, Math. Schr. 2, Berlin 1850, p. 257, 262; cf. Acta Erud. Lps. 1696, p. 147; Math. Schr. 5, Halle 1858, p. 331]. La méthode d'intégration classique, que nous indiquons, a été exposée par *Jean Bernoulli* [Acta Erud. Lps. 1697, p. 113; Opera 1, Lausanne et Genève 1742, p. 175/6].*

exemple, l'*équation de Bernoulli*[13])

$$\frac{dy}{dx} = A(x)y + B(x)y^{m+1} \tag{14}$$

qui se ramène au type linéaire en posant

$$u = y^{-m}.$$

6. Facteur intégrant. Une autre méthode[14]), due à *L. Euler*[15]) est fondée sur ce fait que l'intégrale z est définie par une identité de la forme

$$dz = M(x,y)[\alpha(x,y)\,dy - \beta(x,y)\,dx]. \tag{15}$$

---

13) *L'équation (14) a été proposée en 1695 par *Jacques Bernoulli* [Acta Erud. Lps. 1695, p. 553; Opera 1, Genève 1744, p. 663]. Sa réduction à l'équation linéaire (13) a été indiquée sans démonstration, en 1696, par *G. W. Leibniz* [Acta Erud. Lps. 1696, p. 145/7; Werke, éd. *C. I. Gerhardt*, Math. Schr. 5, Halle 1858, p. 329/31].

L'intégrale de l'équation différentielle (14) avait été donnée sous forme géométrique, en 1696, par *Jacques Bernoulli* lui-même [Acta Erud. Lps. 1696, p. 332/7; Opera 2, Genève 1744, p. 731/9].

En 1697, *Jean Bernoulli* expose, sous forme analytique, le procédé qui consiste à poser

$$y = uz$$

et à déterminer u par la condition

$$du = A(x)u\,dx$$

[Acta Erud. Lps. 1697, p. 113; Opera 1, Lausanne et Genève 1742, p. 175/6].

Un mémoire posthume de *Jacques Bernoulli* [Opera 2, Genève 1744, p. 1053] nous permet d'avancer que, lui aussi, avait sans doute appliqué la même méthode.*

14) *Le premier emploi connu d'un facteur intégrant semble remonter à l'année 1687, où *N. Fatio de Duillier* paraît avoir intégré l'équation

$$3x\,dy - 2y\,dx = 0$$

en multipliant les deux membres par $\frac{ay^2}{x^3}$ [voir sa lettre à *Chr. Huygens* du 14/24 juin 1687; *Chr. Huygens*, Œuvres 9, La Haye 1901, p. 169/70]. Le procédé de *N. Fatio* a été ensuite amélioré par *Chr. Huygens* et par *N. Fatio* lui-même en sorte que, en 1693, ils étaient tous deux à même d'intégrer certaines classes d'équations différentielles à l'aide d'un „transformateur", c'est-à-dire d'un *facteur intégrant* [voir la lettre de *Chr. Huygens* à *G. F. A. de l'Hospital* datée du 23 juillet 1693; Œuvres 10, La Haye 1905, p. 466/8].

A la même époque, *Jean Bernoulli* [Opera 3, Lausanne et Genève 1742, p. 415/8] a fait usage du même procédé dans une „leçon" rédigée pour *G. F. A. de l'Hospital*. Ce qu'il y a d'essentiel dans cette „leçon" a été publié en 1708 par *Ch. R. Reyneau* [Analyse démontrée ou la méthode de résoudre les problèmes des mathématiques 2, Paris 1708, p. 762/4] (Note de *G. Eneström*).*

15) *Le procédé du facteur intégrant a été utilisé, en passant, par *L. Euler* dès 1740 [Comm. Acad. Petrop. 7 (1734/5), éd. 1740, p. 186/8 de la seconde pagination].* Un peu plus tard, *L. Euler* [Novi Comm. Acad. Petrop. 8 (1760/1),

Si donc on connaît le *multiplicateur* ou *facteur intégrant* $M(x,y)$, on aura z par une quadrature[16]). La recherche générale d'un multiplicateur n'est pas plus simple que celle d'une intégrale, car elle revient à trouver une intégrale particulière de l'*équation au multiplicateur*[17])

$$\frac{\partial(M\alpha)}{\partial x}+\frac{\partial(M\beta)}{dy}=0. \tag{16}$$

L. Euler montra que la solution générale est

$$M=M_0\Phi(z_0),$$

M_0 étant un multiplicateur quelconque, z_0 une intégrale première quelconque, et Φ le symbole d'une fonction arbitraire. D'où cette conséquence que le quotient de deux multiplicateurs est une intégrale, s'il ne se réduit pas à une constante.

Dans certains cas particuliers, la forme de l'équation peut conduire à essayer des multiplicateurs d'une forme particulière, qui peuvent alors se calculer effectivement: par exemple l'équation linéaire

$$dy-[A(x)y+B(x)]\,dx=0$$

admet un multiplicateur fonction de x seulement, qui se détermine par une quadrature:

$$M=e^{-\int A\,dx}.$$

C'est de cette manière que *L. Euler* put appliquer avec succès sa méthode, non seulement aux exemples traités par ses prédécesseurs au moyen de la séparation des variables, mais encore à un grand nombre d'autres. Citons, entre autres, l'équation

$$y\,dy+[A(x)y+B(x)]\,dx=0, \tag{17}$$

dont il trouva plusieurs cas d'intégrabilité[18]), et qui a fait, depuis, l'objet de diverses recherches[19]) [cf. n° **9**].

Mais l'idée la plus féconde de *L. Euler* fut de traiter le *problème inverse*, c'est-à-dire de chercher à construire des équations admettant

---

éd. 1763, p. 3 [1757]; Institutiones calculi integralis 1, St. Pétersbourg 1768, p. 315/88] en fit une véritable méthode d'intégration.

16) L'idée du multiplicateur se trouve aussi dans *A. C. Clairaut*, Hist. Acad. sc. Paris 1739, M. p. 425; id. 1740, M. p. 293.

17) Voir, à ce sujet, la remarque faite à la fin du n° **14**.

18) *Novi Comm. Acad. Petrop. 17 (1772), éd. 1773, p. 105.*

19) Voir, entre autres: *N. H. Abel* [Mém. posth.; Œuvres, éd. *L. Sylow* et *S. Lie* 2, Christiania 1881, p. 26]; *E. F. A. Minding* [Mém. Acad. Pétersb. (7) 5 (1863), p. 1/95]; **G. H. Halphen*, C. R. Acad. sc. Paris 88 (1879), p. 417, 562;* *V. Z. Elliot* [Ann. Ec. Norm. (3) 7 (1890), p. 101]; *A. N. Korkine* [Math. Ann. 48 1897), p. 317].

des multiplicateurs d'une forme particulière donnée: il obtint ainsi nombre de résultats nouveaux, mais presque tous de forme très particulière[20]).

7. Méthodes de Lie. *S. Lie* remarqua[21]) que la plupart des équations intégrées par les méthodes précédentes admettent un groupe de transformations à un paramètre connu, et par conséquent une transformation infinitésimale connue. Ainsi l'équation homogène admet le groupe homothétique

$$\bar{x} = mx, \ \bar{y} = my;$$

et l'équation linéaire

$$\frac{dy}{dx} = A(x)y + B(x)$$

admet le groupe

$$\bar{y} = y + me^{\int A\,dx}.$$

Il fut ainsi conduit au problème suivant: *on suppose connu (par ses équations finies) un groupe de transformations, à un paramètre, laissant l'équation* (1) *invariante; quel profit en peut-on tirer pour l'intégration de* (1)? *S. Lie* montra qu'il suffit de ramener le groupe à la forme canonique

$$\bar{X} = X, \ \bar{Y} = Y + t,$$

et que le même changement de variables ramène l'équation au type intégrable

$$\frac{dY}{dX} = A(X).$$

La réduction du groupe à sa forme canonique exige en général une quadrature[22]).

S. Lie[23]) reprit plus tard le même problème en supposant connue seulement une transformation infinitésimale

$$Tf = \xi(x,y)\frac{\partial f}{\partial x} + \eta(x,y)\frac{\partial f}{\partial y} \tag{18}$$

laissant invariante l'équation (8) [ou (8a)]: il trouva que dans ce cas $\Delta = \alpha\eta - \beta\xi$ est l'inverse d'un multiplicateur de $\alpha dy - \beta dx$. Une quadrature suffit donc pour intégrer l'équation.

---

20) Calc. integr.[15]) 1, p. 351/88; Voir pour des recherches plus récentes, dans la même direction: *N. Aleksěev*, Intěgrirovanie diffěrěncialnyck uravněnij (Intégration des équations différentielles), Moscou 1878; *A. Winckler*, Sitzgsb. Akad. Wien 99 IIa (1890), p. 457, 875. Voir aussi n° 9.

21) Pour toutes les notions de la théorie des groupes de transformations qui interviennent dans cet article voir II 23.

22) *F. Klein* et *S. Lie*, Math. Ann. 4 (1871), p. 50.

23) Forhandlinger Videnskabs-Selskabet Christiania 1874, éd. 1875, p. 242.

Quant à la transformation Tf la plus générale laissant (8a) invariante, elle est définie par une identité de la forme[24])

$$(19) \qquad (Af,\ Tf) = \varrho(x, y) \cdot Af,$$

qui conduit pour déterminer ξ et η à un système d'équations aux dérivées partielles.

On peut simplifier cette recherche en se limitant, ce qui n'introduit aucune restriction essentielle, aux transformations de la forme

$$Tf = \eta(x, y) \frac{\partial f}{\partial y}.$$

Mais alors la condition est que

$$\frac{1}{\eta(x, y)}$$

soit un multiplicateur de

$$dy - \lambda(x, y) dx.$$

La méthode de *S. Lie* est donc exactement équivalente à celle de *L. Euler*; mais elle se prête en général mieux aux applications. *S. Lie* en a déduit une interprétation géométrique du multiplicateur[25]).

Enfin *S. Lie* a présenté sa méthode sous une autre forme[26]): l'identité de condition (19) montre que les équations

$$(20) \qquad Af = 0, \quad Tf = 1$$

ont une solution commune qui s'obtient par une quadrature, qui n'est autre que celle à laquelle conduit le multiplicateur $\frac{1}{\Delta}$. Or on peut montrer que ces équations sont la traduction analytique de la première méthode de *S. Lie,* qui systématise la méthode de la séparation des variables. On a ainsi le lien qui unit les deux méthodes classiques[27])

A l'exemple de *L. Euler, S. Lie* a étudié le *problème inverse*: *Déterminer toutes les équations du premier ordre admettant un groupe à un paramètre donné.* Ici on peut indiquer la solution générale: c'est

$$\Phi(I_0, I_1) = 0,$$

---

24) Pour la définition du *crochet de Jacobi* (Af, Bf) voir l'article II 23..

25) *S. Lie,* Forhandlinger Videnskabs-Selskabet Christiania 1874, éd. 1875, p. 251. Voir aussi *S. Lie*, Vorlesungen über Differentialgleichungen mit bekannten infinitesimalen Transformationen, publ. par *G. Scheffers,* Leipzig 1891, p. 150 (chap. 9), où sont traitées diverses applications.

26) *S. Lie*, Math. Ann. 11 (1877), p. 552 [1876]. Voir aussi *S. Lie,* Differentialgl.[25]), p. 96.

27) **E. Czuber* [Sitzgsb. Akad. Wien 112 II^a (1903), p. 1246], dans une exposition de la méthode de *S. Lie,* introduit sous le nom de *courbes d'ordre* (*Ordnungscurven*) les familles de courbes définies par une équation $w(x, y) = c$, où c est une constante et w une intégrale de l'équation aux dérivées partielles $Tf = 1$.*

Φ étant une fonction arbitraire, I_0 l'invariant du groupe, I_1 son invariant différentiel du premier ordre; ces deux invariants se calculent par des éliminations dès qu'on connaît les équations finies du groupe[28]).

8. Comparaison des transcendantes. Équation d'Euler. On voit que les trois méthodes précédentes, équivalentes au fond, ont un caractère commun d'indétermination, qui réside dans la recherche préliminaire, soit de la transformation qui produira la séparation des variables, soit d'un multiplicateur, soit d'une transformation infinitésimale laissant l'équation invariante. Aussi n'ont-elles donné en réalité qu'un très petit nombre de résultats, et leur principale utilité est dans la formation de types d'équations intégrables, dont les plus intéressants se trouvent déjà dans le Calcul intégral de *L. Euler*.

Une autre remarque importante relative à ces méthodes est que, cherchant plus directement à effectuer l'intégration par des quadratures, elles peuvent masquer la vraie nature de l'intégrale. C'est ainsi que la méthode de la séparation des variables donne sous forme transcendante les intégrales des équations

$$\frac{dx}{P(x)} + \frac{dy}{P(y)} = 0, \tag{21}$$

où P est un polynome du premier ou du second degré, et

$$\frac{dx}{\sqrt{P(x)}} + \frac{dy}{\sqrt{P(y)}} = 0, \tag{22}$$

où P est un polynome du premier, second, troisième ou quatrième degré, alors que ces intégrales sont effectivement algébriques.

Le fait résulte de la théorie des transcendantes exponentielles et circulaires, pour l'équation (21). Il résulte aussi de cette même théorie pour l'équation (22) quand P est du premier ou du second degré; lorsque P est du troisième ou du quatrième degré il a été établi par *L. Euler*[29]), dont cette équation (22) a gardé le nom[30]), et qui en a déduit, sous le nom de *comparaison des transcendantes*, une théorie qui contenait en germe celle des *fonctions elliptiques* (II 11).

On a donné depuis de nombreux procédés pour intégrer l'*équation*

---

28) Voir *S. Lie*, Differentialgl.[25]), p. 138.

29) *Les premières recherches de *L. Euler* concernant cette équation remontent à 1752 [voir sa lettre à *Chr. Goldbach* datée du 30 mai 1752; *P. H. Fuss*, Corresp. math. phys. 1, St Pétersb. 1843, p. 567; cf. Bibl. math. (3) 8 (1907/8), p. 268].*

30) *Le premier mémoire consacré à l'étude de cette équation a été publié en 1761 [Novi Comm. Acad. Petrop. 6 (1756/7), éd. 1761, p. 37/57]. *L. Euler* s'en est ensuite occupé plusieurs fois [voir en partic. Institutiones calculi integralis 1, St Pétersbourg 1768, p. 451/92; 3, St Pétersbourg 1770, p. 599/639] (Notes 29 et 30 de *G. Eneström*).*

d'Euler[31]); la vraie raison du fait que nous signalons est dans le *théorème d'Abel* (II, 8) qui permet de le généraliser.

L'étude de ces équations se rattache à la question de l'*intégration algébrique* de l'équation du premier ordre, pour laquelle nous renvoyons à l'étude des fonctions définies par les équations différentielles.

9. Équation de Jacobi. Méthode de Darboux. Extensions de cette méthode. Un autre cas important d'équation intégrable explicitement est l'*équation de Jacobi*

$$P(x, y)dx + Q(x, y)dy + R(x, y)(xdy - ydx) = 0, \tag{23}$$

où P, Q, R sont des polynomes du premier degré. *C. G. J. Jacobi*[32]) en a donné l'intégrale: elle est de la forme

$$U^{\lambda_2 - \lambda_3} V^{\lambda_3 - \lambda_1} W^{\lambda_1 - \lambda_2} = c, \tag{24}$$

λ_1, λ_2, λ_3 étant racines d'une équation du troisième degré, U, V, W étant des polynomes du premier degré et c une constante. *J. A. Serret*[33]) a donné les formes d'intégrale qui conviennent aux cas où l'équation auxiliaire du troisième degré a des racines égales, au moyen de la méthode de *J. d'Alembert* (n° 25). Ces résultats ont été le point de départ des recherches de *G. Darboux*[34]) sur les intégrales algébriques des équations du premier ordre.

*Il se présente, en effet, pour l'équation de Jacobi ce fait nouveau que l'intégrale générale (24) n'est pas algébrique en général, mais que les équations $U = 0$, $V = 0$, $W = 0$ définissent trois solutions particulières algébriques.

G. Darboux[34]) a montré que toute équation (8), rationnelle en x et y, qui possède des solutions particulières algébriques en nombre suffisant a une intégrale générale explicite. Cette intégrale générale s'obtient en égalant à une constante une expression de la forme

$$U_1^{\alpha_1} U_2^{\alpha_2} \ldots U_p^{\alpha_p}, \tag{25}$$

où U_1, U_2, ..., U_p sont des polynomes en x et y qui, égalés à zéro, définissent les solutions particulières algébriques, tandis que $\alpha_1, \alpha_2, \ldots, \alpha_p$ sont des constantes.*

---

31) *Voir les traités classiques de calcul intégral. Voir aussi les traités classiques sur les fonctions elliptiques et, spécialement, *G. H. Halphen*, Traité des fonctions elliptiques et de leurs applications 2, Paris 1888, p. 329.*

32) J. reine angew. Math. 24 (1842), p. 1; Werke 4, Berlin 1886, p. 256.

33) Cours de calcul différentiel et intégral, (1re éd.) 2, Paris 1868, p. 431; (5e éd.) 2, Paris 1900, p. 430.

34) *C. R. Acad. sc. Paris 86 (1878), p. 533, 584;* Bull. sc. math. (2) 2 (1878), p. 60/96, 123/44, 151/200. Au sujet de l'influence des points singuliers sur les conditions de réussite de la méthode, voir *L. Autonne*, Ann. Univ. Lyon 3, fasc. 1 (1892), p. 39.*

*D'une manière plus précise, l'équation a une intégrale de la forme (25) si

$$p = \frac{m(m+1)}{2} + 2,$$

m étant le degré des polynomes P, Q, R obtenus en ramenant l'équation à la forme (23), ce qui est toujours possible. Il en est de même si

$$p = \frac{m(m+1)}{2} + 2 - q,$$

pourvu qu'il y ait q des points singuliers de l'équation, c'est-à-dire des points qui satisfont aux conditions

$$P - Rx = Q - Ry = 0,$$

par lesquels ne passe aucune des courbes intégrales particulières considérées. Enfin si

$$p = \frac{m(m+1)}{2} + 1$$

l'équation a, soit un multiplicateur de la forme (25), soit une intégrale de cette même forme.

De ces théorèmes résulte une *méthode d'intégration fondée sur la recherche de solutions particulières algébriques. G. Darboux* l'a appliquée au cas où $m = 2$.*

**E. Picard*[35]) a étendu les résultats précédents au cas où l'équation (8) est algébrique en x et y. Elle peut alors se mettre sous la forme

$$\beta(x, y, z)\,dx - \alpha(x, y, z)\,dy = 0, \tag{26}$$

x, y, z étant liés par une équation algébrique, entière et rationnelle

$$F(x, y, z) = 0. \tag{27}$$

Les solutions particulières algébriques s'obtiennent en adjoignant à l'équation (27) des équations de même forme

$$U_1(x, y, z) = 0, \quad U_2(x, y, z) = 0, \ldots$$

Et si le nombre p de ces solutions particulières est assez grand, l'intégrale générale s'obtiendra en égalant à une constante une expression de la forme (25) et en associant à (27) l'équation ainsi obtenue.*

*La méthode de *G. Darboux*, convenablement modifiée, peut être employée dans d'autres cas, par exemple lorsque l'équation (8) est rationnelle en y seulement. La forme (25) de l'intégrale générale sera remplacée par la forme plus générale

$$\xi(x)[y - \xi_1(x)]^{\alpha_1} \ldots [y - \xi_p(x)]^{\alpha_p}, \tag{28}$$

35) *C. R. Acad. sc. Paris 100 (1885), p. 618.*

où

$$y = \xi_1(x), \quad y = \xi_2(x), \ \ldots, \quad y = \xi_p(x)$$

sont des solutions particulières quelconques.*

Cette forme d'intégrale générale s'était présentée, dans divers cas particuliers, pour l'équation (17); *B. M. Koẑalovič* [36]) et *A. N. Korkine* [37]) ont cherché toutes les équations (17) susceptibles d'être ainsi intégrées. *A. N. Korkine* [38]) et *P. Painlevé* [39]) ont traité le même problème pour le cas général des équations rationnelles en y.

*Pour ces dernières équations, *A. N. Korkine* [40]) a déterminé tous les cas où elles ont un multiplicateur de la forme (28). La même question a été reprise par *V. P. Ermakov* [41]).*

10. Équation linéaire. Équation de Riccati. Généralisations. *En cherchant à classer les équations (8) d'après la manière dont y figure dans la fonction $\lambda(x, y)$, le premier cas qui s'offre est celui de l'*équation linéaire* (13) pour laquelle λ est un polynome en y du premier degré. C'est un cas particulier de la classe des équations linéaires qui sera étudiée plus loin (nos 24 et suivants).*

Puis vient le cas où λ est un polynome en y du second degré, c'est-à-dire le cas de l'*équation de Riccati* [42])

$$\frac{dy}{dx} = A(x)y^2 + B(x)y + C(x). \tag{29}$$

---

36) Thèse, St Pétersbourg 1894. *L'auteur essaye de préciser dans quelles conditions peut se généraliser la méthode de *G. Darboux*.*

37) Math. Ann. 48 (1897), p. 317. Voir la note 19; voir aussi la note 15 pour les cas anciens d'intégration de l'équation (17) par une intégrale de la forme (28). Voir encore *N. J. Sonin*, Bull. Acad. Pétersb. (5) 2 (1895), p. 93/128; (5) 3 (1895), p. 339/59.

38) Math. Ann. 48 (1897), p. 317; C. R. Acad. sc. Paris 122 (1896), p. 1183; 123 (1896), p. 88, 139.

39) C. R. Acad. sc. Paris 114 (1892), p. 107; 122 (1896), p. 1319; 123 (1896), p. 88; Ann. Fac. sc. Toulouse 10 (1896), mém. n° 7; *Leçons sur la théorie analytique des équations différentielles (professées en 1895 à Stockholm, lithographiées Paris 1897), p. 147*; cf. *E. Haentschel*, J. reine angew. Math. 112 (1893), p. 148; *W. Heymann*, id. 113 (1894), p. 84.

40) *Etude des multiplicateurs des équations différentielles du premier ordre, St Pétersbourg 1902, p. 1/171; Math. Sbornik [recueil Soc. math. Moscou] 24 (1903/4), p. 194/350, 351/416.*

41) *J. reine angew. Math. 131 (1906), p. 56. Voir aussi *G. Darboux*, Théorie des surfaces 4, Paris 1896, p. 447 (note VI); *M. Chini*, Atti Accad. Torino 40 (1904/5), p. 4.*

42) La locution *équation de Riccati* est déjà employée par (*Jean Le Rond*) *d'Alembert*, Hist. Acad. Berlin 19 (1763), éd. 1770, p. 242.

Elle doit son nom à un cas particulier, celui de l'équation[43])

(30) $$\frac{dy}{dx} + ay^2 = bx^m$$

(a et b constantes), qui fut proposée[44]) par *J. F. Riccati*[45]); cette équation particulière s'intègre[46]) en termes finis pour $m = \frac{-4k}{2k \pm 1}$, où k est un entier positif quelconque[47]). Elle se rattache aux *fonctions de Bessel.*

Au contraire l'équation générale de Riccati ne peut s'intégrer par quadratures. C'est un fait qui fut d'abord démontré par *J. Liouville*[48]) pour l'équation particulière (26); il résulte généralement du même théorème relatif aux équations linéaires (n° **41**), et a été aussi indiqué par *V. de Maksimovič*[49]) dans un travail où il déterminait des classes d'équations

$$\frac{dy}{dx} = F(x, y, \eta_1(x), \ldots, \eta_n(x))$$

---

43) *Dès 1697, *Jacques Bernoulli* s'était occupé de l'équation

$$\frac{dy}{dx} - y^2 = x^m$$

et avait, sans y réussir d'ailleurs, cherché à l'intégrer [voir sa correspondance avec *G. W. Leibniz* 1697/1704; *G. W. Leibniz*, Werke, éd. *C. I. Gerhardt*, Math. Schr. 3, Halle 1855/6, p. 50, 65, 68, 75, 80, 85, 87; cf. *Jacques Bernoulli,* Opera 2, Genève 1744, p. 1053/4]. L'équation $\frac{dy}{dx} - \frac{y^2}{a^2} = \frac{x^2}{a^2}$ avait été déjà mentionnée en 1694 par *Jean Bernoulli* [Acta Erud. Lps. 1694, p. 435; Opera 1, Lausanne et Genève 1742, p. 124].*

44) *En 1707, *G. Manfredi* [De constructione aequationum differentialium primi gradus, Bologne 1707, p. 167] considérait l'équation $\frac{dy}{dx} - \frac{n}{x^2}y^2 - \frac{1}{x}y + n = 0$ sans pouvoir d'ailleurs en trouver l'intégrale.*

45) *L'équation à laquelle on donne aujourd'hui le nom d'*équation de Riccati* a été proposée sous la forme

$$nx^{m+n-1} = \frac{du}{dx} + u^2 x^{-n}$$

par *J. F. Riccati* dans le second cahier (p. 73) du tome 8 des suppléments aux Acta Eruditorum. Ce tome 8 est édité en 1724, mais le second cahier a paru en 1723.*

46) *Les conditions sous lesquelles cette équation est intégrable sous forme finie ont été trouvées presque simultanément par *Jean Bernoulli, Nicolas Bernoulli, Nicolas II Bernoulli* et *Daniel Bernoulli.* C'est *Daniel Bernoulli* qui a, le premier, publié ces conditions [Exercitationes quaedam mathematicae, Venise 1724, p. 77/80; Acta Erud. Lps. 1725, p. 473/5].*

47) **L. Euler* s'est occupé de l'équation de Riccati dans de nombreux mémoires à partir de 1733 [voir par ex. Novi Comm. Acad. Petrop. 9 (1762/3), éd. 1764, p. 154/69] et cette équation a aussi été l'objet de plusieurs recherches d'autres géomètres du 18ième siècle (Notes 43 à 47 de *G. Eneström*).*

48) *C. R. Acad. sc. Paris 11 (1840), p. 729;* J. math. pures appl. (1) 6 (1841), p. 1.

49) C. R. Acad. sc. Paris 101 (1885), p. 809.

($\eta_1, \ldots, \eta_n$ fonctions indéterminées de x, F fonction déterminée de ses arguments) intégrables par quadratures[50]).

La propriété fondamentale de l'équation de Riccati est que sa solution générale est de la forme

$$(31) \qquad y = \frac{c\varphi(x) + \psi(x)}{c\chi(x) + \omega(x)},$$

c étant la constante d'intégration, ou, ce qui revient au même, que le rapport projectif (anharmonique ou harmonique) de quatre solutions particulières quelconques est constant. Cette propriété, qui caractérise entièrement l'équation de Riccati, et ne paraît être connue que depuis une trentaine d'années[51]), est cependant une conséquence immédiate de ce fait, signalé par *L. Euler*[52]), que, si l'on connaît une solution particulière y_1, on ramène l'équation de Riccati à la forme linéaire en posant $y = y_1 + \frac{1}{u}$.

*Cette propriété conduit en particulier *G. Darboux*[53]) au théorème suivant: une équation de Riccati qui admet comme intégrales toutes les racines d'une équation rationnelle et entière en y, $H(y/x) = 0$, admet aussi comme intégrales les racines de chaque covariant du polynome H; et l'intégrale générale s'obtient en égalant à une constante un covariant absolu.*

50) *Sur les cas d'intégrabilité de l'équation (26) et d'autres cas d'intégrabilité de l'équation (25) un peu plus étendus, on pourra consulter entre autres: *A. Cayley*, London Edinb. Dublin philos. mag. (4) 36 (1868), p. 348; Papers 7, Cambridge 1894, p. 9; *D. Bach*, Ann. Ec. Norm. (2) 3 (1874), p. 47; *C. J. Malmsten*, Cambr. Dublin math. J. 5 (1850), p. 180; J. reine angew. Math. 39 (1850), p. 108; *F. Brioschi*, Math. Ann. 11 (1877), p. 401; Opere 5, Milan 1909, p. 211; *F. Siacci*, Rendic. Accad. Napoli (3) 7 (1901), p. 139; *E. Paci*, Rivista di fisica (Pavie) 7 (1906), p. 417/31. Voir aussi n^{os} **31** et **42**.*

51) *E. Picard*, Thèse, Paris 1877; Ann. Ec. Norm. (2) 6 (1877), p. 341; *Ed. Weyr*, Abh. böhm. Ges. Wiss. (6) 8 (1875/6), math. mém. n° 1, p. 30.

La propriété fondamentale de l'équation de Riccati résultait déjà de la comparaison des résultats de *O. Bonnet* *[J. Ec. Polyt. (1) cah. 42 (1867), p. 56] et de *P. Serret* [Théorie nouvelle géométrique et mécanique des courbes à double courbure, Paris 1860, p. 165]* sur les lignes asymptotiques des surfaces réglées.

Voir, pour l'étude de l'équation de Riccati, *G. Darboux*, Théorie des surfaces 1, Paris 1887, p. 23 (livre I, chap. 2); et *E. Picard*, Traité d'Analyse 2, Paris 1893, p. 329; (2e éd.) 2, Paris 1905, p. 373; **L. Raffy*, Nouv. Ann. math. (4) 2 (1902), p. 529.*

52) *Novi Comm. Acad. Petrop. 8 (1760/1), éd. 1763, p. 32. Dans un mémoire suivant [Novi Comm. Acad. Petrop. 9 (1762/3), éd. 1764, p. 163/4], *L. Euler* a fait voir comment l'équation de Riccati peut être intégrée complètement quand on en connaît deux intégrales particulières (Note de *G. Eneström*).*

53) *Collectanea mathematica in memoriam dominici Chelini, publ. par *L. Cremona* et *E. Beltrami*, Milan 1881, p. 199.*

*A. *Cayley*[54]) avait donné le premier exemple d'une telle intégration. *L. Autonne*[55]) s'est occupé de la détermination de tous les cas semblables, et spécialement des équations algébriques correspondantes qu'il appelle *anharmoniques.**

*La généralisation des types précédents (type linéaire, type de Riccati) conduit à considérer pour chaque valeur de n l'un des types suivants[56]):

$$(32)\quad \frac{dy}{dx} - P_n(y/x) = 0, \qquad (33)\quad \frac{dy}{dx} - \frac{P_n(y/x)}{Q_{n-2}(y/x)} = 0,$$

où les lettres P, Q désignent des polynomes entiers en y, de degré égal à l'indice correspondant.

Chacun des types (32) conserve sa forme, comme l'équation linéaire, quand on effectue sur y une transformation linéaire dont les coefficients sont fonctions de x. Chacun des types (33) conserve sa forme, comme l'équation de Riccati, qui est commune aux deux types pour $n = 2$, quand on effectue sur y une transformation projective dont les coefficients sont fonctions de x. Dans les deux cas on peut effectuer sur x une transformation quelconque

$$x = \varphi(X).*$$

*Dans le cas où $n = 3$, souvent considéré, (33) contient, comme cas plus particulier, l'équation (17) si P_n s'abaisse au premier degré, et une équation considérée par *N. H. Abel*[57]) si P_n s'abaisse au second degré seulement.

Dans la même hypothèse $n = 3$, on ramène le type (33) au type (32) par la transformation

$$Q_{n-2}(y/x) = \frac{1}{Y};$$

le cas de *N. H. Abel* correspond alors au cas où, dans l'équation (32), le polynome $P_n(y/x)$ a une racine double[58]).*

54) *Messenger math. (2) 4 (1875), p. 69, 110; (2) 6 (1877), p. 29; Papers 9, Cambridge 1896, p. 244, 253; 10, Cambridge 1896, p. 24. L'exemple est fourni par la transformation du troisième ordre des fonctions elliptiques.*

55) *J. math. pures appl. (5) 6 (1900), p. 157. Voir aussi *E. Pascal*, Reale Ist. Lombardo *Rendic.* (2) 36 (1903), p. 322.*

56) *Le premier type a été considéré dès 1694 par *G. W. Leibniz* [voir sa lettre à *G. F. A. de l'Hospital* datée du 27 novembre (décembre) 1694; Werke éd. *C. I. Gerhardt*, Math. Schr. 2, Berlin 1850, p. 261 (Note de *G. Eneström*).*

57) *Mém. posth.; Œuvres[19]), 2, p. 26. Pour les autres auteurs cités, voir note 19.*

58) **G. Darboux* [Théorie des surfaces[41]) 4, p. 442] a montré comment on peut, pour $n = 3$, réduire l'équation (33) à une forme type, quand on connaît des solutions particulières de (33).

Dans le n° 9 on a indiqué diverses recherches faites sur les équations (32) pour $n = 3$.*

11. Équations non résolues. Emploi de la différentiation. Interprétation géométrique. Solutions singulières. Une équation différentielle du premier ordre étant donnée sous forme non résolue

$$F\left(x, y, \frac{dy}{dx}\right) = 0, \tag{34}$$

il faut, en général, pour appliquer les méthodes générales, la résoudre d'abord par rapport à $\frac{dy}{dx}$.

Cette résolution peut être impraticable. On l'évite souvent en généralisant la *méthode de transformation*, c'est-à-dire en employant des changements de variables où intervient la dérivée $y' = \frac{dy}{dx}$. C'est ce que l'on appelle chercher à *intégrer par différentiation*.

La plus ancienne de ces transformations[59]) consiste à prendre y' pour nouvelle variable à la place de l'une des variables primitives, y par exemple: on élimine alors y et dy entre l'équation

$$F(x, y, y') = 0$$

et les équations

$$\left\{\begin{aligned} & dy - y'dx = 0, \\ & dF = \frac{\partial F}{\partial x} dx + \frac{\partial F}{\partial y} dy + \frac{\partial F}{\partial y'} dy' = 0. \end{aligned}\right. \tag{35}$$

On obtient une équation différentielle du premier ordre entre x et y'; on cherche son intégrale générale $V(x, y', a) = 0$, et il n'y a plus qu'à éliminer y' entre les équations $F(x, y, y') = 0$ et $V(x, y', a) = 0$. Cette transformation réussit pour *l'équation de d'Alembert*[60])

$$x\varphi(y') + y\psi(y') + \chi(y') = 0 \tag{36}$$

qu'elle ramène au type linéaire, et dont un cas particulier est *l'équation de Clairaut*[61])

$$y - xy' + \chi(y') = 0 \tag{37}$$

---

*Les types (32) et (33) ont été aussi étudiés par l'emploi des invariants différentiels (cf. n° **39**). Voir encore, pour un cas d'intégrabilité de l'équation (32) pour $n = 3$, *M. Chini*, Reale Ist. Lombardo *Rendic.* (2) 36 (1903), p. 1035.*

59) *J. d'Alembert*, Hist. Acad. Berlin 4 (1748), éd. 1750, p. 275. *La méthode y est exposée sur l'équation (36).*

60) *Cette équation avait été considérée par *Jean Bernoulli* qui a fait observer qu'elle est intégrable [lettre à *G. W. Leibniz* datée du 9 mai 1696; *G. W. Leibniz*, Werke, éd. *C. I. Gerhardt*, Math. Schr. 3, Halle 1855/6, p. 139].*

61) *A. C. Clairaut*, Hist. Acad. Paris 1734, M. p. 209. Une généralisation de l'équation de Clairaut a été donnée par *E. Goursat* [Bull. Soc. math. France 23 (1895), p. 88]; *L. Raffy* [id., 23 (1895), p. 50] a étudié la transformée en y' de l'équation de Clairaut. *Voir aussi, dans le même ordre d'idées, *M. Chini*, Reale Ist. Lomb. *Rendic.* (2) 34 (1901), p. 500.*

qui a pour intégrale générale

$$y - ax + \chi(a) = 0;$$

on l'emploie plus généralement toutes les fois que $F(x, y, y') = 0$ peut se résoudre par rapport à y (où x, mutatis mutandis), mais elle ne permet d'aboutir que dans quelques cas particuliers.

On peut poser généralement

$$\text{(38)} \qquad \begin{cases} X = G(x, y, y'), \\ Y = H(x, y, y'), \end{cases}$$

G, H, F étant trois fonctions indépendantes: au moyen de ces équations et de celles qu'on en déduit,

$$dX = dG, \quad dY = dH,$$

jointes à $F = 0$ et au système (35), on élimine x, y, y', dx, dy, dy', et l'on obtient la transformée en X et Y que l'on intègre; soit

$$V(X, Y, a) = 0$$

son intégrale générale: il n'y a plus qu'à éliminer y' entre les deux équations

$$F(x, y, y') = 0, \quad V(G, H, a) = 0.$$

Une telle transformation s'emploiera par exemple si $F(x, y, y') = 0$ représente en x, y, y' une surface rationnelle[62]).

La méthode de différentiation est liée, en effet, à *l'interprétation géométrique* suivante: on interprète x, y, y' comme les coordonnées cartésiennes d'un point de l'espace et l'on considère l'équation $F(x, y, y') = 0$ comme représentant une surface Σ. Intégrer l'équation (34) équivaut alors à trouver les courbes C tracées sur Σ, qui satisfont à l'équation[63])

$$dy - y'dx = 0,$$

*c'est-à-dire dont la tangente, en chaque point (x, y, y'), est située dans le plan P, qui a pour équation

$$Y - y = y'(X - x).\text{*}$$

De cette interprétation on peut déduire une théorie géométrique des *solutions singulières*[64]). *Laissant de côté, pour simplifier, les

62) *G. H. Halphen*, C. R. Acad. sc. Paris 87 (1878), p. 741. Dans les traités classiques on traitait d'une manière analogue l'équation différentielle $F(y, y') = 0$, où $F(X, Y) = 0$ était une courbe unicursale.

63) *Comparez la forme plus générale (26), (27) citée incidemment n° 9, et qui est susceptible d'une interprétation géométrique analogue.*

64) *Cette représentation géométrique a été employée par *S. Lie* dès 1871 [voir par ex. *S. Lie* et *G. Scheffers*, Geometrie der Berührungstransformationen 1, Leipzig 1896, p. 188]. On la retrouve dans *H. Poincaré*, J. math. pures appl. (4) 1 (1885), p. 196; voir aussi *L. Autonne*, C. R. Acad. sc. Paris 105 (1887), p. 851; *M. J.*

points singuliers de Σ, désignons par M un point quelconque de cette surface, et par μ sa projection sur le plan des x, y, que nous considérerons comme horizontal. Tant que M n'appartient pas au contour apparent horizontal A de Σ, le plan P, qui est vertical, coupe le plan tangent à Σ en M suivant une droite MT non verticale. Il y a une courbe C et une seule passant en M, et sa projection horizontale γ est une intégrale particulière ayant en μ un point ordinaire. De plus, si μ est la projection de divers points M de Σ, les diverses intégrales γ ainsi obtenues ont, en μ, des tangentes différentes.*

*Si M appartient au contour apparent A, le plan P ne sera pas, en général, tangent à Σ; on aura encore une droite MT et une seule courbe C passant en M. Mais MT sera verticale, et γ aura en μ un point de rebroussement, comme cela a lieu pour la projection d'une courbe gauche sur un de ses plans normaux; le plan P sera osculateur à C en M, et sa trace horizontale, qui est la tangente de rebroussement de γ en μ, ne sera pas tangente à la projection horizontale α du contour apparent A.

Donc, en général, les intégrales particulières γ n'ont pas d'enveloppe; le contour apparent en projection α, qui seul pourrait être leur enveloppe, est, pour ces courbes γ, un lieu de points de rebroussement; et il n'est pas une intégrale.*

Le cas exceptionnel est celui où P est tangent à Σ en chaque point de A. Par des considérations de limite, on trouve pour MT, en chaque point M de A, deux directions possibles; l'une est la tangente à A; l'autre est distincte de cette tangente et n'est pas verticale. A est une courbe C singulière; et il existe une autre courbe C qui traverse A en M et se projette suivant une courbe γ tangente à α en μ. Donc, dans ce cas, α est une intégrale singulière et est l'enveloppe des intégrales particulières γ.

*Si l'on remarque que α est défini par les équations

$$F = 0, \quad \frac{dF}{dy'} = 0$$

et que les conditions pour que P soit tangent à Σ sont

$$\frac{dF}{dy'} = 0, \quad \frac{dF}{dx} + y'\frac{dF}{dy} = 0,$$

on reconnait les résultats essentiels de la théorie des intégrales singulières (cf. II 15, 22).*

M. Hill, Proc. London math. Soc. (1) 19 (1887/8), p. 565; *W. von Dyck*, Sitzgsb. Akad. München 21 (1891), p. 23. Pour l'application aux solutions singulières, voir *S. Lie* et *G. Scheffers*, Berührungstransf.[64]), 1, p. 190; *K. W. H. T. Hudson*, Proc. London math. Soc. 33 (1900/1), p. 380/403; *E. Goursat*, Cours d'Analyse[24]) 2, p. 518.*

12. Emploi des transformations de contact. Types intégrables. Classes diverses d'équations du premier ordre. Revenons aux transformations de l'équation

$$F(x, y, y') = 0.$$

On pourra en particulier employer des transformations de contact[65]: ce sont les transformations les plus générales en x, y, y' qui changent *toute* équation du premier ordre en une équation du premier ordre, en changeant toute solution de la première équation en une solution de la seconde. Mais il faut, pour éviter toute difficulté, entendre[66]) par solution de $F(x, y, y') = 0$ chaque *multiplicité* M_1 dont tous les éléments linéaires vérifient l'équation $F(x, y, y') = 0$. On peut considérer alors le problème de l'intégration de l'équation $F(x, y, y') = 0$ comme consistant à trouver une transformation de contact qui réduise $F = 0$ à la forme $Y = 0$. Au point de vue du calcul, cela revient à chercher une *intégrale première* du système (29), distincte de F, c'est-à-dire une solution de l'équation équivalente à ce système, et qui est[67])

$$[F, f] = 0. \tag{39}$$

Car si $U(x, y, y')$ est cette solution, la transformation demandée est

$$X = U, \quad Y = F, \quad Y' = \frac{\frac{\partial F}{\partial y'}}{\frac{\partial U}{\partial y'}}; \tag{40}$$

et l'intégrale générale de $F = 0$ est définie par

$$F = 0, \quad U = a.$$

Sous cette forme, la méthode a été donnée par *S. Lie*[66]), mais depuis longtemps on employait le procédé d'intégration par différentiation en substituant à l'équation $F = 0$ le système du second ordre (35). Comme on en connaît déjà une intégrale première F, il est naturel de lui appliquer la méthode du multiplicateur de Jacobi (n° **15**). A cette idée se rattachent divers travaux de *J. Liouville*[68]), *C. J. Malmsten*[69]), *E. N. Laguerre*[70]), fournissant des types intégrables par quadratures et dépendant de fonctions arbitraires. Des types analogues sont fournis par les théories de *S. Lie* [équations admettant une transformation de

---

65) Voir l'article III 36 sur les transformations de contact.

66) *S. Lie*, Nachr. Ges. Gött. 1872, p. 481. Voir *S. Lie* et *F. Engel*, Theorie der Transformationsgruppen 2, Leipzig 1890, p. 31.

67) Pour la définition du *crochet de Poisson* $[F, f]$, voir II 21.

68) J. math. pures appl. (1) 20 (1855), p. 143.

69) J. math. pures appl. (2) 7 (1862), p. 314 (voir note 90).

70) Bull. Soc. math. France 6 (1877/8), p. 224; Œuvres 1, Paris 1898, p. 409.

contact infinitésimale donnée][71]); *A. Mayer*[72]) en a obtenu également en cherchant la condition pour qu'une équation contenant une fonction arbitraire se ramène au type linéaire par une transformation de contact indépendante de cette fonction arbitraire.

Rappelons enfin que *J. L. Lagrange*[73]) a donné un type d'équations immédiatement intégrables, qui comprend l'équation de Clairaut. Ce sont les équations

$$\Phi[U(x, y, y'), \ V(x, y, y')] = 0, \tag{41}$$

où U et V sont deux intégrales premières d'une même équation du second ordre. L'intégrale générale en est définie par les équations

$$U = a, \quad V = b, \quad \Phi(a, b) = 0,$$

entre lesquelles il faut éliminer y'. La condition que remplissent U et V équivaut à

$$[U, V] = 0,$$

ce qui permet de déduire le résultat de la méthode précédente de *S. Lie*[74]).

*Au point de vue géométrique, les équations (41), pour un choix particulier des fonctions U, V, sont celles dont toutes les intégrales font partie d'une famille déterminée de ∞^2 courbes. Dans le cas de l'équation de Clairaut, ces courbes sont les droites du plan. On obtiendrait d'autres types intégrables en partant de même d'une famille déterminée de ∞^p courbes (cf. n° **35**).

On peut rattacher ainsi la formation de ces types d'équations à l'idée générale suivante: *définir des classes d'équations différentielles par la manière dont l'intégrale générale dépend des constantes d'intégration* (voir n° **36**).

Dans le cas le plus simple, où l'on suppose l'intégrale générale de l'équation (8) résolue en y, l'application de ce principe conduit: d'abord à l'*équation linéaire* pour laquelle y dépend linéairement de la constante d'intégration, puis à l'équation de Riccati pour laquelle on a la forme d'intégrale (31), dans laquelle y est une fraction du premier degré par rapport à la constante d'intégration. Les types d'équations fournis par la théorie des groupes (n^{os} **7**, **12**) se rattachent aussi à ce mode général de formation de classes d'équations.*

71) Voir par ex. *S. Lie* et *G. Scheffers,* Berührungstransf.[63]) 1, p. 111.

72) Ber. Ges. Lpz. 42 (1890), p. 491.

73) Leçons sur le calcul des fonctions, Paris an VII, leçon 16; (2ᵉ éd.) Paris 1806, p. 238/62; Œuvres 10, Paris 1884, p. 220.

74) Voir *S. Lie* et *F. Engel,* Transformationsgruppen[66]) 2, p. 32 (chap. 1).

13. Emploi des coordonnées homogènes. Principe de l'intégration graphique. C'est fréquemment qu'il y a avantage à remplacer l'équation du premier ordre par un système d'équations. On l'a vu déjà au n° **11**. Même pour le type normal (8a), on lui substitue souvent[75]) le système

$$\frac{dx}{dt} = \alpha(x, y), \quad \frac{dy}{dt} = \beta(x, y), \tag{42}$$

ce qui revient, au point de vue de *S. Lie*, à chercher les équations finies de la transformation infinitésimale

$$Af = \alpha(x, y)\frac{\partial f}{\partial x} + \beta(x, y)\frac{\partial f}{\partial y}.$$

Un autre exemple en est donné par l'emploi des coordonnées homogènes[76]): l'équation différentielle du premier ordre exprimant une relation entre un point quelconque d'une courbe intégrale et la tangente à cette courbe en ce point peut se mettre sous la forme doublement homogène

$$\Phi(x, y, z \mid u, v, w) = 0, \tag{43}$$

où x, y, z sont les coordonnées homogènes du point et u, v, w celles de la tangente. A l'équation résolue correspond le cas où Φ est du premier degré en u, v, w, c'est-à-dire l'équation

$$A(x, y, z)u + B(x, y, z)v + C(x, y, z)w = 0, \tag{44}$$

où A, B, C sont homogènes et d'un même degré m[77]). On démontre qu'on peut substituer à cette équation le système

$$\frac{dx}{A} = \frac{dy}{B} = \frac{dz}{C}, \tag{45}$$

c'est-à-dire l'équation associée

$$A\frac{\partial f}{\partial x} + B\frac{\partial f}{\partial y} + C\frac{\partial f}{\partial z} = 0, \tag{46}$$

dont on doit chercher une intégrale homogène de degré zéro. On

75) Citons comme exemples les méthodes employées pour l'intégration de l'équation d'Euler (n° 8) par *L. Euler* [Acta Acad. Petrop. 2 (1778), I éd. 1780, p. 20/57; réimp.: Institutiones calculi integralis 4, St Pétersbourg 1794, p. 481]; *J. L. Lagrange*, Misc. Taurinensia (Mélanges de philos. et de math.) 4 (1766/9), math. p. 98/125; Œuvres 2, Paris 1868, p. 6; *G. Darboux*, Ann. Ec. Norm. (1) 4 (1867), p. 85.

76) *A. Clebsch*, Abh. Ges. Gött. 17 (1872), p. 1; Math. Ann. 5 (1872), p. 427; et surtout 6 (1873), p. 202; voir aussi *A. Clebsch*, Vorlesungen über Geometrie, publ. par *F. Lindemann* 1, Leipzig 1876, p. 963; trad. *Ad. Benoist* 1, Paris 1879, p. 335; 3, Paris 1883, p. 384; *G. Darboux*, Bull. Soc. math. France 6 (1877/8), p. 68; *G. Fouret*, C. R. Acad. sc. Paris 78 (1874), p. 31, 1837.

77) $m = 1$ donne l'équation de Jacobi (n° 9); cf. *A. Clebsch* et *P. Gordan*, Math. Ann. 1 (1869), p. 359.

peut pour cela chercher un *multiplicateur* μ satisfaisant à la relation de *C. G. J. Jacobi*

$$\frac{\partial(\mu A)}{\partial x} + \frac{\partial(\mu B)}{\partial y} + \frac{\partial(\mu C)}{\partial z} = 0;$$

si l'on a soin de le prendre homogène de degré $-(m+2)$, la différentielle

$$\mu \begin{vmatrix} A & B & C \\ x & y & z \\ dx & dy & dz \end{vmatrix}$$

est une différentielle totale exacte, et en l'intégrant on a l'intégrale générale cherchée.

Ce qui concerne les rapports de la théorie actuelle avec les *connexes* de *A. Clebsch* sera exposé dans l'article III 38. *Les méthodes graphiques d'intégration des équations différentielles[78]) seront traitées dans l'article II 20; nous nous contenterons de signaler ici qu'elles sont, en général, fondées sur l'emploi des *courbes isoclines*; ces courbes sont définies par l'équation

$$F(x, y, y') = 0,$$

quand on y considère y' comme un paramètre constant; en leurs divers points d'intersection avec une même isocline les intégrales ont *même pente*[79]).*

Systèmes d'équations du premier ordre.

14. Systèmes de multiplicateurs. Le procédé classique pour intégrer le système général d'ordre n

$$(47) \qquad dx_i = \lambda_i(x, x_1, \ldots, x_n)dx \qquad (i = 1, 2, \ldots, n)$$

consiste à abaisser de proche en proche l'ordre du système. Pour cela on cherche une intégrale première

$$z(x, x_1, \ldots, x_n) = a$$

au moyen de laquelle on élimine des équations (47) l'une des inconnues,

78) *L'intégration graphique d'équations différentielles a été traitée aussi par *L. Euler* [voir en partic. Comm. Acad. Petrop. 8 (1736), éd. 1741, p. 66/85] qui a intégré ainsi l'équation de Riccati d'une manière assez simple (Note de *G. Eneström*).*

79) *Voir par exemple, *M. J. M. Hill*, Proc. London math. Soc. (1) 19 (1887/8), p. 561; *J. H. Maclagan-Wedderburn*, Proc. R. Soc. Edinb. 24 (1901/3), p. 400. Ce dernier auteur a introduit le nom d'isocline qui lui a été suggéré par *G. Chrystal*. Mais ce procédé d'intégration graphique se trouve déjà dans *Jean Bernoulli* [Acta Erud. Lps. 1694, p. 435; Opera 1, Lausanne et Genève 1742, p. 123]: il donne le nom de *directrices* aux isoclines. Voir aussi la lettre de *G. W. Leibniz* à *Jean Bernoulli* datée du 6/16 mai 1695; Werke, éd. *C. I. Gerhardt*, Math. Schr. 3, Halle 1855/6, p. 178.*

x_n par ex.; on a ainsi un système d'ordre $n-1$ en $x, x_1, \ldots, x_{n-1}$, sur lequel on opère de même; et ainsi de suite. Ainsi conçue, l'intégration se décompose en n opérations successives, à savoir: la détermination d'une intégrale d'un système d'ordre n, puis d'une intégrale d'un système d'ordre $n-1, \ldots$, enfin l'intégration d'une seule équation du premier ordre.

Plus généralement, on voit de même que, si l'on connaît k intégrales premières du système (47), on peut l'abaisser par des éliminations à l'ordre $n-k$.

La recherche d'une intégrale première peut se faire au moyen de *systèmes de multiplicateurs*; cette intégrale z étant définie en effet par une identité de la forme

$$dz = \sum_{i=1}^{i=n} \mu_i [dx_i - \lambda_i dx]$$

s'obtiendra par une quadrature si l'on détermine des multiplicateurs $\mu_1, \ldots, \mu_n$ qui fassent du second membre de cette identité une différentielle totale exacte.

Ces systèmes de multiplicateurs, qui sont une généralisation immédiate du multiplicateur d'Euler, ont été étudiés par *C. G. J. Jacobi*[80]): leur recherche générale n'est pas plus simple que l'intégration directe du système proposé.

Une application intéressante en a été faite par *C. G. J. Jacobi* au *système linéaire d'ordre n*

$$(48) \qquad dx_i - [\sum_{h=1}^{n} a_{ih}(x) \cdot x_h + b_i(x)]\, dx = 0 \qquad (i = 1, 2, \ldots, n).$$

On peut ici chercher pour les μ_i des fonctions de x seul: elles sont définies par un autre système linéaire qui est dit le *système adjoint*[81]) du système proposé: c'est

$$(49) \qquad d\mu_i + \sum_{j=1}^{j=n} \mu_j a_{ji}(x) dx = 0 \qquad (i = 1, 2, \ldots, n).$$

On voit immédiatement que, si tous les $b_i(x)$ sont nuls identiquement,

80) J. reine angew. Math. 23 (1842), p. 87; Werke 4, Berlin 1886, p. 236; *L. Euler* [Instit. calculi integr. 2, St Pétersbourg 1769, p. 118/81] se sert déjà de tels multiplicateurs pour $n = 2$, mais sans affirmer leur existence dans le cas général. *Ce n'est que dans des cas *très particuliers* que *L. Euler* [id. p. 402/7] intègre des équations du $n^{\text{ième}}$ degré, où $n > 2$, à l'aide d'un multiplicateur.*

81) *C. G. J. Jacobi*, J. reine angew. Math. 29 (1845), p. 2, 21, 333 (la fin du mémoire est datée du 26 juillet 1845); Werke 4, Berlin 1886, p. 404; *cf. *G. Darboux*, C. R. Acad. sc. Paris 90 (1880), p. 596.*

c'est-à-dire si le système linéaire proposé est *homogène,* il y a réciprocité entre les deux systèmes, chacun étant l'adjoint de l'autre.

Le plus souvent on se borne à choisir les multiplicateurs μ_i de manière que la combinaison linéaire et homogène des équations (S)

$$(50) \qquad \sum_{i=1}^{i=n} \mu_i [dx_i - \lambda_i dx] = 0$$

soit complètement intégrable (II 21); ce que l'on reconnaît dans la pratique à ce qu'elle ne dépend plus que de deux fonctions u et v (des variables $x, x_1, \ldots, x_n$) et des différentielles de ces deux fonctions. On obtient ainsi une équation du premier ordre en u et v dont l'intégration fournit une intégrale première du système (47). Dans cette méthode les rapports des multiplicateurs interviennent seuls et on peut se donner l'un des multiplicateurs arbitrairement.

Cette méthode a été employée par *J. d'Alembert*[82]) dans l'étude du système linéaire (48). Faisant $\mu_n = 1$ et cherchant pour $\mu_1, \ldots, \mu_{n-1}$ des fonctions de x seul, on met la combinaison sous la forme

$$(51) \quad \frac{du}{dx} - u\left\{\sum_{i=1}^{n-1} \mu_i a_{i,n} + a_{n,n}\right\} - \left\{\sum_{i=1}^{n-1} \mu_i b_i + b_n\right\} - \sum_{h=1}^{n-1} x_h \cdot \Phi_h = 0,$$

en posant

$$(52) \quad \begin{cases} u = \sum_{i=1}^{n-1} \mu_i x_{n-1} + x_n, \\ \Phi_h = \frac{d\mu_h}{dx} + \sum_{i=1}^{n-1} \mu_i a_{ih} + a_{n,h} - \mu_h \left\{\sum_{i=1}^{n-1} \mu_i a_{i,n} + a_{n,n}\right\} \end{cases}$$

$$(h = 1, 2, \ldots, n-1).$$

Cette combinaison devient complètement intégrable à condition de déterminer $\mu_1, \ldots, \mu_{n-1}$ par les équations

$$\Phi_1 = 0, \ \Phi_2 = 0, \ldots, \ \Phi_{n-1} = 0$$

qui forment un système d'ordre $n-1$[83]). Ce système intégré, il reste une équation linéaire en u, et l'intégration s'achève par deux quadratures.

On peut également ramener à cette méthode une méthode proposée par *A. Guldberg*[84]) pour intégrer l'équation différentielle ordinaire d'ordre n[85]).

82) Hist. Acad. Berlin 4 (1748), éd. 1750, p. 283.

83) Pour les propriétés de tels systèmes cf. n° **32.**

84) C. R. Acad. sc. Paris 121 (1895), p. 49.

85) *Signalons aussi un essai de généralisation de la méthode précédente de *J. d'Alembert* par *A. Capelli,* Rendic. Accad. Napoli (3) 6 (1900), p. 100.*

Dans le cas général les équations aux dérivées partielles que doivent remplir les μ_i, et que l'on sait écrire explicitement, sont compliquées; mais il suffit d'en avoir des solutions particulières, voire même singulières. C'est ainsi que la méthode de *J. d'Alembert* réussit dans le cas où les a_{ik} sont des constantes, en satisfaisant aux équations $\Phi_h = 0$ par des valeurs constantes des μ_h. La même remarque s'applique au multiplicateur d'Euler (n° **6**) et au multiplicateur de Jacobi (n° **15**).

15. Le multiplicateur de Jacobi[86]) est aussi une généralisation du multiplicateur d'Euler, mais à un point de vue tout différent. Prenons le système (1) sous forme symétrique

$$(53)\qquad \frac{dx_0}{\alpha_0(x_0, x_1, \ldots, x_n)} = \frac{dx_1}{\alpha_1(x_0, x_1, \ldots, x_n)} = \cdots = \frac{dx_n}{\alpha_n(x_0, x_1, \ldots, x_n)},$$

de sorte que l'équation associée est

$$(54)\qquad Af = \sum_{i=0}^{i=n} \alpha_i(x_0, x_1, \ldots, x_n) \frac{\partial f}{\partial x} = 0.$$

Si $z_1, \ldots, z_n$ constituent un système fondamental de solutions de l'équation $Af = 0$, il existe (II 21) un multiplicateur

$$M(x_0, x_1, \ldots, x_n)$$

satifaisant à l'identité[87])

$$(55)\qquad M \cdot Af = \frac{\partial(f, z_1, \ldots, z_n)}{\partial(x_0, x_1, \ldots, x_n)},$$

quelle que soit la fonction f; et, réciproquement, si $M, z_1, \ldots, z_n$ vérifient une telle identité, $z_1, \ldots, z_n$ forment un système fondamental de solutions de l'équation $Af = 0$.

Cette identité est donc la définition des *multiplicateurs de Jacobi* pour le système considéré. Elle se traduit par l'équation linéaire aux dérivées partielles

$$(56)\qquad \sum_{i=0}^{i=n} \frac{\partial(M\alpha_i)}{\partial x_i} = 0.$$

On voit que pour $n = 1$ on retombe bien sur le multiplicateur d'Euler.

Ici encore le quotient de deux multiplicateurs est une intégrale première, et l'équation $\frac{1}{M} = 0$ est vérifiée par les *solutions singulières* du système (II 15, **23**).

---

86) La théorie en est exposée, avec ses applications, J. reine angew. Math. 27 (1844), p. 199; 29 (1845), p. 213, 333; Werke[81]) 4, p. 319; Vorles. über Dynamik[81]), p. 90 (leçons 12 et suiv.).

87) Sur les *déterminants fonctionnels* $\frac{\partial(z_1, \ldots, z_m)}{\partial(x_1, \ldots, x_m)}$ voir I 9, n° **73**

Si l'on transforme le système par un changement de variables, en introduisant à la place de $x_0, x_1, \ldots, x_n$ de nouvelles variables $y_0, y_1, \ldots, y_n$, au multiplicateur M du système (53) correspond un multiplicateur du nouveau système, à savoir

$$N = M \cdot \frac{\partial(x_0, x_1, \ldots, x_n)}{\partial(y_0, y_1, \ldots, y_n)}. \tag{57}$$

Si k des $n+1$ variables $y_0, y_1, y_2, \ldots, y_n$ sont des intégrales premières du système donné, le système transformé se réduit à l'ordre $n-k$ et N est un multiplicateur du système réduit. Pour $k = n-1$ ce résultat conduit au théorème du *dernier multiplicateur*:

Si l'on connaît $n-1$ intégrales premières et un multiplicateur, la dernière intégrale se détermine par une quadrature.

Sous les mêmes hypothèses, en supposant de plus qu'une des variables ne figure pas explicitement dans les équations du système, ou bien déjà la $(n-1)^{\text{ième}}$ intégrale se détermine par une quadrature, ou bien la dernière s'obtient sans quadrature. Appliqué aux équations de la mécanique, ce dernier résultat fournit le *principe du dernier multiplicateur*.

Cette théorie a été appliquée par *C. G. J. Jacobi* au système linéaire (48) qui admet le multiplicateur

$$M = e^{-\int u\,dx}, \tag{58}$$

où

$$u = a_{11} + a_{22} + \cdots + a_{nn}.$$

C. G. J. Jacobi en a déduit aussi que l'équation

$$\frac{d^2y}{dx^2} + A(x)\frac{dy}{dx} + B(x, y) = 0 \tag{59}$$

s'intègre par une quadrature, dès qu'on en connaît une intégrale première. Mais les applications les plus importantes se rapportent aux *équations canoniques de W. R. Hamilton*

$$\frac{dx_i}{dt} = \frac{\partial H}{\partial y_i}, \quad \frac{dy_i}{dt} = -\frac{\partial H}{\partial x_i}, \qquad (i = 1, 2, \ldots, n), \tag{60}$$

où H est une fonction de $x_1, \ldots, x_n, y_1, \ldots, y_n$ et t, et qui admettent une constante comme multiplicateur. On sait en effet que ces équations comprennent comme cas particuliers les équations de la mécanique, celles auxquelles conduit le calcul des variations, et les équations des caractéristiques dans la théorie des équations aux dérivées partielles du premier ordre à une fonction inconnue[88]).

*Le système général (1) peut même être remplacé, comme l'a

88) Voir à ce sujet l'article II 21.

montré *J. Liouville*[89]), par un système canonique. Il suffit de prendre

$$H = \sum_{i=1}^{i=n} y_i \lambda_i(x, x_1, \ldots, x_n)$$

avec $x = t$.*

C. J. Malmsten[90]), en combinant la théorie précédente avec la méthode des changements de variables, a obtenu des résultats plus généraux de forme, dont il a fait de nombreuses applications, spécialement aux équations différentielles du troisième et du second ordre; et aussi aux équations du premier ordre, en appliquant la méthode de différentiation. Citons, entre autres, les équations

$$\frac{d\varphi(y, y')}{dx} = \psi(y, y') \text{ et } \frac{d\varphi(y, y')}{dx} = y''\psi(y, y'),$$

qui s'intègrent par quadratures, dès qu'on en connaît une intégrale première.

16. Méthodes de Lie. Intégration d'un système qui admet des transformations infinitésimales connues, ou un groupe dont les équations de définition sont connues. Étant donné le système (53), il peut arriver que, par suite de la nature du problème qui y conduit, ou de la forme des équations du système, on connaisse des transformations changeant ce système en lui-même et dépendant de constantes arbitraires; on en peut déduire, par différentiations, des transformations infinitésimales laissant ce système invariant. De là le problème, traité par *S. Lie*[91]): *intégrer le système* (53), *connaissant q transformations infinitésimales indépendantes*

$$X_k f = \sum_{i=0}^{n} \xi_{ki}(x_0, x_1, \ldots, x_n) \frac{\partial f}{\partial x_i} \qquad (k = 1, 2, \ldots, q) \tag{61}$$

qui laissent ce système invariant.

La condition pour que le système admette une transformation infinitésimale Xf est que, si z est une intégrale de l'équation $Af = 0$,

---

89) *J. Liouville* a donné et appliqué ce théorème dans des Leçons faites au Collége de France, en 1853 [J. math. pures appl. (2) 1 (1856), p. 345].*

90) Le mémoire de *C. J. Malmsten* a été publié d'abord en suédois *[K. Svenska Vetenskaps Acad. handlingar 3 (1859/60) mém. n° 2, éd. Stockholm 1862]*; il a paru ensuite en français [J. math. pures appl. (2) 7 (1862), p. 257/374]. *L'introduction au mémoire suédois a été publiée dès 1858 [Öfversigt Vetensk. Akad. förhandl. (Stockholm) 15 (1858), p. 387/93].* On trouvera d'autres applications de la théorie de *C. G. J. Jacobi* (entre autres) dans *M. A. Andrèevskij*, C. R. Acad. sc. Paris 68 (1869), p. 716 et *A. Winckler*, Sitzgsb. Akad. Wien 80 II (1879), p. 948.

91) Forhandlinger Videnskabs-Selskabet Christiania 1874, éd. 1875, p. 255; Math. Ann. 11 (1877), p. 464 [1876]; et surtout Math. Ann. 25 (1885), p. 71 [1884]; voir aussi *S. Lie*, Differentialgl.[25]), p. 434, 531, 542 (chap. 20, 24, 25).

Xz en soit une aussi; et par suite qu'il existe une identité de la forme

$$(62)\qquad (Xf, Af) = \varrho(x_0, x_1, \ldots, x_n) \cdot Af.$$

Si le système admet $X_1 f$ et $X_2 f$, il admet la transformation infinitésimale $(X_1 f, X_2 f)$. Enfin si l'on a une identité de la forme

$$(63)\qquad X_{r+j} f = \sum_{h=1}^{h=r} u_h(x_0, x_1, \ldots, x_n) X_h f + \sigma(x_0, x_1, \ldots, x_n) Af,$$

$X_1 f, \ldots, X_r f, Af$ n'étant liés par aucune relation linéaire homogène, chacune des fonctions u_h est ou une constante ou une intégrale de $Af = 0$. En se servant de ces remarques on pourra, dans certains cas, augmenter le nombre q des transformations infinitésimales connues, qui laissent le système invariant; et obtenir, sans intégration, un certain nombre d'intégrales premières, au moyen desquelles on abaissera l'ordre du système. De plus, si Xf laisse le système invariant, il en est de même, quel que soit $\tau(x_0, x_1, \ldots, x_n)$, de

$$Xf + \tau(x_0, x_1, \ldots, x_n) Af;$$

d'où l'on conclut que l'on peut supposer que le terme en $\frac{\partial f}{\partial x_0}$ manque dans chacun des $X_k f$.

Toutes ces simplifications effectuées, on est ramené à un problème analogue au problème primitif, mais pour lequel les transformations infinitésimales forment un groupe continu fini (G) dont l'ordre est au plus égal à l'ordre du système. Nous pouvons donc supposer qu'il en soit ainsi pour les $X_k f$ et que de plus les équations

$$Af = 0, \quad X_1 f = 0, \quad \ldots, \quad X_q f = 0$$

soient indépendantes. Alors, si $q < n$, on détermine les $n - q$ intégrales du système complet (II 21)

$$Af = 0, \quad X_1 f = 0, \quad \ldots, \quad X_q f = 0,$$

ce qui nécessite l'intégration préliminaire d'un système ordinaire d'ordre $n - q$; et en abaissant l'ordre de Af au moyen de ces intégrales premières on retombe sur le cas où l'ordre du groupe est égal à l'ordre du système. Nous supposons donc $q = n$.

Dans ce cas, on a d'abord ce théorème que le déterminant

$$\Delta = \begin{vmatrix} \alpha_0, & \alpha_1, \ldots, & \alpha_n \\ \xi_{10}, & \xi_{11}, \ldots, & \xi_{1n} \\ \xi_{n0}, & \xi_{n1}, \ldots, & \xi_{nn} \end{vmatrix},$$

qui n'est pas identiquement nul, est l'inverse d'un multiplicateur de Jacobi du système. Mais on peut tirer de l'hypothèse un parti bien plus avantageux: *si le groupe (G) n'est pas un groupe simple, on peut ramener le problème à une série de problèmes de la même nature, où* *figurent des systèmes d'ordre moindre et des groupes simples; si le groupe (G) est simple, l'intégration du système équivaut à celle d'un système auxiliaire appartenant à une classe particulière, qui se définit au moyen de la structure de ce groupe.*

S. Lie a établi d'abord ces résultats en supposant connues les équations finies du groupe (G).

Soit, à cet effet, (G_1) un sous-groupe invariant maximé de (G) et soit n_1 son ordre; on introduit comme variables nouvelles $\nu_1 = n - n_1$ invariants indépendants de ce groupe (G_1); ils sont définis, comme fonctions de la variable indépendante (x_0 par exemple), par un système d'ordre ν_1 admettant un groupe simple, qu'on peut représenter[92]) par $\left(\frac{G}{G_1}\right)$. Ce système intégré, on se sert de ses intégrales premières pour abaisser l'ordre du système (53), qui se réduit ainsi à un système d'ordre n_1 admettant un groupe holoédriquement isomorphe à (G_1), et sur lequel on opérera de même. Si donc on a une décomposition normale (G), (G_1), (G_2), …, (G_m) de (G), si n_k est l'ordre de G_k, et si l'on pose $n_{k-1} - n_k = \nu_k$, on sera ramené à intégrer une série de systèmes auxiliaires d'ordres $\nu_1, \nu_2, \ldots, \nu_m$, le $k^{\text{ième}}$ de ces systèmes admettant (pour $k = 1, 2, \ldots, m$) un groupe d'ordre ν_k et de structure $\left(\frac{G_{k-1}}{G_k}\right)$, tel que le déterminant analogue à Δ soit différent de zéro. On démontre que toutes les décompositions normales de (G) fournissent les mêmes nombres ν_k (à l'ordre près) et les mêmes structures (II 23) de groupes simples auxiliaires[93]).

La nature des systèmes auxiliaires ressort plus facilement d'une autre méthode, dont le principe est dû à *E. Vessiot*[94]) et qui a de plus l'avantage de ne faire intervenir que les transformations infinitésimales de (G). Soient

$$X_{\nu_1+1}f,\ X_{\nu_1+2}f,\ \ldots,\ X_n f$$

---

92) On peut réduire l'ordre de ce système auxiliaire en introduisant, au lieu des invariants de G_1, ceux d'un sous-groupe maximum de G contenant G_1. Des intégrales premières ainsi définies se déduisent par différentiation toutes celles que fournissait le système auxiliaire donné dans le texte. Voir *S. Lie*, Math. Ann. 25 (1885), p. 71 [1884].

93) *Le fait de l'invariance des nombres ν_k a été signalé par *S. Lie*; cf. *S. Lie* et *F. Engel*, Theorie der Transformationsgruppen 3, Leipzig 1893, p. 704, 765. La première démonstration de ce fait est due à *E. Vessiot*, Thèse, Paris 1892, p. 7. En ce qui concerne les structures le théorème est dû à *F. Engel*. On a un théorème analogue si l'on fait intervenir des suites de sous-groupes, tels que chacun d'eux soit un sous-groupe maximé du précédent *invariant* dans G. Voir *A. Loewy*, Ber. Ges. Lpz. 54 (1902), math. p. 12.*

94) Ann. Fac. sc. Toulouse (1) 8 (1894), mém. n° 8, p. 29. Cf. *S. Lie*, Differentialgl.[25]), p. 554, 568.

celles de (G_1); on a des identités

$$(64) \qquad (X_i, X_k) = \sum_{s=1}^{\nu_1} c_{i,k,s} X_s + \sum_{j=1}^{n_1} c'_{i,k,j} X_{\nu_1+j} \quad (i, k = 1, 2, \ldots, \nu_1),$$

où les constantes $c_{i,k,s}$ définissent la structure de groupe simple $\left(\frac{G}{G_1}\right)$. Soit

$$(65) \qquad Y_k f = \sum_{l=1}^{p} \eta_{k,l}(y_1, \ldots, y_p) \frac{\partial f}{\partial H} \quad (k = 1, 2, \ldots, \nu_1)$$

un groupe quelconque (γ_1) de cette structure, de sorte que l'on ait

$$(Y_i, Y_k) = \sum_{s=1}^{\nu_1} c_{i,k,s} Y_s;$$

et considérons le système complet

$$(66) \quad Af = 0,\ X_1 f + Y_1 f = 0, \ldots, X_{\nu_1} f + Y_{\nu_1} f = 0,\ X_{\nu_1+1} f = 0, \ldots, X_n f = 0.$$

Si on l'intègre, on obtiendra p intégrales de l'équation $Af = 0$; comme elles contiennent les arbitraires $y_1, \ldots, y_p$, on démontre qu'elles donnent, quel que soit p, ν_1 intégrales premières indépendantes de l'équation $Af = 0$; on s'en servira pour abaisser l'ordre de (S_1), en les introduisant comme variables nouvelles, et ce même changement de variables réduira le groupe (G_1) à ne dépendre, comme le système transformé, que des n_1 autres variables conservées. Ainsi se trouve effectuée la première réduction du groupe et l'on peut évidemment continuer de même. Si de plus on intègre le système complet précédent par la méthode (II 23) de *A. Mayer*, on est ramené à une équation unique de la forme

$$(67) \qquad \frac{\partial f}{\partial t} + \sum_{k=1}^{\nu_1} \theta_k(t) \cdot Y_k f = 0,$$

équivalente à un système

$$(68) \qquad \frac{d y_l}{d t} = \sum_{k=1}^{\nu_1} \theta_k(t) \cdot \eta_{k,l}(y_1, \ldots, y_p), \quad (l = 1, 2, \ldots, p),$$

ce qui est la forme annoncée pour les systèmes auxiliaires; ce système auxiliaire sera d'ordre minimé, si on prend pour (γ_1) un groupe de la structure indiquée, avec le nombre minimé de variables; on aura alors le type canonique de système auxiliaire correspondant à la structure $\left(\frac{G}{G_1}\right)$.

A un autre point de vue, on peut toujours prendre pour (γ_1) un groupe linéaire, par exemple le groupe adjoint de la structure $\left(\frac{G}{G_1}\right)$;

d'où cette conséquence fondamentale que *l'application de la théorie précédente de S. Lie peut être dirigée de manière que tous les systèmes auxiliaires soient linéaires.* Enfin, l'intégration se fait entièrement par quadratures si l'on a $\nu_1 = \nu_2 = \cdots = \nu_m = s$, c'est-à-dire si le groupe est *intégrable*[95]).

Dans plusieurs cas, que la structure du groupe (G) indique, certaines intégrations exigées par la méthode, au lieu d'être superposées, seront indépendantes les unes des autres[96]).

E. Cartan[97]) a traité les problèmes de la théorie des groupes, de la solution desquels dépend l'application de la méthode de Lie: détermination et propriétés des suites normales de sous-groupes; réduction de la structure d'un groupe à une forme canonique; détermination des systèmes auxiliaires les plus simples.

*On peut ramener au problème précédent l'intégration d'un système (1) qui reste invariant par les transformations d'un groupe continu fini (G) dont les équations de définition sont seules connues: on cherchera pour cela d'abord les équations finies ou les transformations infinitésimales de (G).

S. Lie a donné, pour résoudre ces nouveaux problèmes, des méthodes qui conduisent à intégrer des systèmes complets admettant des transformations infinitésimales connues[98]). Les équations dont

---

95) *S. Lie*, Math. Ann. 25 (1885), p. 71 [1884]: la réduction à des systèmes linéaires y est donnée pour des classes étendues de systèmes auxiliaires. *S. Lie* a affirmé maintes fois que sa théorie fournit toutes les simplifications *résultant des hypothèses faites:* il n'en a pas publié de démonstration complète. Sur ce point, voir par ex. Ber. Ges. Lpz. 47 (1895), math. p. 261 [1894]; 47 (1895), math. p. 400, 494. On y trouve (p. 506), dans un cas particulier, la démonstration de l'affirmation de *S. Lie*. Cf. *G. Scheffers*, Jahresb. deutsch. Math.-Ver. 12 (1903), p. 525.

96) **N. N. Saltykov* réduit plusieurs quadratures indépendantes à une seule: mais la réduction est purement formelle et n'est qu'apparente [Otčjët i protokoly fiziko-matematičeskago obščestva pri imperatorskom Kievskom universitetě (Travaux de la société physico-mathématique de l'université impériale de Kiev) 1904/5, n° 10, p. 49/62; J. math. pures appl. (6) 1 (1905), p. 53/76; voir le compte rendu de ce dernier article: Jahrb. Fortsch. Math. 36 (1905), éd. 1908, p. 408]. Le fait que l'on peut remplacer plusieurs quadratures indépendantes par une seule a été, du reste, remarqué par *S. Lie* [Forhandlinger Videnskabs-Selskabet Christiania 1874, éd. 1875, p. 33 (note 1).*

97) Thèse, Paris 1894; et surtout: Amer. J. math. 18 (1896), p. 1.

98) *Math. Ann. 25 (1885), p. 120, 149. Voir aussi: Ber. Ges. Lpz. 45 (1895), math. p. 282 (note 1); p. 283 (note 1). Cf. *E. Vessiot*, Ann. Fac. sc. Toulouse (1) 8 (1894), mém. n° 8; (1) 10 (1896), mém. n° 3; C. R. Acad. sc. Paris 125 (1897), p. 1019/20.*

dépend la détermination des transformations infinitésimales sont, du reste, des équations linéaires ordinaires.

Des méthodes, qui s'appliquent encore si l'on remplace le système (1) ou l'équation (3) par un système quelconque d'équations aux dérivées partielles, ont été données, pour le cas où (G) est infini aussi bien que pour le cas où (G) est fini, par *S. Lie*[99]) et par *E. Vessiot*[100]). La méthode de *E. Vessiot* fait intervenir des systèmes automorphes (nº **35**) comme systèmes auxiliaires.*

17. Introduction d'un groupe à un paramètre associé au système. Invariants. Systèmes invariants. Invariants intégraux. *Il est impossible de séparer le problème de l'intégration du système (53) de la considération de la transformation infinitésimale ou du groupe à un paramètre dont le symbole est Af.

Le problème de l'intégration équivaut à la détermination des *trajectoires* de Af. Les intégrales de $Af=0$ sont les *invariants* de Af.

La détermination des équations finies du groupe Af dépend de l'intégration du système

$$\frac{dx_0}{dt}=\alpha_0(x_0,x_1,\ldots,x_n),\ \frac{dx_1}{dt}=\alpha_1(x_0,x_1,\ldots,x_n),\ \ldots,\ \frac{dx_n}{dt}=\alpha_n(x_0,x_1,\ldots,x_n).$$

Elle équivaut à l'intégration du système (53), à une quadrature près que l'on évite si l'on prend Af sous la forme Lf [équation (3)].*

On peut, de plus, introduire, dans la théorie de l'intégration du système (53), la considération des équations ou systèmes d'équations invariants par Af [cf. nº **19**], des invariants différentiels de Af, des équations différentielles ou des systèmes différentiels invariants par Af (cf. nº **44**), enfin celle des invariants intégraux de Af.

*Le procédé d'abaissement classique, quand on connaît des intégrales premières (nº **14**), s'interprète géométriquement par le fait que l'on connaît alors des variétés qui sont invariantes par Af, et, par suite, engendrées par des trajectoires de Af; et l'on cherche alors les trajectoires qui se trouvent sur ces variétés connues.

La même interprétation montre comment on peut tirer parti de variétés invariantes quelconques pour déterminer au moins des solutions particulières du système (53) par des opérations plus simples que la recherche de l'intégrale générale[101]).*

---

99) *Ber. Ges. Lpz. 47 (1895), math. p. 112; voir aussi id. p. 262.*

100) *Acta math. 28 (1904), p. 307.*

101) *Sur toutes ces généralités, voir *S. Lie*, Forhandlinger Videnskabs-Selskabet Christiania 1872, éd. 1873, p. 132; Math. Ann. 11 (1877), p. 534. Voir aussi *S. Lie* et *F. Engel*, Theorie der Transformationsgruppen 1, Leipzig 1888, p. 95, 107 (chap. 6 et 7).*

L'utilisation des invariants intégraux, qui se présentent en hydrodynamique et en mécanique céleste, a été particulièrement étudiée.

Un invariant intégral de Af, ou, par abréviation, du système (53) est une intégrale simple ou multiple, de la forme

$$(69)\qquad J=\int\int\ldots\int \Phi\left(x_0, x_1, \ldots, x_n, \frac{\partial x_k}{\partial x_0}, \ldots, \frac{\partial x_n}{\partial x_{k-1}}, \frac{\partial^2 x_k}{\partial x_0^2}, \ldots\right)\cdot dx_0\, dx_1 \ldots dx_{k-1},$$

qui demeure constante par toutes les transformations du groupe à un paramètre dont Af est le symbole. J est appelé un invariant d'ordre k, si c'est une intégrale k-uple. *On dit que c'est un *invariant relatif* s'il ne demeure constant par les transformations du groupe Af, que lorsque l'intégration s'étend à une variété fermée quelconque.*

L'intérêt que présentent, pour l'intégration de $Af=0$, ces invariants intégraux a été mis en évidence par *H. Poincaré*[102]), qui a surtout étudié les invariants intégraux du premier ordre et entiers par rapport aux dérivées, et en a fait des applications importantes aux équations de la mécanique céleste. Ces applications sortent de notre sujet, mais nous citerons, parmi les résultats formels obtenus par *H. Poincaré*, les suivants:

Si

$$(70)\qquad J=\int\sum_{k=0}^{k=n}\beta_k(x_0, x_1, \ldots, x_n)\,dx_k$$

est un invariant intégral, la fonction

$$\sum_{k=0}^{k=n}\alpha_k\beta_k$$

est une intégrale première. Pour que

$$J=\int\int\ldots\int M(x_0, x_1, \ldots, x_n)\,dx_0\,dx_1\ldots dx_n$$

soit un invariant intégral, il faut et il suffit que M soit, pour Af, un multiplicateur de Jacobi.

Si l'on connaît un invariant relatif d'ordre k, on peut en déduire, par des différentiations, un invariant absolu d'ordre $k+1$. De deux invariants absolus d'ordres p et q on peut en déduire un autre d'ordre $p+q$.

G. Koenigs[103]) a étudié le rapport qu'il y a entre l'existence d'un invariant intégral de la forme (70) et la réductibilité du système (53) à un système canonique par une transformation ponctuelle. Les

102) Acta math. 13 (1890), p. 46; Méthodes nouvelles de la mécanique céleste 3, Paris 1899, p. 1.

103) C. R. Acad. sc. Paris 121 (1895), p. 875.

résultats de *G. Koenigs* avaient été précédemment donnés, sous une forme équivalente, par *S. Lie*[104]), qui a montré depuis[105]) comment sa théorie des invariants différentiels donne la clef de la recherche générale des invariants intégraux d'un groupe continu quelconque[106]).

S. Lie montre également comment on peut traiter systématiquent l'intégration de $Af = 0$ connaissant un invariant intégral J de Af. On cherchera d'abord le groupe de toutes les transformations qui laissent invariant à la fois Af et J; on est alors ramené à *trouver les trajectoires d'une transformation infinitésimale appartenant à un groupe connu*, problème auquel *S. Lie* a ramené de nombreux problèmes d'intégration, et qu'il a traité d'une manière approfondie[107]).

Parmi les cas particuliers traités en détail par *S. Lie*, citons celui d'un système du deuxième ordre, pour lequel on connaît un invariant double, d'ordre 1: on obtient alors soit un multiplicateur de Jacobi, soit un multiplicateur et la détermination de la première intégrale par une équation du premier ordre, soit un multiplicateur et une intégrale[108]).

**Th. de Donder*[109]) a donné une exposition des recherches de *H. Poincaré* et de *G. Koenigs* et y a ajouté quelques résultats nouveaux, relatifs notamment aux systèmes canoniques et aux équations de Lagrange pour les problèmes de dynamique, et aux équations linéaires; il introduit aussi la notion de *covariant intégral.*

A. Guldberg[110]) introduit les *paramètres intégraux,* analogues aux paramètres différentiels.

E. Goursat[111]) montre que la connaissance d'un invariant intégral relatif (70) permet, soit de former une combinaison intégrable des équations (53), soit d'en trouver un multiplicateur, soit d'obtenir un système complet dont les intégrales sont en nombre inférieur à n et sont toutes des intégrales premières du système donné.*

---

104) Archiv for Math. og Naturvidenskab 2 (1877), p. 129.

105) Ber. Ges. Lpz. 49 (1897), math. p. 342, 369.

106) Diverses recherches sur les invariants intégraux ont été publiées par *K. Zorawski*, Rozprawy Akad. Umiejętności (Cracovie) (2) 8 (1895), p. 232; *E. Cartan*, Bull. Soc. math. France 24 (1896), p. 140; *A. Hurwitz*, Nachr. Ges. Gött. 1897, p. 71.

107) *Ber. Ges. Lpz. 49 (1897), math. p. 401; 47 (1895), math. p. 261. Cf. n° **35**.*

108) *Dans un mém. posth. [Skrifter Videnskabsselskabet Christiania 1902, mém. n° 1] *S. Lie* a traité en détail un autre problème particulier.*

109) *Rend. Circ. mat. Palermo 15 (1901), p. 66; 16 (1902), p. 155; C. R. Acad. sc. Paris 133 (1901), p. 453.*

110) *C. R. Acad. sc. Paris 134 (1902), p. 81.*

111) *Id. 144 (1907), p. 1206.*

18. Équations aux variations. Rapprochements entre les théories précédentes. *H. Poincaré*[112]) a rattaché la recherche des invariants intégraux d'un système (1) à la considération du *système aux variations*, que l'on peut associer à ce système: c'est le système linéaire

$$\frac{d\varepsilon_k}{dx} = \sum_{i=1}^{i=n} \frac{\partial \lambda_k}{\partial x_i} \varepsilon_i \qquad (k = 1, 2, \ldots, n) \tag{71}$$

qui définit les variations premières

$$\delta x_1 = \varepsilon_1(x)\delta t, \ \delta x_2 = \varepsilon_2(x)\delta t, \ \ldots, \ \delta x_n = \varepsilon_n(x)\delta t$$

que l'on peut faire subir à une solution particulière quelconque du système (1),

$$x_1 = x_1(x), \ x_2 = x_2(x), \ \ldots, \ x_n = x_n(x),$$

en supposant, pour simplifier, $\delta x = 0$.

Ce système avait été déjà considéré par *C. G. J. Jacobi*[113]), qui donne, à son égard, le théorème suivant: si l'on suppose, dans les équations (63), $x_1, x_2, \ldots, x_n$ remplacées par la solution générale de (1),

$$x_1 = \theta_1(x \mid a_1, \ldots a_n), \ \ldots, \ x_n = \theta_n(x \mid a_1, \ldots a_n),$$

la solution générale de ces équations (71) est

$$\varepsilon_k = \sum_{h=1}^{h=n} c_k \frac{\partial \theta_k}{\partial a_h} \qquad (k = 1, 2, \ldots, n), \tag{72}$$

où $c_1, c_2, \ldots, c_n$ sont les constantes arbitraires d'intégration[114]).

Ce système aux variations, dont les applications ont trait surtout à la mécanique, est étroitement lié à la recherche des transfor mations infinitésimales de la forme

$$Xf = \sum_{k=1}^{k=n} \xi_k(x, x_1, \ldots, x_n) \frac{\partial f}{\partial x_n} \tag{73}$$

qui laissent invariant le système (1). En effet, si l'on a une telle transformation infinitésimale, il suffit de poser

$$\varepsilon_k = \xi_k(x, x_1(x), \ldots, x_n(x)) \qquad (k = 1, 2, \ldots, n)$$

pour en déduire, pour chaque solution de (1), une solution corres-

112) Méthodes nouvelles de la mécanique céleste 1, Paris 1892, p. 162 (chap. 4); 3, Paris 1899, p. 1 (chap. 22).

113) Vorlesungen über Dynamik rédigées par *A. Clebsch* (leçon 12); Werke, Supplementband, Berlin 1866, p. 90 [1842/3]. Voir aussi *J. A. Serret*, Calcul diff.[33]), (5e éd.) 2, p. 568.

114) *La notion de système aux variations a été étendue aux systèmes différentiels quelconques, sous le nom d'équation auxiliaire, par *G. Darboux*, C. R. Acad. sc. Paris 96 (1883), p. 766; Théorie des surfaces[41]) 4, p. 505. Cf. *E. Goursat*, Ann. Ec. Norm. (3) 23 (1906), p. 429.*

pondante pour (71). Et d'autre part, si l'on a n intégrales premières du système composé de (1) et de (71), qui soient des fonctions de $\varepsilon_1, \varepsilon_2, \ldots, \varepsilon_n$ indépendantes, en les égalant à des constantes arbitraires $\omega_1, \omega_2, \ldots, \omega_n$ on en tirera des équations

$$\varepsilon_k = \xi_k(x, x_1, \ldots, x_n \,|\, \omega_1, \omega_2, \ldots, \omega_n), \tag{74}$$

dont les seconds membres fournissent la valeur la plus générale de Xf, en y remplaçant $\omega_1, \omega_2, \ldots, \omega_n$ par n intégrales quelconques du système (1), ces intégrales pouvant être, en particulier, des constantes.

$_*$J. Le Roux[115]) a repris cette comparaison entre le point de vue des variations et celui des transformations infinitésimales. Il remarque que les ξ_k sont définis par les équations

$$L\xi_k = \sum_{h=1}^{h=n} \frac{\partial \lambda_k}{\partial x_h} \xi_h \qquad (k = 1, 2, \ldots, n) \tag{75}$$

tandis qu'un système de multiplicateurs (n° **14**) satisfait au système

$$L\mu_h + \sum_{k=1}^{k=n} \frac{\partial \lambda_k}{\partial x_h} \mu_k = 0 \qquad (h = 1, 2, \ldots, n), \tag{76}$$

en même temps qu'aux équations

$$\frac{\partial \mu_h}{\partial x_k} - \frac{\partial \mu_k}{\partial x_h} = 0 \qquad (h, k = 1, 2, \ldots, n). \tag{77}$$

Les systèmes (75) et (76) ont une analogie avec les systèmes linéaires adjoints de *C. G. J. Jacobi* (n° **14**). On les ramène à de tels systèmes en prenant comme variables indépendantes, à la place de $x_1, x_2, \ldots, x_n$, un système fondamental d'intégrales $z_1, z_2, \ldots, z_n$ de l'équation (3).

J. Le Roux rattache aussi à la résolution de ces systèmes la recherche des invariants intégraux.*

$_*$N. N. Saltykov[116]) a montré que, si dans un système de multiplicateurs $\mu_1, \mu_2, \ldots, \mu_n$ on remplace $x_1, x_2, \ldots, x_n$ par une solution du système (1), les fonctions $y_1, y_2, \ldots, y_n$ de x ainsi obtenues constituent avec $x_1, x_2, \ldots, x_n$ une solution du système canonique de Liouville (n° **15**); et les fonctions $\xi_1, \xi_2, \ldots, \xi_n$ qui donnent une transformation infinitésimale (73) peuvent être caractérisées par cette condition que

$$\xi_1 y_1 + \xi_2 y_2 + \cdots + \xi_n y_n$$

soit une intégrale première du système de Liouville.*

115) $_*$Travaux scientifiques de l'Université de Rennes 4 (1905), p. 242; 6 (1907), p. 113; Bulletin de la Société scientifique et médicale de l'Ouest 16 (1907), mém. n° 1.*

116) $_*$J. math. pures appl. (6) 1 (1905), p. 53.*

*Ce dernier fait, comme l'introduction même du système canonique de Liouville, résulte encore de ce qu'on peut, avec *S. Lie*, considérer une transformation infinitésimale Af ou Xf comme une transformation de contact infinitésimale, et employer les fonctions caractéristiques correspondantes, ainsi que les résultats de la théorie des équations aux dérivées partielles du premier ordre non linéaires[117]).*

*P. A. *Schiff*[118]) considère, sous le nom de *coefficients intégraux*, les mineurs déduits du tableau des dérivées de p intégrales

$$z_1, z_2, \ldots, z_p$$

de (3). Il en rattache la théorie à celle du multiplicateur de Jacobi, à celle du système aux variations et à celle des invariants intégraux.

A. Buhl[119]) a donné, pour la transformation infinitésimale Xf la plus générale satisfaisant à la condition

$$(Xf, Af) = 0,$$

une formule où intervient le multiplicateur de Jacobi.

C. Popovici[120]) a étudié le cas plus particulier où l'on a deux équations de la forme (3), telles que les coefficients de chacune d'elles soient des intégrales de l'autre.*

19. Recherche et usage des intégrales particulières. *G. *Darboux*[121]) a étendu aux systèmes d'équations sa méthode des intégrales particulières algébriques.

Une intégrale particulière est ici une équation

$$U(x_1, x_2, \ldots, x_n) = 0$$

qui est invariante par la transformation infinitésimale Af.

Supposons que les coefficients de Af soient des polynomes de degré m et que U soit un polynome: la condition qui exprime l'invariance de $U = 0$ est qu'il existe une identité de la forme

$$A(U) = K \cdot U,$$

K étant un polynome de degré $m - 1$. Supposons-la remplie pour p polynomes $U_1, U_2, \ldots, U_p$ et désignons par M le nombre

$$M = \frac{m(m+1)\cdots(m+n)}{1\cdot 2\cdots(n+1)}.*$$

117) *Voir, dans cet ordre d'idées, *P. Appell*, C. R. Acad. sc. Paris 133 (1901), p. 317.*

118) *Math. Sbornik [recueil Soc. math. Moscou] 25 (1904/5), p. 438/65.*

119) *C. R. Acad. sc. Paris 145 (1907), p. 1134. La même formule est énoncée aussi par *N. N. Saltykov*, id. p. 1260.*

120) *C. R. Acad. sc. Paris 144 (1907), p. 830; Bull. Soc. math. France 35 (1907), p. 133.*

121) *C. R. Acad. sc. Paris 86 (1878), p. 1012.*

*Si $p = M$, on obtient un multiplicateur de Jacobi; si $p = M + r$, on obtient un multiplicateur et r intégrales premières; si $p = M + n$ on obtient l'intégrale générale et chacune des intégrales de $Af = 0$ qui la constituent est de la forme (25). Si, de plus, pour chaque indice $k = 1, 2, \ldots, p$, on désigne par h_k le degré de U_k, on a l'inégalité

$$m \leqq h_1 + h_2 + \cdots + h_p - n,$$

qui limite le nombre des types de systèmes intégrables par cette méthode, pour une valeur donnée de m.

G. Darboux remarque encore que la méthode peut s'étendre au cas où $x_0, x_1, \ldots, x_n$ sont supposés liés par une équation algébrique, c'est-à-dire au cas des systèmes algébriques en $x_0, x_1, \ldots, x_n$.

T. Levi-Civita[122]) a examiné le cas où l'on connait des systèmes d'équations invariants par Af. Il a donné le moyen d'en déduire, dans certains cas, d'autres systèmes invariants par des différentiations.*

Équations d'ordre n.

20. Multiplicateur d'Euler. La méthode la plus générale pour intégrer l'équation d'ordre n

$$\frac{d^n y}{dx^n} = F\left(x, y, \frac{dy}{dx}, \ldots, \frac{d^{n-1}y}{dx^{n-1}}\right) \tag{78}$$

consiste à en chercher une intégrale première, que l'on traitera de même, et ainsi de suite.

Pour la recherche de cette intégrale première, on part de la détermination des conditions sous lesquelles une fonction différentielle d'ordre n

$$V\left(x, y, \frac{dy}{dx}, \ldots, \frac{d^n y}{dx^n}\right)$$

est la dérivée *totale*[123]) d'une fonction différentielle d'ordre $n-1$

$$W\left(x, y, \frac{dy}{dx}, \ldots, \frac{d^{n-1}y}{dx^{n-1}}\right).$$

---

122) *Atti R. Accad. Lincei *Rendic.* (5) 10 I (1901), p. 3/9, 35/41; (5) 14 I 1905), p. 203/9. Voir, pour le cas des équations canoniques, *P. Burgatti*, id. 5) 11 I (1902), p. 309.*

123) *Déjà avant 1700, *Jean Bernoulli* avait trouvé de cette manière l'intégrale de l'équation

$$\frac{d^n y}{dx^n} = a_0 y + a_1 x \frac{dy}{dx} + \cdots + a_{n-1} x^{n-1} \frac{d^{n-1}y}{dx^{n-1}}.$$

Voir la lettre de *Jean Bernoulli* à *L. Euler* datée du 16 avril 1740 [Bibl. math. (3) 6 (1905), p. 55]; voir aussi Comm. Acad. Petrop. 13 (1741/3), éd. 1751, p. 61/3 (Note de *G. Eneström*).*

Ces conditions s'obtiennent en écrivant que l'on a identiquement

$$(79)\qquad \frac{\partial V}{\partial y}-\frac{d}{dx}\left(\frac{\partial V}{\partial y'}\right)\cdots+(-1)^n\frac{d^n}{dx^n}\left(\frac{\partial V}{\partial y^{(n)}}\right)=0\qquad\left(y^{(k)}=\frac{d^k y}{dx^k}\right).$$

Elles ont été obtenues incidemment par *L. Euler*[124]) dans ses recherches sur le calcul des variations, et établies, depuis, directement, par de nombreux auteurs[125]). Si elles sont remplies, W s'obtient par une quadrature: l'une d'elles est que V soit du premier degré en $y^{(n)}$.

Cela posé, supposons l'équation (78) donnée sous la forme un peu plus générale

$$(80)\quad F(x,y,y',\dots,y^{(n)})=A(x,y,y',\dots,y^{(n-1)})\cdot y^{(n)}+B(x,y,y',\dots,y^{(n-1)})=0.$$

La méthode consiste alors à chercher un *multiplicateur*

$$M(x,\,y,\,y',\,\dots,\,y^{(n-1)})$$

tel que le produit $MF=V$ satisfasse aux conditions précédentes. Si alors $V=\frac{dW}{dx}$, l'intégrale première cherchée est $W=\alpha$. Les équations aux dérivées partielles définissant M sont compliquées. *L. Euler*[126]) en a fait néanmoins quelques applications à des équations particulières du second ordre.

La plus intéressante est celle qui a trait aux équations linéaires et qui, généralisée pour l'équation d'ordre n, a conduit *J. L. Lagrange* à

---

124) *A la fin d'un mémoire sur le calcul des variations, *L. Euler* [Novi Comm. Acad. Petrop. 10 (1764), éd. 1766, p. 184] a indiqué sans démonstration que l'équation différentielle

$$M+N\frac{dy}{dx}+P\frac{d^2y}{dx^2}+Q\frac{d^3y}{dx^3}+\cdots=0$$

est immédiatement intégrable, si l'on a identiquement

$$N-\frac{dP}{dx}+\frac{d^2Q}{dx^2}-\cdots=0$$

(Note de *G. Eneström*).*

Ce théorème, démontré par *L. Euler* [Institutiones calculi integralis 3, St Pétersbourg 1770, p. 517/8] a été le point de départ des recherches de *A. J. Lexell*[125]).

J. de Condorcet [Du calcul intégral, Paris 1765, p. 75] a trouvé le même théorème indépendamment de *L. Euler*.

125) *A. J. Lexell*, Novi Comm. Acad. Petrop. 15 (1770), éd. 1771, p. 127; 16 (1771), éd. 1772, p. 171; *J. L. Lagrange*, Leçons sur le calcul des fonctions[73]) (2e éd.), p. 401; Œuvres 10, p. 364; *J. Bertrand*, J. Ec. polyt. (1) cah. 28 (1841), p. 364; *J. L. Raabe*, J. reine angew. Math. 31 (1846), p. 181; *F. Joachimsthal*, id. 33 (1846), p. 95; *E. Stoffel et D. Bach*, J. math. pures appl. (2) 7 (1862), p. 49; *A. Winckler*, Sitzgsb. Akad. Wien 88 II^a (1883), p. 820.

126) *Nova Acta Acad. Petrop. 11 (1793), éd. 1798, p. 3 [1777]. Deux chapitres de son calcul intégral [Inst. calculi integralis 2, St Pétersbourg 1769, p. 118/81] sont consacrés à des recherches sur les multiplicateurs intégrants d'équations du second ordre (Note de *G. Eneström*).*

la notion d'*équation adjointe*[127]). Soit, en effet, l'équation linéaire

$$(81)\qquad p_0(x)\frac{d^n y}{dx^n}+p_1(x)\frac{d^{n-1}y}{dx^{n-1}}+\cdots+p_n(x)y=0,$$

et cherchons-lui un *multiplicateur d'Euler*, fonction de x seul: ce multiplicateur z sera défini par la nouvelle équation linéaire

$$(82)\qquad p_n z-\frac{d}{dx}(p_{n-1}z)+\cdots+(-1)^n\frac{d^n}{dx^n}(p_0 z)=0$$

qui est, par définition, l'*adjointe de Lagrange* de la première (n° **30**).

On peut remarquer que la méthode d'Euler n'est qu'une application particulière de la méthode des systèmes de multiplicateurs (n° **14**). Cela tient à ce que si

$$V=\frac{dU}{dx}$$

et si l'on pose, pour abréger,

$$dV=Xdx+Ydy+Y'dy'+\cdots+Y^{(n)}dy^{(n)},$$

l'expression

$$Vdx+Y^{(n)}(dy^{(n-1)}-y^{(n)}dx)+\left[Y^{(n-1)}-\frac{dY^{(n)}}{dx}\right](dy^{(n-2)}-y^{(n-1)}dx)+\cdots$$
$$+\left[Y'-\frac{dY''}{dx}+\frac{d^2Y'''}{dx^2}-\cdots\right](dy-y'dx)$$

est une différentielle totale exacte par rapport à $x, y, y', \ldots, y^{(n-1)}$ considérées comme variables indépendantes[128]): d'où l'on conclut immédiatement que tout multiplicateur d'Euler pour $F=0$ équivaut à un système de multiplicateurs du système équivalent

$$(83)\quad Ady^{(n-1)}+Bdx=0,\quad dy^{(n-2)}-y^{(n-1)}dx=0,\ \ldots,\ dy-y'dx=0.$$

**J. Le Roux*[129]) remarque que, si l'on pose

$$F(x, y, y', \ldots, y^{(n-1)})=-G,$$

puis

$$Lf=\frac{\partial f}{\partial x}+y'\frac{\partial f}{\partial y}+y''\frac{\partial f}{\partial y'}+\cdots+y^{(n-1)}\frac{\partial f}{\partial y^{n-2}}+G\frac{\partial f}{\partial y^{n-1}},$$

un multiplicateur W de $y^{(n)}+G$ est défini par l'équation

$$(84)\quad X^{(n)}W-X^{(n-1)}\Big(W\frac{\partial f}{\partial y^{(n-1)}}\Big)+X^{n-2}\Big(W\frac{\partial f}{\partial y^{(n-2)}}\Big)-\cdots+(-1)^n X\Big(W\frac{\partial f}{\partial y}\Big)=0,$$

tandis qu'une transformation infinitésimale du système (83) se déduit

---

127) *J. L. Lagrange*, Misc. Taurinensia (Mélanges de philos. et de math.) 3 (1762/5), éd. 1766, math. p. 179/86; Œuvres 1, Paris 1867, p. 471/8.

128) Voir par ex. les mémoires de *F. Joachimsthal* et de *E. Stoffel et D. Bach* cités note 125.

129) *C. R. Acad. sc. Paris **143** (1906), p. 820.*

d'une intégrale de l'équation

$$(85)\qquad X^{(n)}U+\frac{\partial f}{\partial y^{(n-1)}}X^{(n-1)}U+\frac{\partial f}{\partial y^{(n-2)}}X^{(n-2)}U+\cdots+\frac{\partial f}{\partial y}XU=0.$$

Ces deux équations (84), (85) se correspondent comme l'équation linéaire (81) correspond à son adjointe (82).*

21. Cas d'abaissement. Certains *cas d'abaissement* de l'équation d'ordre n sont connus depuis longtemps[130]). Les principaux sont les suivants:

1°) l'équation a la forme binome

$$\frac{d^n y}{dx^n}=f(x);$$

elle s'intègre par n quadratures successives[131]), que l'on peut remplacer par des quadratures séparées au moyen de l'intégration par parties (n° **26**);

2°) l'une des variables ne figure pas explicitement dans l'équation, par exemple y; on abaisse à une équation d'ordre $(n-1)$ en prenant

$$\frac{dy}{dx}=y'$$

pour inconnue auxiliaire; on intègre cette équation auxiliaire d'ordre $(n-1)$ et il reste à effectuer une quadrature[132]) pour avoir y;

3°) l'équation ne contient ni y ni ses dérivées jusqu'à l'ordre $(k-1)$; on intègre d'abord l'équation d'ordre $n-k$ obtenue en prenant pour inconnue

$$y^{(k)}=\frac{d^k y}{dx^k}$$

et il reste à intégrer[133]) une équation binome d'ordre k;

130) Voir par ex. *J. A. Serret*, Calcul diff.[33]), (5ᵉ éd.) 2, Paris 1900, p. 469/88. Voir aussi *A. Cunningham*, Messenger math. (2) 17 (1887/8), p. 118/45; (2) 18 (1888/9), p. 122/7.

131) *L'intégration de l'équation

$$\frac{d^n y}{dx^n}=f(x)$$

a été enseignée déjà par *I. Newton* vers 1676, dans son Traité „De quadratura curvarum" publié en appendice de son Optique à Londres en 1704 [Opuscula, éd. *J. Castillon* 1, Lausanne et Genève 1744, p. 242; Opera, éd. *S. Horsley* 1, Londres 1779, p. 384].*

132) *Ce cas a été étudié dès le début du 18ième siècle [voir par ex. *Jacques Bernoulli* (mém. posth.); Opera 2, Genève 1744, p. 1045]. La règle classique d'intégration a été exposée par *L. Euler* en 1728 [Comm. Acad. Petrop. 3 (1728), éd. 1732, p. 126].*

133) *Le principe de ce procédé d'abaissement de l'équation à intégrer était utilisé par *I. Newton* dès 1676 pour l'équation

$$\frac{d^n y}{dx^n}=F\left(\frac{d^{n-1}y}{dx^{n-1}}\right)$$

[De quadratura curvarum[131]); Opuscula 1, opusc. III, p. 242; Opera 1, p. 384].*

4°) l'équation est homogène par rapport à y et ses dérivées; en posant

$$y = e^z,$$

on retombe sur le second cas[134]);

5°) l'équation est homogène en $x, y, dx, dy, d^2y, \ldots, d^ny$; on pose

$$x = e^u,\ y = ve^u$$

et l'on retombe de nouveau sur le second cas[135]).

S. Lie[136]) remarqua que, dans tous ces cas, l'équation reste invariante par les transformations d'un groupe fini, à savoir: le groupe

$$\bar{x} = x,\ \bar{y} = y + a$$

pour le second cas; le groupe

$$\bar{x} = x, \quad \bar{y} = y + a_0 + a_1 x + \cdots + a_{k-1} x^{k-1}$$

pour le troisième cas et aussi pour le premier ($k = n$); le groupe

$$\bar{x} = x,\ \bar{y} = ay$$

pour le quatrième cas; le groupe

$$\bar{x} = ax,\ \bar{y} = ay$$

pour le cinquième. Il fut ainsi conduit à la *théorie des équations d'ordre supérieur qui admettent des groupes de transformations ponctuelles en x et y.*

22. Équations qui admettent des groupes de transformations. Une équation différentielle d'ordre n ($n > 1$) n'admet pas en général de groupe de transformations ponctuelles (en x et y); si elle en admet un, il est *fini*; si $n = 2$, ce groupe ne peut avoir plus de *huit* paramètres[137]).

Les équations d'ordre n ($n > 1$) qui admettent un groupe de transformations forment donc une catégorie à part: soit (D) l'une

134) *Ce cas a été étudié par *L. Euler* dès 1728 [voir sa lettre à *Jean Bernoulli* datée du 10 décembre 1728; Bibl. math. (3) 4 (1903), p. 354; Comm. Acad. Petrop. 3 (1728), éd. 1732, p. 135/6, 137].*

135) *Ce cas a été étudié par *L. Euler* dès 1728 [voir ses lettres à *Jean Bernoulli* datées du 10 décembre 1728 et du 16 mai 1729; Bibl. math. (3) 4 (1903), p. 354, 366; Comm. Acad. Petrop. 3 (1728), éd. 1732, p. 130/4, 137] (Notes 131 à 135 de *G. Eneström*).*

136) Nachr. Ges. Gött. 1874, p. 529; Archiv for Math. og Naturvidenskab (Christiania) 8 (1883), p. 187, 249; [ces deux mémoires ont été réimprimés: Math. Ann. 32 (1888), p. 213, 253]; Archiv for Math. og Naturvidenskab 8 (1883), p. 371; 9 (1884), p. 371 [1883]. Voir aussi: Forhandlinger Videnskabs-Selskabet Christiania 1882, éd. 1883, mém. n° 21, p. 8.

137) Sur ces questions et des questions analogues plus générales voir *S. Lie*, Ber. Ges. Lpz. 46 (1894), math. p. 322; *F. Engel*, id. p. 297.

quelconque de ces équations, (G) son groupe. Ces équations (D) se divisent elles-mêmes en *classes*, suivant le *type* de leur groupe (G); les équations de chaque classe peuvent se transformer les unes dans les autres par des transformations ponctuelles.

S. Lie ayant déterminé les divers types de groupes ponctuels, la détermination des équations (D) correspondant à chacun de ces types résultait immédiatement de la théorie des invariants et des équations invariantes (II 23).

En dehors de certaines équations exceptionnelles, qu'on obtient en égalant à zéro certains déterminants, la forme générale des équations (D) admettant un groupe (G) est

$$\Phi\left(I, J, \frac{dJ}{dI}, \frac{d^2J}{dI^2}, \ldots, \frac{d^kJ}{dI^k}\right) = 0, \tag{86}$$

où Φ est une fonction arbitraire et I, J les deux invariants différentiels d'ordre minimum de ce groupe (G).

Pour chacune des *équations-types* ainsi obtenues, *S. Lie* a donné un procédé d'intégration: on abaisse d'abord l'ordre de k unités, en prenant I et J comme variables, et il reste à intégrer une équation de la forme

$$F(I, J) = 0,$$

pour laquelle se produisent des simplifications spéciales (intégration par quadratures ou réduction à des équations linéaires auxiliaires).

On obtient en particulier comme équations types les équations linéaires et les équations qui admettent le groupe projectif général, qu'avaient introduites et étudiées *G. H. Halphen*, dans ses travaux sur les *invariants différentiels* (du groupe projectif) et *J. J. Sylvester* dans ses recherches sur les *réciprocants* (I 11).

Un autre type remarquable, l'équation

$$\frac{y'''}{y'} - \frac{3}{2}\left(\frac{y''}{y'}\right)^2 = \omega(x),$$

a été étudié, entre autres, par *H. A. Schwarz*[138]).

Etant donnée une équation différentielle quelconque, on peut, par des différentiations et des éliminations, reconnaître si c'est une équation (D) et, dans ce cas, former les équations de définition de son groupe (G) et déterminer le type auquel appartient le groupe.

C'est un problème d'équivalence, parce qu'il s'agit de reconnaître si l'équation peut être ramenée à une équation particulière au moyen d'une transformation ponctuelle; mais il n'a été résolu d'une manière

138) J. reine angew. Math. 75 (1873), p. 292 [1872]; Math. Abh. 2, Berlin 1890, p. 220.

entièrement explicite, au moyen des invariants différentiels, que dans peu de cas (voir n° **37**, **38**, **39**).

Pour intégrer ensuite l'équation proposée, on peut chercher effectivement les transformations qui ramènent son groupe (G) à la forme canonique, problème étudié par *S. Lie*[139]. On peut aussi des équations de définition de (G) déduire ses transformations infinitésimales, ce qui revient à intégrer une équation linéaire auxiliaire, et appliquer ensuite la méthode générale de *S. Lie* pour l'intégration des systèmes différentiels admettant un groupe connu (n° **16**), méthode dont la théorie actuelle n'est au fond qu'une application particulière.

**S. Lie* avait étudié spécialement les équations réductibles à la forme

$$y'' = 0.$$

K. Żorawski[140] a étudié les équations réductibles à la forme

$$y''' = 0,$$

S. Pajak[141] celles qui se ramènent à la forme

$$y'' = y'^m.$$

A. Boulanger[142] s'est occupé d'une classe d'équations du troisième ordre, admettant un groupe à trois paramètres. *G. Obriot*[143] avait étudié de même les équations du second ordre admettant un groupe de transformations

$$X = x, \quad Y = \varphi(x, y \mid a, b)$$

algébriques en y; *G. Obriot* avait aussi signalé les relations entre ces équations et les équations qui définissent les transcendantes uniformes de *P. Painlevé*[144].*

Cette théorie est susceptible de généralisations: c'est ainsi que *S. Lie*[145] a considéré les équations d'ordre n admettant un groupe de transformations de contact.

Le problème ne peut se poser que pour $n > 2$, car deux équations du second ordre peuvent toujours se transformer l'une dans l'autre par une infinité de transformations de contact.

---

139) *S. Lie*[136], et aussi: Math. Ann. 25 (1885), p. 120 [1884].

140) *Rozprawy Akad. Umiejętności [Cracovie] (2) 14 (1900), p. 141/205.*

141) *Prace matematyczno-fizyczne (Varsovie) 11 (1900), p. 32.*

142) *C. R. Acad. sc. Paris 136 (1903), p. 1384; Bull. Soc. math. France 31 (1903), p. 290.*

143) *C. R. Acad. sc. Paris 134 (1902), p. 1288.*

144) *Acta math. 25 (1902), p. 1.*

145) Forhandlinger Videnskabs-Selskabet Christiania 1881, éd. 1882, mém. n° 15, p. 1/6; 1883, éd. 1884 mém. n° 10, p. 1/4. Cf. Math. Ann. 32 (1888), p. 214, note 2.

On a, en particulier, à étudier les équations d'ordre n qui se ramènent au type linéaire par une transformation de contact: leur intégration se ramène à celle d'une équation linéaire auxiliaire d'ordre n, sauf pour le cas où $n = 3$, cas dans lequel il faut intégrer une équation linéaire du quatrième ordre.

**V. (W.) de Tannenberg*[146]) a déterminé les types d'équations différentielles du troisième ordre qui admettent un groupe de transformations de contact.*

K. Zindler[147]) s'est occupé des systèmes d'équations différentielles ordinaires, d'ordre supérieur au premier, admettant des groupes continus de transformations ponctuelles.

Plus généralement, les théories de Lie permettront d'étudier, pour un groupe (G) quelconque à un nombre quelconque de variables, les équations ou systèmes d'équations d'ordre quelconque invariants par ce groupe.

23. Équations non résolues. Types intégrables. Les théories indiquées plus haut (n° **11**) pour les équations du premier ordre non résolues (emploi des transformations dépendant des dérivées, intégration par différentiation) se généralisent facilement pour l'équation d'ordre n. Ainsi on peut transformer toute équation d'ordre n particulière donnée $F = 0$, en posant

$$(87) \qquad X = \xi(x, y, y', \ldots, y^{(n)}), \quad Y = \eta(x, y, y', \ldots, y^{(n)}),$$

ξ et η étant des fonctions quelconques, et en éliminant x, y et les dérivées de y entre ces équations $F = 0$ et les équations qu'on en déduit en différentiant.

En particulier, on a une classe d'équations analogues aux équations (41) de Lagrange, dans les équations de la forme[148])

$$\Phi(U, V) = 0,$$

où

$$U(x, y, y', \ldots, y^{(n)}) = a, \quad V(x, y, \ldots, y^{(n)}) = b$$

sont deux intégrales premières d'une même équation d'ordre $n + 1$. Une intégrale première de cette équation est donnée par

$$V = a, \quad V = b, \quad \Phi(a, b) = 0,$$

entre lesquelles on peut éliminer $y^{(n)}$ et l'une des constantes. On

146) *Thèse Paris 1891, p. 30.*

147) Monatsh. Math. Phys. 11 (1900), p. 289.

148) *J. A. Serret*, dans *J. L. Lagrange*, Œuvres 9, Paris 1881, p. 415 [note sur la Théorie des fonctions analytiques]; *J. A. Serret*, J. math. pures appl. (1) 18 (1853), p. 1.

peut également, en généralisant une idée de *G. Monge*[149]), considérer des équations de la forme

$$\Phi(U_1, U_2, \ldots, U_{n+1}) = 0,$$

où

$$U_1 = a_1, \; U_2 = a_2, \; \ldots, \; U_{n+1} = a_{n+1}$$

sont $n+1$ intégrales premières d'une même équation d'ordre $n+1$; on aura ici l'intégrale générale immédiatement au moyen de

$$U_1 = a_1, \ldots, U_{n+1} = a_{n+1}, \quad \Phi(a_1, a_2, \ldots, a_{n+1}) = 0,$$

entre lesquelles on éliminera $y', y'', \ldots, y^{(n)}$ et l'une des constantes.

*Signalons encore les équations de *L. Raffy*[150])

$$\varphi = F\left(\frac{\partial \varphi}{\partial x}, \frac{\partial^2 \varphi}{\partial x^2}, \ldots, \frac{\partial^n \varphi}{\partial x^n}\right)$$

dans lesquelles

$$\varphi = y - xy' + \frac{x^2}{2} y'' - \cdots + (-1)^n \frac{x^n}{n!} y^{(n)}.$$

Elles généralisent l'équation de Clairaut: on obtient l'intégrale générale en y remplaçant y' par un polynome en x de degré $n-1$, à coefficients arbitraires.*

Équation linéaire d'ordre n.

23. Notions générales. Systèmes fondamentaux de solutions. La classe particulière d'équations différentielles la plus anciennement étudiée est celle des équations linéaires. Les propriétés de l'*équation linéaire homogène d'ordre* n

$$P(y) = p_0(x) \frac{d^n y}{dx^n} + p_1(x) \frac{d^{n-1} y}{dx^{n-1}} + \cdots + p_n(x)\, y = 0 \tag{88}$$

ont ce caractère commun de présenter la plus grande analogie avec celles de l'équation algébrique de degré n

$$f(x) = a_0 x^n + a_1 x^{n-1} + \cdots + a_n = 0. \tag{89}$$

De même que ces dernières sont liées à celles du polynome $f(x)$, de même les autres dépendent de celles de l'expression différentielle $P(y)$, où y est traitée comme une fonction indéterminée[151]). Ainsi, à la

149) Hist. Acad. sc. Paris 1783, M. p. 719/24.

150) *Bull. Soc. math. France 25 (1897), p. 71. Voir aussi *E. Bunickij* [Bull. sc. math. (2) 31 (1907), p. 250] et, dans un ordre d'idées analogues, *M. Chini*, Reale Ist. Lombardo *Rendic.* (2) 34 (1901), p. 557.*

151) La première idée de la représentation symbolique d'une opération différentielle de cette nature est due à *B. Brisson* [J. Ec. polyt. (1) cah. 14 (1808), p. 197 (mémoire envoyé à l'Institut en juin 1804)]. Son mémoire contient la formule (77) et des applications aux équations à coefficients constants et à second

formule de Taylor correspond ici la formule

$$(90)\quad P(yz) = zP(y) + \frac{dz}{dx}P'(y) + \frac{1}{2!}\frac{d^2z}{dx^2}P''(y) + \cdots + \frac{1}{n!}\frac{d^nz}{dx^n}P^{(n)}(y),$$

où $P'(y)$, $P''(y)$, ... se déduisent de $P(y)$ par le même algorithme au moyen duquel se forment $f'(x)$, $f''(x)$, ... au moyen de $f(x)$. Cette formule donne le moyen d'abaisser l'ordre de $P(y) = 0$ d'une unité, si l'on en connaît une solution particulière y_1; car en posant $y = y_1 z$, l'équation en z ne contient pas z explicitement[152]). Si y_1 satisfait à la fois à

$$P(y) = 0,\ P'(y) = 0,\ \ldots,\ P^{k-1}(y) = 0,$$

ce qui équivaut à dire que y_1, xy_1, x^2y_1, ..., $x^{k-1}y_1$ sont à la fois des solutions, l'ordre s'abaisse de k unités; ce cas correspond à celui où l'équation (89) a une racine multiple d'ordre k[153]). Le même procédé permet d'abaisser l'ordre, de proche en proche, de k unités, si l'on connaît k solutions particulières; mais il faut supposer que ces solutions soient *indépendantes* ou *distinctes*, c'est-à-dire qu'elles ne soient liées par aucune relation linéaire et homogène à coefficients constants; ce qui se traduit par cette condition que le déterminant[154])

$$(91)\qquad \Delta(y_1, y_2, \ldots, y_k) = \begin{vmatrix} y_1, & y_2, & \ldots, & y_k \\ \frac{dy_1}{dx}, & \frac{dy_2}{dx}, & \ldots, & \frac{dy_k}{dx} \\ \cdot & \cdot & \cdot & \cdot \\ \frac{d^{k-1}y_1}{dx^{k-1}}, & \frac{d^{k-1}y_2}{dx^{k-1}}, & \ldots, & \frac{d^{k-1}y_k}{dx^{k-1}} \end{vmatrix}$$

ne soit pas identiquement nul[155]). On démontre, en se servant du

membre. *A. L. Cauchy* a repris cette représentation symbolique et en a fait de nombreuses applications, en en généralisant l'emploi [Voir par ex. Exercices math. 2, Paris 1827, p. 159; Œuvres (2) 7, Paris 1889, p. 198]. *A. L. Cauchy* emploie la notation $f(D)y$, où la lettre D indique la dérivation par rapport à x. Voir aussi *J. Ch. F. Sturm*, Cours d'Analyse (13ᵉ éd.) 2, Paris 1905, p. 114; et, pour les recherches plus récentes sur ce sujet, *G. Boole*, Differential equations, (4ᵉ éd.) Londres 1877, p. 381.

152) *J. d'Alembert*, Misc. Taurinensia (Mélanges de philos. et de math.) 3 (1762/5) math., éd. 1766, p. 381/2.

153) *Ph. E. Brassinne* dans *J. Ch. F. Sturm*, Cours d'Analyse 2, (13ᵉ éd.) Paris 1905, p. 345.

154) *L. O. Hesse*, J. reine angew. Math. 54 (1857), p. 227 [1857]; *E. B. Christoffel*, id. 55 (1858), p. 293 [1857].

155) *Le déterminant (91) est souvent appellé le *wronskien* de $y_1, y_2, \ldots, y_k$ [I 2 32, note 250]. Pour des recherches plus récentes sur la condition d'indépendance linéaire voir *G. Peano*, Mathesis (1) 9 (1889), p. 75, 110; *G. Peano*, Atti R. Accad. Lincei *Rendic.* (5) 6 I (1897), p. 413; *E. Bortolotti*, Atti R. Accad. Lincei *Rendic.* (5) 7 I (1898), p. 45; *G. Vivanti*, id. p. 194; *M. Bôcher*, Trans. Amer. math. Soc. 2 (1901), p. 139; *D. R. Curtiss*, Math. Ann. 65 (1908), p. 282.*

théorème général de *A. L. Cauchy* (II 15) ou de la démonstration spéciale de *L. Fuchs* (II 12), que, sous certaines conditions que nous supposons toujours remplies, l'équation (88) possède des systèmes de n solutions distinctes; on les appelle des *systèmes fondamentaux de solutions*[156]). Tout système fondamental peut se mettre sous la forme

$$(92)\qquad y_1 = v_1,\quad y_2 = v_1\int v_2 dx,\ \ldots,\ y_n = v_1\int v_2 dx\int\cdots\int v_n dx,$$

où aucune des fonctions $v_1, \ldots, v_n$ n'est identiquement nulle.

J. L. Lagrange a démontré[157]) que la *solution générale* est

$$(93)\qquad y = c_1 y_1 + c_2 y_2 + \cdots + c_n y_n,$$

où $y_1, y_2, \ldots, y_n$ constituent un système fondamental de solutions particulières, et où $c_1, c_2, \ldots, c_n$ sont des constantes arbitraires. Cette forme d'intégrale générale est caractéristique pour les équations linéaires homogènes. Elle équivaut à ce fait que l'équation (88) admet un groupe de transformations de la forme

$$\eta_k(x)\frac{\partial f}{\partial y}\qquad (k = 1, 2, \ldots, n),$$

en même temps que la transformation infinitésimale[158])

$$y\frac{\partial f}{\partial y}.$$

Les équations linéaires appartiennent donc à la classe des équations (D) du n° 22.

25. Équations à coefficients constants. Méthode de d'Alembert. Si $p_0, p_1, \ldots, p_n$ ont des rapports constants, l'équation (88) s'écrit

$$(94)\qquad P(y) = \frac{d^n y}{dx^n} + b_1\frac{d^{n-1}y}{dx^{n-1}} + \cdots + b_n y = 0,$$ [158])

$b_1, b_2, \ldots, b_n$ étant des constantes: c'est alors l'*équation à coefficients constants;* elle s'intègre sous forme explicite. On a en effet, en posant

$$(95)\qquad f(x) = x^n + b_1 x^{n-1} + \cdots + b_n$$

et désignant par ω une constante,

$$(96)\qquad P(e^{\omega x}) = e^{\omega x}f(\omega),\quad P'(e^{\omega x}) = e^{\omega x}f'(\omega),\ \ldots;$$

on en conclut que chaque racine de l'équation $f(\omega) = 0$, dite *équation*

---

156) Le mot de *système fondamental* paraît avoir été introduit par *L. Fuchs* [J. reine angew. Math. 66 (1866), p. 121 [1865]].

157) Misc. Taurinensia (Mélanges de philos. et de math.) 3 (1762/5) math., éd. 1766, p. 181; Œuvres 1, Paris 1867, p. 473.

158) Voir par ex. *S. Lie*, Math. Ann. 32 (1888), p. 238, 239; Differentialgl.[25]) p. 388 (chap. 16).

caractéristique, donne une solution

$$y = e^{\omega x}$$

et une racine multiple d'ordre k donne k solutions

$$e^{\omega x}, \ x e^{\omega x}, \ \ldots, \ x^{k-1} e^{\omega x}.$$

On obtient ainsi en tout n solutions qu'on démontre être distinctes. Ce résultat est dû à *L. Euler*[159]).

Le cas des racines multiples a été traité par (*Jean le Rond*) *d'Alembert*[160]) au moyen d'une méthode qui a gardé son nom, et qui s'applique en Analyse à beaucoup de questions analogues (n° **9**).

J. d'Alembert considère la forme

$$y = c_1 e^{\omega_1 x} + c_2 e^{\omega_2 x} + \cdots + c_n e^{\omega_n x}$$

de l'intégrale d'Euler (à racines $\omega_1, \omega_2, \ldots, \omega_n$ inégales) et cherche à en déduire des formes limites quand les quantités $\omega_1, \omega_2, \ldots, \omega_n$, supposées varier d'une manière continue, cessent d'être inégales.

Le plus simple est de supposer d'abord que deux seulement de ces racines, ω_1 et ω_2, deviennent égales: il faut alors remplacer les constantes arbitraires $c_1, c_2, \ldots, c_k$ par des fonctions de ces constantes et des ω_k de manière que y devienne indéterminée pour $\omega_1 = \omega_2$; on a alors affaire à la recherche d'une vraie valeur (II 1, n° **13**). On écrit à cet effet

$$(97) \qquad y = c_1' e^{\omega_1 x} + c_3 e^{\omega_3 x} + \cdots + c_n e^{\omega_n x} + c_2' \cdot \frac{e^{\omega_2 x} - e^{\omega_1 x}}{\omega_2 - \omega_1},$$

où

$$c_1' = c_1 + c_2 \quad \text{et} \quad c_2' = (\omega_2 - \omega_1) c_2$$

peuvent être considérées comme de nouvelles constantes arbitraires; et le passage à la limite se fait sans difficulté pour $\omega_2 = \omega_1$. On passera de même du cas d'une racine double à celui d'une racine triple, et ainsi de suite.

Dans le cas où l'équation est à coefficients constants réels, on peut remplacer les solutions particulières fournies par chaque couple de racines imaginaires conjuguées, d'ordre k de multiplicité, de l'équation (95)

$$\omega = \alpha \pm \beta i$$

---

159) Lettre à *Jean Bernoulli* datée du 15 septembre 1739; Bibl. math. (3) 6 (1905), p. 37/8; Misc. Berolin. 7 (1743), p. 193/242. Voir aussi Calc. integr.[126]) 2, p. 375/401. *L. Euler* considère aussi le cas des racines multiples.

160) Voir par ex. Encyclopédie méthodique, math. 3, Paris et Liége 1789, p. 101/2 (article: tangentes). La méthode peut se justifier au moyen du théorème de *H. Poincaré* (II 15 **15**).

par des solutions de forme réelle:

$$x^h \cos \beta x \cdot e^{\alpha x}, \quad x^h \sin \beta x \cdot e^{\alpha x} \qquad (h = 0, 1, 2, \ldots, k-1).$$

J. L. Lagrange[161]) a donné une classe d'équations linéaires, qui s'intègrent aussi explicitement: ce sont celles pour lesquelles

$$p_k = (ax + b)^k A_k,$$

a, b et les A_k étant des constantes[162]). Elles se ramènent au cas des équations à coefficients constants, en posant

$$ax + b = e^t.$$

Une autre classe générale d'équations linéaires intégrables par les fonctions élémentaires a été signalée par *G. H. Halphen*[163]).

26. Équations avec second membre. Variation des constantes. La forme générale de l'équation linéaire *non homogène* ou *avec second membre* est, en gardant les notations précédentes,

$$P(z) = q(x). \tag{98}$$

Si l'on en connaît une solution particulière z_0, en posant

$$z = z_0 + y$$

on retombe sur l'équation

$$P(y) = 0. \tag{99}$$

L'intégrale générale s'obtient donc en ajoutant à z_0 la solution générale de l'équation sans second membre qui correspond à la proposée[164]), c'est-à-dire qu'elle est

$$z = z_0 + c_1 y_1(x) + c_2 y_2(x) + \cdots + c_n y_n(x),$$

forme caractéristique de la classe considérée, et qui équivaut à ce fait qu'elle admet un groupe de transformations de la forme

$$\eta_1(x) \frac{\partial f}{\partial y}, \; \eta_2(x) \frac{\partial f}{\partial y}, \; \ldots, \; \eta_n(x) \frac{\partial f}{\partial y}.$$

Si, sans connaître de solution particulière de l'équation (98), on

161) Misc. Taurinensia (Mélanges de philos. et de math.) 3 (1762/5), math., éd. 1766, p. 190/9; Œuvres 1, Paris 1867, p. 481/90.

162) *Le cas où $b = 0$, auquel l'équation générale peut être ramenée par la substitution $\xi = ax + b$ avait été étudié avant 1700 par *Jean Bernoulli*[123]) et ensuite par *L. Euler* [voir sa lettre à *Jean Bernoulli* datée du 19 janvier 1740; Bibl. math. (3) 6 (1905), p. 47. Voir aussi Calc. integr.[126]) 2, p. 483/523 (Note de *G. Eneström*).*

163) C. R. Acad. sc. Paris 92 (1881), p. 779.

164) *J. d'Alembert*, Misc. Taurinensia (Mélanges de philos. et de math.) 3 (1762/5) math., éd. 1766, p. 381/2.

connaît l'intégrale générale de l'équation (99), on obtient celle de l'équation (98) par n quadratures.

Ce résultat a été établi par *J. L. Lagrange*[165]) au moyen de la *méthode de la variation des constantes*[166]). C'est une forme particulière de la méthode générale des changements de variables. On l'emploie d'abord pour généraliser une solution particulière

$$(100) \qquad x_i = \varpi_i(x/a_1, a_2, \ldots, a_p)$$

d'un système (1) quelconque, cette solution étant supposée contenir des constantes arbitraires $a_1, a_2, \ldots, a_p$; à cet effet, on introduit comme fonctions inconnues nouvelles, à la place de p des fonctions x_i, par exemple de $x_1, x_2, \ldots, x_p$, les fonctions $u_1, u_2, \ldots, u_p$ définies par les équations qui se déduisent des p premières équations (100) en y remplaçant les constantes $a_1, a_2, \ldots, a_p$ par ces variables nouvelles $u_1, u_2, \ldots, u_p$.

Sous cette forme, *J. L. Lagrange* s'est servi de la méthode pour abaisser l'ordre de l'équation $P(y) = 0$, connaissant k solutions particulières $y_1, y_2, \ldots, y_k$, c'est-à-dire la solution

$$y = c_1 y_1 + c_2 y_2 + \cdots + c_k y_k.$$

Un autre cas d'application de la méthode [cf. II 15, **15**] est celui où, étant donné un système (1), dont les équations dépendent de certains paramètres $m_1, m_2, \ldots, m_r$, on en connaît l'intégrale générale pour des valeurs particulières $m_1^0, m_2^0, \ldots, m_r^0$ de ces paramètres: on introduit alors comme fonctions inconnues nouvelles celles qui sont définies par les équations qui donnent cette intégrale générale, quand on y considère les constantes d'intégration précisément comme ces variables nouvelles. Pour appliquer la méthode, on imaginera ici l'équation

$$P(z) = m\, q(x),$$

---

165) Nouv. Mém. Acad. Berlin 5 (1774), éd. 1776, p. 201; et surtout id. 6 (1775), éd. 1777, p. 190; Œuvres 4, Paris 1869, p. 9, 159.

166) *Dès 1739, *L. Euler* avait fait usage de la méthode de la variation des constantes [voir sa lettre à *Jean Bernoulli* datée du 5 mai 1739; Bibl. math. (3) 6 (1905), p. 32/3] et il l'applique aussi dans son mémoire sur le flux et le reflux de la mer [Pièces qui ont remporté le prix de l'Académie des sciences en 1740, éd. Paris 1741, p. 300/4] pour intégrer l'équation

$$\frac{d^2 y}{d x^2} + ky = f(x).$$

Vers la même époque, *Daniel Bernoulli* [Comm. Acad. Petrop. 13 (1741/3), éd. 1751, p. 5/6] a fait usage de la même méthode (Note de *G. Eneström*).*

dont on connaît, pour $m = 0$, l'intégrale générale

$$z = c_1 y_1 + c_2 y_2 + \cdots + c_n y_n$$

avec

$$z^{(i)} = c_1 y_1^{(i)} + c_2 y_2^{(i)} + \cdots + c_n y_n^{(i)}$$

pour $i = 1, 2, \ldots, n-1$.

Le changement de variables

$$(101) \qquad z = \sum_{k=1}^{k=n} u_k y_k, \quad z^{(i)} = \sum_{k=1}^{k=n} u_k y_k^{(i)} \quad (i = 1, 2, \ldots, n-1)$$

conduit au système (où l'on pourra faire $m = 1$)

$$(102) \sum_{k=1}^{k=n} y_k \frac{du_k}{dx} = 0, \ldots, \sum_{k=1}^{k=n} y^{(n-2)} \frac{du_k}{dx} = 0, \quad p_0 \sum_{k=1}^{k=n} y^{(n-1)} \frac{du_k}{dx} = m\,q(x),$$

qui s'intègre en général par n quadratures séparées. Le nombre de ces quadratures à calculer effectivement se réduit dans des cas particuliers indiqués dans tous les traités de calcul intégral.

A. L. Cauchy[167]) a montré que ce résultat, qui s'applique en particulier à l'équation binome

$$\frac{d^n z}{dx^n} = q(x),$$

revient à la formule

$$z = \int_\alpha^x \varphi(\alpha, x)\,dx,$$

où $\varphi(\alpha, x)$ est l'intégrale de l'équation $P(y) = 0$ satisfaisant aux conditions initiales

$$y = 0, \ y' = 0, \ \ldots, \ y^{(n-2)} = 0, \ y^{(n-1)} = q(\alpha).$$

Dans le cas où $p_0, p_1, \ldots, p_n$ sont constants, il a également donné[168]),

167) *A. L. Cauchy* a d'abord donné le théorème pour les équations à coefficients constants et à second membre quelconque [C. R. Acad. sc. Paris 8 (1839), p. 827, 845, 889, 931; Œuvres (1) 4, Paris 1884, p. 369, 373, 398, 419; Exercices math. 2, Paris 1827; Œuvres (2) 7, Paris 1889, p. 40, 198]. *Ce théorème est donné sous la forme générale: C. R. Acad. sc. Paris 10 (1840), p. 957; 11 (1840), p. 1; Œuvres (1) 5, Paris 1885, p. 236, 249.*

168) Exercices math. 1, Paris 1826; 2, Paris 1827; Œuvres (2) 6, Paris 1887, p. 253, 316; (2) 7, Paris 1889, p. 40. La formule donnée par *A. L. Cauchy* est, avec les notations du calcul des résidus,

$$z = \mathcal{E}\frac{f(s) - f(\alpha)}{s - \alpha} \cdot \frac{e^{sx}}{(\!(f(s))\!)} + \mathcal{E}\frac{\int_0^x q(t) e^{s(t-x)} dt}{(\!(f(s))\!)},$$

où il faut remplacer, dans le développement de $\frac{f(s) - f(\alpha)}{s - \alpha}$, les puissances

comme application de sa théorie des résidus, l'intégrale générale sous une forme explicite, qui peut aussi se calculer directement.

On peut remarquer que les équations

$$P(z) = mq(x),$$

où le paramètre m est arbitraire, étant intégrées à la fois [car il suffit de remplacer dans l'intégrale de l'équation $P(z) = q(x)$, par exemple, z par $\frac{z}{m}$ pour obtenir celle de $P(z) = m\,q(x)$], on peut substituer à l'équation avec second membre l'équation d'ordre $n + 1$ obtenue en éliminant m, c'est-à-dire l'équation

$$q(x)\frac{dP(z)}{dx} - q'(x) \cdot P(z) = 0. \tag{103}$$

Elle admet pour solutions toutes celles de $P(z) = 0$: or elle est linéaire homogène, donc la $(n + 1)^{\text{ième}}$ solution se détermine par une quadrature. Cette remarque tient, au fond, à ce que les deux formes que nous avons indiquées pour la méthode de la variation des constantes pourraient se ramener l'une à l'autre, d'une manière générale, par un raisonnement semblable [Cf. aussi II 15, **15**].

Ajoutons enfin que l'application à l'équation $P(y) = 0$ et à l'équation $P(z) = q(x)$ des méthodes de *S. Lie* (en se servant du groupe qu'elles admettent) permet de retrouver les résultats précédents[169]).

27. Élimination entre deux équations linéaires. Cas d'abaissement. On peut abaisser l'ordre de l'équation $P(y) = 0$, non seulement quand on en connaît des solutions particulières, mais généralement toutes les fois que l'on connaît une autre équation linéaire avec laquelle elle a des solutions communes. Cet abaissement résulte[170]) d'une théorie analogue à celle de la division et du plus grand commun diviseur des polynomes entiers[171]).

Soient $A(y)$ et $B(y)$ deux expressions de la même forme que $P(y)$,

---

$\alpha^0, \alpha^1, \ldots, \alpha^{n-1}$ par les n constantes arbitraires d'intégration. Comparez à ce résultat la *méthode de P. S. Laplace* [II 12]. *Comparez aussi l'exposition donnée par *Ch. Hermite* [Bull. sc. math. (2) 3 (1879), p. 311; Œuvres 3, en préparation] et *G. Darboux* [Bull. sc. math. (2) 3 (1879), p. 325].*

169) *Voir *S. Lie*, Math. Ann. 32 (1888), p. 267;* *S. Lie*, Differentialgl.[25]), p. 428, 465.

170) *G. B. I. T. Libri*, J. reine angew. Math. 10 (1833), p. 185; *Ph. E. Brassinne*, dans *J. Ch. F. Sturm*, Cours d'Analyse[151]), (13e éd.) 2, p. 345 (note III).

171) **Ph. E. Brassinne* a aussi étendu aux expressions différentielles linéaires la théorie du plus petit commun multiple; voir sur ce sujet: *L. Heffter*, J. reine angew. Math. 116 (1896), p. 157; *E. Beke*, Math. Ann. 45 (1894), p. 297; *A. Loewy*, id. 62 (1906), p. 90.*

la deuxième étant d'ordre inférieur à la première. Si l'on suppose, pour simplifier, que les premiers coefficients de toutes ces expressions se réduisent à l'unité, on peut déterminer, par des opérations rationnelles, deux autres expressions analogues $Q(y)$ et $R(y)$, la seconde d'ordre inférieur à celui de $B(y)$, et telles que l'on ait identiquement

$$A(y) = Q[B(y)] + \varrho(x) \cdot R(y). \tag{104}$$

Alors toute solution commune à $A = 0$ et $B = 0$ est commune à $B = 0$ et $R = 0$ et réciproquement, et l'on est conduit à un algorithme analogue à celui du plus grand commun diviseur, et fournissant, en définitive, une équation linéaire $G(y) = 0$ dont les solutions sont toutes celles qui sont communes à $A = 0$ et $B = 0$.

Cela posé, l'hypothèse précédente revient à supposer que $P(y) = 0$ admet toutes les solutions d'une équation d'ordre k de même forme $S(y) = 0$, et l'on a une identité

$$P(y) = T(S(y)),$$

$T(y)$ étant une expression différentielle linéaire d'ordre $n - k$. On déterminera les solutions distinctes $u_1, u_2, \ldots, u_{n-k}$ de $T(u) = 0$, et il restera à intégrer les équations avec second membre

$$S(y) = u_1, \; S(y) = u_2, \; \ldots, \; S(y) = u_{n-k},$$

c'est-à-dire que l'on est ramené à l'intégration de $S(y) = 0$ et à des quadratures[172]).

On peut aussi de la théorie précédente déduire une théorie analogue à la théorie de *J. Hudde*[173]) pour l'abaissement des équations qui ont des racines multiples.

D'autres méthodes pour l'élimination de y entre les deux équations

$$A(y) = 0 \quad \text{et} \quad B(y) = 0$$

ont été données par *G. von Escherich*[174]), **L. Heffter*[175]), *A. B. Peirce*[176]), *G. Rados*[177]).*

**A. Chessin*[178]) a indiqué un autre cas d'abaissement, celui des

172) Voir aussi *L. W. Thomé*, J. reine angew. Math. 76 (1873), p. 273; *G. Frobenius*, id. 76 (1873), p. 256; 80 (1875), p. 321; 85 (1878), p. 185 [1877].

173) *De reductione aequationum, publ. dans *F. van Schooten*, Geometria a Renato Descartes 1, Amsterdam 1659, p. 433/4 (Note de *G. Eneström*).*

174) Denkschr. Akad. Wien math. 46 II (1882), p. 61; 47 II (1883), p. 1/24.

175) *J. reine angew. Math. 116 (1896), p. 157; Archiv Math. Phys. (3) 3 (1902), p. 124.*

176) *Annals of math. (2) 6 (1904/5), p. 17.*

177) *Math. termész. értesitő 24 (1906), p. 805/18.*

178) *Amer. J. math. 27 (1905), p. 103.*

équations de la forme

$$a_1 y + a_2 P(y) + a_3 P^2(y) + \cdots + a_k P^{k-1}(y) = f(x),$$

où $a_1, a_2, a_3, \ldots, a_k$ sont des constantes, P un opérateur différentiel linéaire de la forme (88) et où $P^h(y)$ est mis pour

$$P[P^{h-1}(y)].$$

On ramène ces équations à une équation de la forme

$$P(y) = f(x).^*$$

28. Équation admettant un système fondamental de solutions donné. Décompositions en facteurs symboliques. L'équation linéaire qui a un système fondamental de solutions donné, $y_1, y_2, \ldots, y_n$, est

$$P(y) = \Delta(y, y_1, y_2, \ldots, y_n) = 0,$$

le déterminant Δ ayant la même signification que dans la formule (91) du nº 23[179]). On en conclut l'expression des rapports $\frac{p_i}{p_0}$ en fonction de $y_1, y_2, \ldots, y_n$ et de leurs dérivées, sous formes de quotients de déterminants: c'est l'analogue des relations entre les coefficients et les racines d'une équation algébrique. En particulier, on a la formule de *J. Liouville*[180])

$$\frac{p_1}{p_0} = -\frac{d \log \Delta(y_1, y_2, \ldots, y_n)}{dx}. \tag{105}$$

Cette même équation $P(y) = 0$ peut se mettre sous d'autres formes. Faisons $p_0 = 1$, et posons

$$\Delta_k = \Delta(y_1, y_2, \ldots, y_k);$$

on a

$$P(y) = \frac{\Delta_n}{\Delta_{n-1}} \frac{d}{dx} \cdot \frac{\Delta_{n-1}^2}{\Delta_n \Delta_{n-1}} \cdot \frac{d}{dx} \cdots \frac{d}{dx} \frac{\Delta_1^2}{\Delta_2 \Delta_0} \frac{d}{dx} \frac{\Delta_0}{\Delta_1} y. \tag{106}$$

Si l'on prend le système fondamental sous la forme (92), la même équation s'écrit[181])

$$\frac{d}{dx} v_n^{-1} \cdot \frac{d}{dx} v_{n-1}^{-1} \cdot \cdots \cdot \frac{d}{dx} v_1^{-1} y = 0. \tag{107}$$

G. Floquet[182]) a établi un résultat qui découle des précédents:

---

179) *G. B. I. T. Libri*, J. reine angew. Math. 10 (1833), p. 185.

180) Elle est un cas particulier d'un théorème donné par *J. Liouville* [J. math pures appl. (1) 3 (1838), p. 349]. Cf. *Ph. E. Brassinne*[171]); *E. B. Christoffel*, J. reine angew. Math. 55 (1858), p. 296 [1857]. Le théorème se trouve du reste déjà dans *N. H. Abel*, pour l'équation du second ordre [J. reine angew. Math. 2 (1827), p. 22; Œuvres, éd. *L. Sylow* et *S. Lie* 1, Christiania 1881, p. 251].

181) *G. Frobenius*, J. reine angew. Math. 76 (1873), p. 256; 77 (1874), p. 245.

182) Thèse, Paris 1879, Ann. Ec. Norm. (2) 8 (1879), suppl. p. 49. Voir aussi *E. Grünfeld*, J. reine angew. Math. 98 (1885), p. 338.

c'est qu'on peut écrire symboliquement

$$P(y) = A_n A_{n-1} \dots A_1(y), \tag{108}$$

en écrivant $AB(y)$ au lieu de $A(B(y))$, et les symboles A_k étant ceux des expressions

$$\begin{gathered} A_k(y) = \frac{dy}{dx} - a_k y, \\ a_k = \frac{d}{dx} \log(v_1 v_2 \dots v_k) = \frac{d}{dx} \log \frac{\Delta_k}{\Delta_{k-1}}. \end{gathered} \tag{109}$$

La formule symbolique de *G. Floquet* est l'analogue de la décomposition d'un polynome en facteurs du premier degré; pour l'équation linéaire à coefficients constants, les a_k sont les racines de l'équation caractéristique. Le cas plus général où les opérations A_k sont échangeables, c'est-à-dire où

$$A_h A_k = A_k A_h,$$

étudié par *G. Floquet*, se ramène à celui de l'équation à coefficients constants.

*L'étude des conditions pour que deux expressions différentielles linéaires, d'ordre quelconque, soient échangeables, a été reprise par *G. Wallenberg*[183]): si l'une d'elles $P(y)$ est irréductible au sens de *G. Frobenius* (n° **40**), l'autre est un produit symbolique de facteurs de la forme

$$P - \alpha y,$$

α étant constant, et cette condition est suffisante dans tous les cas. *I. Schur*[184]) a montré que les expressions échangeables avec $P(y)$ ont pour coefficients des fonctions entières et rationnelles de

$$p_0^{\frac{1}{n}},\ p_0^{-1},\ p_1, \dots, p_n;$$

et que deux expressions échangeables avec $P(y)$ sont échangeables entre elles si $P(y)$ n'est pas de la forme cy.*

Les décompositions symboliques fournissent de nouvelles méthodes[151]) pour l'intégration des équations à second membre (n° **26**). Dans le cas des coefficients constants, on a à résoudre

$$\left(\frac{d}{dx} - \omega_n\right)\left(\frac{d}{dx} - \omega_{n-1}\right) \cdots \left(\frac{d}{dx} - \omega_1\right) z = q(x); \tag{110}$$

d'où, en posant par définition

$$\left(\frac{d}{dx} - a\right)^{-1} u = e^{ax} \int e^{-ax} u\, dx, \tag{111}$$

183) *Archiv Math. Phys. (3) 4 (1903), p. 252.*

184) *Sitzgsb. Berliner math. Ges. 4 (1905), p. 2.*

la formule

$$(112)\qquad z=\left(\frac{d}{dx}-\omega_1\right)^{-1}\left(\frac{d}{dx}-\omega_2\right)^{-1}\cdots\left(\frac{d}{dx}-\omega_n\right)^{-1}q(x),$$

où l'on démontre que les intégrations superposées peuvent se séparer par une formule toute semblable à celle de la décomposition des fonctions rationnelles en fonctions simples:

$$(113)\qquad z=\sum_{k=1}^{n} f'(\omega_k)^{-1}\cdot\left(\frac{d}{dx}-\omega_k\right)^{-1}q(x).$$

Le résultat s'étend au cas des racines multiples de l'équation caractéristique, comme pour les fonctions rationnelles.

29. Fonctions différentielles rationnelles des solutions. Fonctions invariantes. Transformations. Les théories relatives aux fonctions des racines d'une équation algébrique ont aussi leurs analogues pour les équations différentielles linéaires.

Considérons l'équation

$$P(y)=\frac{d^n y}{dx^n}+p_1\frac{d^{n-1}y}{dx^{n-1}}+\cdots+p_n y=0$$

qui a pour solutions n fonctions $y_1, y_2, \ldots, y_n$ indéterminées de la variable x; le système fondamental de solutions le plus général $\overline{y}_1, \overline{y}_2, \ldots, \overline{y}_n$ se déduit du système particulier $y_1, y_2, \ldots, y_n$ par les formules

$$(114)\qquad \overline{y}_i=\sum_{k=1}^{k=n} a_{ik}y_k \qquad (i=1,2,\ldots,n)$$

qui définissent le *groupe linéaire homogène général* (Γ). Ce groupe jouera donc ici le même rôle que le groupe des substitutions de n lettres pour l'équation algébrique d'ordre n. Les coefficients p_k, fonctions de $y_1, y_2, \ldots, y_n$, et leurs dérivées (voir n° 28) sont des invariants différentiels du groupe (Γ), et tout invariant différentiel de ce groupe, formé avec les y_i et leurs dérivées, est fonction des p_k et de leurs dérivées seulement; si, de plus, c'est une fonction rationnelle des y_i et de leurs dérivées à coefficients rationnels en x, son expression en fonction des p_k, de leurs dérivées et de x sera également rationnelle. Ce résultat est dû à *P. Appell*[185]) qui a montré, de plus, que tout invariant différentiel *relatif* de (Γ) est le produit d'une fonction rationnelle des p_k et de leurs dérivées par $e^{-\int p_1 dx}$.

---

185) Ann. Ec. Norm. (2) 10 (1881), p. 400. *Voir aussi *E. Beke*, Math. Ann. 45 (1894), p. 295. Pour le cas du second ordre, cf. *L. Königsberger*, Math. Ann. 30 (1887), p. 299; *G. Wallenberg*, Archiv Math. Phys. (3) 10 (1906), p. 151.*

Considérons plus généralement une fonction différentielle R formée rationnellement avec $y_1, y_2, \ldots, y_n$, leurs dérivées et x. Les propriétés de cette fonction sont liées à celles de son groupe[186]), c'est-à-dire du groupe (G) formé de toutes les transformations de (Γ) qui laissent inaltérée la forme de cette fonction. La fonction déduite de R par la transformation générale de (Γ), et qu'on appelle la valeur générale de R, est la solution générale d'une équation différentielle

$$\Psi(R) = 0,$$

rationnelle en R et ses dérivées, dont les coefficients sont des fonctions rationnelles de $p_1, \ldots, p_n$ de leurs dérivées et de x. On dit que $\Psi(R) = 0$ est une *transformée* ou une *résolvante* de $P(y) = 0$; elle est d'ordre $n^2 - r$, r étant le nombre de paramètres du groupe (G).

Soit S une autre fonction différentielle des y_k et de leurs dérivées, de la même nature que R, et soit (H) son groupe. Si (H) est contenu en entier dans (G), R s'exprime rationnellement au moyen de S, des p_k, de leurs dérivées et de x. En général, R dépend d'une équation différentielle rationnelle, dont les coefficients sont des fonctions rationnelles de S, des p_k, de leurs dérivées et de x, et dont l'ordre est la différence entre le nombre de paramètres de (H) et du plus grand sous-groupe de (G) contenu dans (H)[186]).

Si (S) n'admet aucune transformation de (Γ), sauf la transformation identique, toute fonction R, et par conséquent chacune des intégrales $y_1, \ldots, y_n$, s'exprime rationnellement au moyen de S, des p_k, de leurs dérivées et de x. Il en est ainsi de la fonction

$$S = u_1 y_1 + \cdots + u_n y_n,$$

les u_i étant des fonctions indéterminées de x: elle dépend d'une équation linéaire homogène d'ordre n^2 qu'on appelle la *résolvante générale*[187]).

Si l'on prend

$$R = u_1(x)\frac{d^{n-1}y_1}{dx^{n-1}} + u_2(x)\frac{d^{n-1}y_1}{dx^{n-1}} + \cdots + u_n(x)y_1, \tag{115}$$

$u_1, u_2, \ldots, u_n$ étant des fonctions rationnelles de x, des p_k et de leurs dérivées, on obtient une transformée linéaire et d'ordre n (en général) comme la proposée: les solutions de la proposée $P(y) = 0$ et de cette transformée $Q(z) = 0$ (supposées du même ordre) se correspondent

---

186) *E. Vessiot*, Thèse, Paris 1892; Ann. Ec. Norm. (3) 9 (1892), p. 197. Ces théorèmes s'étendent à un domaine de rationalité quelconque (n° **36**).

187) *E. Picard*, C. R. Acad. sc. Paris 96 (1883), p. 1131; Ann. Fac. sc. Toulouse (1) 1 (1887), mém. n° 1, p. 2.

une à une par la relation

$$z = u_1 \frac{d^{n-1}y}{dx^{n-1}} + \cdots + u_{n-1}\frac{dy}{dx} + u_n y,$$

et aussi par une relation inverse de même forme

$$y = v_1(x)\frac{d^{n-1}z}{dx^{n-1}} + v_2(x)\frac{d^{n-2}z}{dx^{n-2}} + \cdots + v_n(x)z,$$

les $v_k(x)$ étant de la même nature que les $u_k(x)$. On a là l'analogue de la transformation de Tschirnhausen. Deux équations linéaires homogènes $P(y) = 0$, $Q(z) = 0$ sont dites de la même *espèce*[188]) toutes les fois que leurs solutions se correspondent par des relations de la forme précédente.

30. Équations associées. Équations adjointes. Représentations géométriques. Les transformées les plus simples après les précédentes sont celles dont dépendent les mineurs du déterminant $\Delta(y_1, y_2, \ldots, y_n)$. Ce déterminant lui-même dépend de l'équation du premier ordre (n° **28**)

$$\frac{d\Delta}{dx} + p_1\Delta = 0.$$

Tous les mineurs formés avec m lignes horizontales de Δ dépendent d'une même équation linéaire dont ils constituent un système fondamental de solutions; lorsqu'on change ces lignes horizontales, sans changer le nombre m, on obtient des équations de la même espèce. On peut se borner, par suite, à considérer, pour chaque valeur de m, la transformée dont dépend $\Delta(y_1, y_2, \ldots, y_m)$. On appelle cette transformée la $(n-m)^{\text{ième}}$ *associée* de $P(y) = 0$.

Les solutions d'un système fondamental de cette associée sont liées (sauf pour $m = 1$ et $m = n - 1$) par des relations homogènes entières à coefficients constants. Les propriétés de ces associées ont fait l'objet de travaux assez nombreux[189]): une de leurs applications est l'étude de la réductibilité (n° **40** et II 12) des équations linéaires.

---

188) *H. Poincaré*, Acta math. 5 (1883/4), p. 212. Cf. *Ludwig Schlesinger*, Handbuch der Theorie der linearen Differentialgleichungen 2, Leipzig 1897, p. 118. *Ici encore on peut se placer dans le cas général d'un domaine de rationalité quelconque (n° **40**). *A. Loewy* [Math. Ann. 56 (1903), p. 554] a étudié le cas où les équations différentielles ne sont pas du même ordre; on dira, dans ce cas, que $Q(z) = 0$ est *comprise dans l'espèce* de $P(y) = 0$.*

189) *L. Fuchs*, Sitzgsb. Akad. Berlin 1888, p. 1115; id. 1899, p. 182; *A. R. Forsyth*, Philos. Trans. London 179 A (1888), p. 420; *E. Borel*, Ann. Éc. Norm. (3) 9 (1892), p. 63; *E. Grünfeld*, J. reine angew. Math. 115 (1895), p. 328; 121 (1900), p. 218/29; *A. Gutzmer*, Habilitationsschrift, Halle 1896; *R. Fuchs*, J. reine angew. Math. 121 (1900), p. 205; 123 (1901), p. 54; *G. Fano*, Atti Accad. Torino 34 (1898/9), p. 388; Math. Ann. 53 (1900), p. 570; *A. Loewy*, Sitzgsb. Akad. München 32 (1902), p. 3; voir encore Trans. Amer. math. Soc. 5 (1904), p. 79.*

A la première associée, on substitue généralement l'équation qui a pour système fondamental

$$(116)\quad z_k = (-1)^{n+k}\cdot\frac{\Delta(y_1, \ldots, y_{k-1}, y_{k+1}, \ldots, y_n)}{\Delta(y_1, y_2, \ldots, y_n)} \qquad (k = 1, 2, \ldots, n),$$

et qui peut s'en déduire immédiatement. *C. G. J. Jacobi*[190]) a montré qu'elle n'est autre que l'*adjointe de Lagrange*[191]) $\overline{P}(z) = 0$, où l'expression

$$(117)\qquad \overline{P}(z) = \sum_{k=0}^{k=n} (-1)^k \frac{d^k(p_{n-k} z)}{dx^k}$$

s'appelle l'*expression adjointe* de $P(y)$. Ses propriétés résultent de l'identité

$$(118)\qquad z\,P(y) - y\,\overline{P}(z) = \frac{d}{dx} P(y, z),$$

due à *J. L. Lagrange,* et dans laquelle

$$(119)\qquad P(y, z) = \sum_{(h,k)} (-1)^h y^{(k-h-1)} \frac{d^h}{dx^h}(p_{n-k} z).$$

En particulier, l'adjointe de l'adjointe est l'équation proposée, c'est-à-dire qu'il y a réciprocité entre l'équation et son adjointe. Le système fondamental $z_1, z_2, \ldots, z_n$ intervient dans l'intégration de l'équation non homogène

$$P(y) = q(x);$$

l'intégrale générale est, sous forme entièrement explicite,

$$(120)\qquad y = \sum_{k=1}^{k=n} y_k \int q(x)\, z_k\, dx.$$

C. G. J. Jacobi[192]) a montré que la forme générale des expressions $P(y)$ d'ordre pair et identiques à leur adjointe est (symboliquement)

$$(121)\qquad P(y) = \overline{Q}\, Q(y);$$

et *G. Darboux*[193]) a donné celle des expressions $P(y)$ d'ordre impair et

190) J. reine angew. Math. 32 (1846), p. 189; Werke 2, Berlin 1882, p. 127.

191) Cf. nº **20** et *N. H. Abel,* Œuvres 2, p. 47.

192) *C. G. J. Jacobi,* J. reine angew. Math. 17 (1837), p. 68 [1836]; Werke 4, Berlin 1886, p. 39. Voir aussi *G. Frobenius,* J. reine angew. Math. 85 (1878), p. 192 [1877]; *J. Bertrand,* J. Ec. polyt. (1) cah. 28 (1841), p. 276; *L. O. Hesse,* J. reine angew. Math. 54 (1857), p. 327; *G. Darboux,* Théorie des surfaces 2, Paris 1889, p. 109. Les équations équivalentes à leur adjointe sont importantes pour le calcul des variations [cf. *A. Hirsch,* Math. Ann. 49 (1897), p. 49; 52 (1899), p. 130]. Elles ont été étudiées au moyen d'une méthode géométrique par *E. Borel,* Ann. Ec. Norm. (3) 9 (1892), p. 63.

193) *G. Darboux,* Théorie des surfaces [192]) 2, p. 121. Les équations d'ordre impair équivalentes à leur adjointe ont leur solution générale qui s'exprime sans signe de quadratures. Cf. *E. Borel,* Ann. Ec. Norm. (3) 9 (1892), p. 63.

identiques à l'adjointe changée de signe: c'est

$$P(y) = \overline{Q} \frac{d}{dx} Q(y). \tag{122}$$

L. W. Thomé et *G. Frobenius*[194]) ont donné la loi de formation de l'adjointe d'une expression $P(y)$ décomposée en un nombre quelconque de facteurs symboliques

$$P(y) = M_1 M_2 \ldots M_k y.$$

Si $\overline{M}_1, \overline{M}_2, \ldots, \overline{M}_k$ sont respectivement les adjointes de $M_1, M_2, \ldots, M_k$, on a

$$\overline{P}(z) = \overline{M}_k \ldots \overline{M}_2 \overline{M}_1 z.$$

*Il en résulte qu'une équation et son adjointe sont toutes deux réductibles, ou toutes deux irréductibles, au sens de *G. Frobenius* (voir n° **40**).* On peut en particulier appliquer la formule précédente aux décompositions en facteurs linéaires.

*Les équations qui sont de la même *espèce* que leur adjointe ont été étudiées par *L. Fuchs*[195]), *R. Fuchs*[196]), *G. Fano*[189]) et *A. Loewy*[189]): si l'équation est d'ordre $2m$, la $m^{\text{ième}}$ associée est réductible, après adjonction éventuelle toutefois d'une racine carrée au domaine de rationalité.*

*Une représentation symbolique d'une forme différentielle linéaire et de son adjointe, analogue à la représentation symbolique de *S. H. Aronhold* pour les formes algébriques, a été donnée par *A. Hirsch*[197]) et *G. Pick*[198]).*

J. Cels[199]) a étudié des équations analogues à l'adjointe de *Lagrange*: il appelle *adjointe de la $k^{\text{ième}}$ ligne* l'équation linéaire, dont un système fondamental d'intégrales est

$$u_h = \frac{1}{\Delta} \frac{\partial \Delta}{\partial y_h^{(k-1)}} \qquad (h = 1, 2, \ldots, n),$$

Δ désignant pour abréger le déterminant $\Delta(y_1, y_2, \ldots, y_n)$.

---

194) *G. Frobenius*, J. reine angew. Math. 76 (1873), p. 263; *L. W. Thomé*, id. 76 (1873), p. 277; *E. Grünfeld*, id. 98 (1885), p. 333.

195) *Sitzgsb. Akad. Berlin 1899, p. 182.*

196) *J. reine angew. Math. 121 (1900), p. 205; 123 (1901), p. 54.*

197) *Thèse, Königsberg 1892.*

198) *Sitzgsb. Akad. Wien 112 IIª (1903), p. 82. Pour la première idée de l'emploi d'une telle symbolique voir *E. Waelsch*, Mitt. der deutschen math. Ges. Prag 1892, p. 78.*

199) C. R. Acad. sc. Paris 111 (1890), p. 98, 879; 112 (1891), p. 985; 115 (1892), p. 1057; 116 (1893), p. 176; Thèse, Paris 1891, p. 10; Ann. Ec. Norm. (3) 8 (1891), p. 341. *V. G. Imšeneckij* s'occupe du même sujet dans un mémoire envoyé à l'Académie des sciences de Sᵗ Pétersbourg, le 16 déc. 1890 [Učenyja Zapiski Acad. nauk Pétersb. 64 (1891), p. 1]. Les deux auteurs les appliquent à l'intégration des équations linéaires (cf. n° **27**).

**E. Grünfeld*[200]) a étendu à ces adjointes plusieurs propriétés de l'adjointe de Lagrange.

A. Loewy[201]) a étudié les transformées dont les solutions sont de la forme

$$\frac{d^{\alpha_1} y_{i_1}}{d x^{\alpha_1}} \frac{d^{\alpha_2} y_{i_2}}{d x^{\alpha_2}} \cdots \frac{d^{\alpha_r} y_{i_r}}{d x^{\alpha_r}},$$

où $\alpha_1, \alpha_2, \ldots, \alpha_r$ désignent r nombres naturels inégaux. Ces transformées sont d'ordre au plus égal à n^r; elles sont *toutes comprises*[188]) *dans l'espèce* de chacune de celles de ces transformées qui est effectivement d'ordre n^r. Chacune d'elles est réductible. Les équations différentielles qui correspondent à $\alpha_1 = 0$, $\alpha_2 = 1, \ldots, \alpha_r = r-1$, ont des rapports remarquables avec la $(n-r)^{\text{ième}}$ associée de l'équation donnée $P(y) = 0$; pour d'autres valeurs de $\alpha_1, \alpha_2, \ldots, \alpha_r$ cette associée est remplacée par une équation plus générale.*

Les propriétés des associées et des adjointes peuvent être rattachées[202]) à une *répresentation géométrique* des équations linéaires: on considère les équations $x_1 = y_1(x)$, $x_2 = y_2(x), \ldots, x_n = y_n(x)$, où $y_1, y_2, \ldots, y_n$ forment un système fondamental de solutions, comme définissant, en coordonnées homogènes, une courbe de l'espace à n dimensions. Le passage d'un système fondamental à un autre peut être interprété comme une transformation de ces coordonnées homogènes; on peut donc dire que l'équation $P(y) = 0$ définit, au point de vue projectif, *une courbe intégrale* déterminée. L'adjointe définit la même courbe au point de vue dualistique, et généralement les associées la définissent aussi aux divers points de vue tangentiels auxquels on peut se placer dans la géométrie projective à n dimensions. *Cette interprétation rattache la théorie des équations linéaires à la géométrie projective;* elle a été utilisée par *G. H. Halphen* et *S. Lie* dans d'autres questions relatives aux équations linéaires[203]). Remarquons que la connaissance de la courbe intégrale détermine seulement les rapports des solutions d'un système fondamental; on démontre que l'intégration s'achève alors par une quadrature[204]).

---

200) *J. reine angew. Math. 122 (1900), p. 43; 123 (1901), p. 33; voir aussi *B. Igel*, Monatsh. Math. Phys. 10 (1899), p. 229.*

201) *Trans. Amer. math. Soc. 5 (1904), p. 78.*

202) Voir par ex. *E. Borel*, Ann. Ec. Norm. (3) 9 (1892), p. 63.

203) *S. Lie,* Forhandlinger Videnskabs-Selskabet Christiania 1885, éd. 1886, mém. n° 21; *G. H. Halphen,* Mém. présentés Acad. sc. Paris (2) 28 (1884), mém. n° 1, p. 115.

204) **K. Zahradnik* [Věstnik královské České náuk (Prag) 1905, mém. n° 16, p. 1/5] étudie les propriétés géométriques des intégrales d'une équation du second ordre non homogène.*

31. Équation linéaire du second ordre. *L'équation linéaire du second ordre*

$$(123) \qquad P_2(y) = p_0 \frac{d^2y}{dx^2} + p_1 \frac{dy}{dx} + p_2 y = 0$$

a des propriétés particulières. Un fait fondamental est l'équivalence de cette équation et de l'*équation de Riccati.* Cette équivalence[205]) résulte de ce que la transformée de $P_2(y) = 0$ en $z = \frac{d \log y}{dx}$ est une équation de Riccati: si l'on intègre cette transformée, il faut une quadrature pour terminer l'intégration de $P_2(y) = 0$, mais on peut faire en sorte[206]) que cette quadrature soit

$$e^{-\int \frac{p_1}{p_0} dx}.$$

Inversement, si dans l'équation de Riccati

$$\frac{dz}{dx} = A + Bz + Cz^2$$

on pose

$$z = -\frac{1}{Cy} \frac{dy}{dx},$$

on a pour déterminer y une équation[207]) $P_2(y) = 0$.

Une équivalence analogue existe, plus généralement, entre l'équation linéaire d'ordre n et sa transformée en

$$z = \frac{d \log y}{dx}.$$

C'est au moyen de cette même transformation que *J. Liouville* a montré que l'équation

$$(124) \qquad \frac{d^2z}{dx^2} + 2h \frac{dz}{dx} + \lambda(x) z = 0$$

s'intègre par les fonctions élémentaires pour $\lambda(x) = n(n+1)x^{-2}$, h désignant une constante et n un nombre entier[208]). A ce cas d'intégrabilité peuvent se ramener la plupart des cas d'intégrabilité connus[209]) de l'équation (123).

205) *Cette équivalence a été remarquée par les premiers mathématiciens qui se sont occupés de cas spéciaux de l'équation de Riccati, par ex. par *Jacques Bernoulli* [voir *G. W. Leibniz*, Werke, éd. *C. I. Gerhardt* 3, Halle 1855/6, p. 65], par *J. F. Riccati* lui-même qui est arrivé à l'équation qui porte son nom en partant d'une équation du second ordre [Acta Erud. Lps. Suppl. 8 (1724), p. 66/73] et par *L. Euler* [Calc. integr.[126]) 2, p. 88/9] (Note de *G. Eneström*).*

206) Voir par ex. *G. Darboux*, Théorie des surfaces[51]) 1, p. 23; **E. Vessiot*, Thèse, Paris 1892, p. 64.*

207) Voir par ex. *G. Darboux,* Théorie des surfaces[51]) 1, p. 23.

208) *J. Liouville,* Remarques nouvelles sur l'équation de Riccati, C. R. Acad. sc. Paris 11 (1840), p. 729; J. math. pures appl. (1) 6 (1841), p. 2. Cf. *L. Euler,* Misc. Taurinensia (Mélanges de philos. et de math.) 3 (1762/5), éd. 1766, math. p. 60.

209) Pour de tels cas voir, entre autres, *Ch. J. Hargreave,* Philos. Trans.

Th. Moutard[210]) en a découvert de nouveaux en déterminant toutes les équations de la forme (124) dont une solution est fonction rationnelle et entière du paramètre h. La solution qu'il a donnée repose sur la considération de certaines suites d'équations $P_2(z) = 0$ tellement formées que, dès que l'une des équations de la suite est susceptible d'intégration (par la connaissance d'une solution particulière), toutes les précédentes s'intègrent alors de proche en proche[211]). Cette méthode est inspirée de la méthode de *P. S. Laplace* pour les équations linéaires du second ordre aux dérivées partielles (II 21). On en peut rapprocher une méthode analogue donnée par *J. Cels*[212]) et *V. G. Imšeneckij*[213]) pour l'équation linéaire d'ordre n et où la suite définie par $P(y) = 0$ s'obtient en prenant alternativement l'adjointe de Lagrange de chaque équation et son *adjointe de la première ligne* [c'est-à-dire la transformée en $\Delta\left(\frac{dy_1}{dx}, \ldots, \frac{dy_{n-1}}{dx}\right) : \Delta(y_1, \ldots, y_n)$].

*Dans le même ordre d'idées, citons le théorème suivant, dû à *G. Darboux*[214]): Si l'on sait intégrer l'équation

$$\frac{d^2y}{dx^2} = [f(x) + h]y$$

pour toutes les valeurs de h, on en déduit une suite illimitée d'équations de la même forme également intégrables.*

*Pour l'intégration algébrique des équations linéaires, consulter n° **42** et II 12.* Pour l'étude fonctionnelle des intégrales des équations linéaires du second ordre au point de vue réel, les propriétés de leurs racines, etc ..., on consultera l'article II 17; pour les propriétés des classes particulières de telles équations et des fonctions qui y satisfont, l'article II 21 et celui sur les équations intégrales.

Systèmes linéaires.

32. Extension des théories précédentes aux systèmes linéaires. Les *systèmes linéaires*[215]), dont la forme générale est

---

London 138 (1848), p. 31, et *G. Boole*, A treatise on differential equations, Cambridge 1859; (4e éd.) Londres 1877, p. 91. Cf. n° **10**.

210) C. R. Acad. sc. Paris 80 (1875), p. 729.

211) Cf. *L. Euler*, Misc. Taurinensia (Mélanges de math. et de philos.) 3 (1762/5), math. p. 88.

212) C. R. Acad. sc. Paris 111 (1890), p. 98, 879; 112 (1891), p. 985; 116 (1893), p. 176; Ann. Ec. Norm. (3) 8 (1891), p. 365; Thèse, Paris 1891, p. 25.

213) *Učenyja Zapiski Acad. nauk Pétersb. 64 (1891), p. 1.*

214) *C. R. Acad. sc. Paris 94 (1882), p. 1343, 1456. Théorie des surfaces[192]) 2, p. 196.*

215) Leur étude remonte à *J. d'Alembert*[82]). Cf. *L. Natani*, Die höhere

$$(125)\qquad \frac{dx_i}{dx} - \sum_{k=1}^{k=n} x_k a_{ik}(x) = b_i(x) \qquad (i = 1, 2, \ldots, n),$$

ont des propriétés semblables à celles des équations linéaires. Considérons d'abord le *système homogène*

$$(126)\qquad \frac{dx_i}{dx} - \sum_{k=1}^{k=n} a_{ik}(x) \cdot x_k = 0 \qquad (i = 1, 2, \ldots, n).$$

Il possède des *systèmes fondamentaux*, formés de n solutions

$$x_i = x_{h,i}(x) \qquad (h, i = 1, 2, \ldots, n),$$

dont le déterminant

$$\Delta = [x_{h,\,i}]_{(h,i=1,2,\ldots,n)}$$

n'est pas identiquement nul. La *solution générale* est

$$(127)\qquad x_i = \sum_{h=1}^{h=n} c_h x_{hi} \qquad (i = 1, 2, \ldots, n),$$

où $c_1, c_2, \ldots, c_n$ sont les constantes arbitraires, et cette forme d'intégrale générale est caractéristique pour les systèmes linéaires. L'*abaissement* de l'ordre du système quand on connaît une ou plusieurs solutions s'obtient, par exemple, au moyen de la méthode de la variation des constantes (n° **26**). On dit que m solutions sont linéairement indépendantes ($m \leqq n$) si les déterminants d'ordre m formés avec le tableau des fonctions qui constituent ces solutions ne sont pas tous identiquement nuls.

Le système (125), non homogène, s'intègre par des quadratures dès que le système homogène correspondant (126) est intégré[216]). Ce résultat s'établit par la méthode de la variation des constantes (n° **26**) ou par la méthode de *A. L. Cauchy* (II 12) ou par l'emploi du système adjoint (n° **14**).

Les propriétés précédentes peuvent se rattacher à la théorie générale de *S. Lie* (n° **16**), le système (125) admettant un groupe de la forme

$$(128)\qquad X_k f = \sum_{i=1}^{i=n} x_{ki}(x) \frac{\partial f}{\partial x_i} \qquad (k = 1, 2, \ldots, n),$$

Analysis, Berlin 1866, p. 238; *L. Königsberger*, Lehrbuch der Theorie der Differentialgleichungen, Leipzig 1889, p. 108 (chap. 3); *L. Sauvage*, Ann. Fac. sc. Toulouse (1) 8 (1894), supplément; (1) 9 (1894/5), supplément; *L. W. Thomé*, J. reine angew. Math. 131 (1906), p. 8; 133 (1908), p. 1; *L. Schlesinger*, Vorlesungen über die Theorie der linearen Differentialgleichungen, Leipzig 1908.*

216) Voir par ex. *L. Königsberger*, Differentialgl.[215]), p. 122.

et le système (126) admettant en plus

$$Xf = \sum_{i=1}^{i=n} x_i \frac{\partial f}{\partial x_i}$$

(Cf. nos **24**, **26**).

Si les a_{ik} sont des constantes, l'intégration du système (126) se fait sous forme explicite. On peut trouver alors des solutions de la forme

$$x_i = m_i e^{\omega x} \qquad (i = 1, 2, \ldots, n),$$

où ω est racine de l'*équation caractéristique*

$$(129) \qquad f(\omega) = \begin{vmatrix} a_{11} - \omega, & \ldots, & a_{n1} \\ \vdots & & \vdots \\ a_{1n}, & \ldots, & a_{nn} - \omega \end{vmatrix} = 0$$

et où les m_i sont des constantes qui se calculent par des équations du premier degré. Si l'équation caractéristique

$$f(\omega) = 0$$

n'a que des racines simples, l'intégration est ainsi achevée. Le cas des racines multiples dépend au fond de la théorie des diviseurs élémentaires de *K. Weierstrass* (I 11)[217]). On peut employer encore la méthode des multiplicateurs de *J. d'Alembert* (n° **14**) et sa méthode de passage à la limite pour le cas des racines multiples (n° **25**). La méthode de *P. S. Laplace*[218]), le calcul des résidus de *A. L. Cauchy*[219]) donnent d'autres solutions. La question est aussi liée à la recherche des formes canoniques des transformations linéaires, soit finies, soit infinitésimales[220]).

H. Vaschy[221]), par l'emploi des notations symboliques, a réussi à traiter dans toute sa généralité le cas d'un système non résolu de n équations linéaires homogènes à coefficients constants, dépendant de n fonctions inconnues, et d'ordre quelconque. Les résultats, sous forme symbolique, ont une remarquable similitude de forme avec ceux de la théorie des systèmes d'équations du premier degré.

217) *L. Sauvage,* Ann. Fac. sc. Toulouse (1) 9 (1895), supplément; J. math. pures appl. (3) 10 (1884), p. 387; voir aussi Ann. Ec. Norm. (3) 8 (1891), p. 285; **P. Muth,* Theorie der Elementarteiler, Leipzig 1899, p. 195.*

218) Voir par ex. *E. Picard,* Traité d'Analyse 3, Paris 1896, p. 395; (2e éd.) 3, Paris 1908, p. 429.

219) *A. L. Cauchy,* C. R. Acad. sc. Paris 8 (1839), p. 827, 845, 889, 931. Œuvres (1) 4, Paris 1884, p. 369, 373, 398, 419. Voir par ex. *H. Laurent* [Traité d'Analyse 5, Paris 1890, p. 296] et une exposition différente par *J. Collet* [Ann. Enseign. sup. Grenoble 6 (1894), p. 309].

220) *S. Lie* et *F. Engel,* Transformationsgruppen[101]) 1, p. 585.

221) C. R. Acad. sc. Paris 116 (1893), p. 491. Cf. *C. Jordan,* Cours d'Analyse (2e éd.) 3, Paris 1896, p. 163; **A. Garbasso,* Nouv. Ann. math. (4) 2 (1902), p. 549.*

*L'une quelconque des équations du système est de la forme

$$P_1 x_1 + P_2 x_2 + \cdots + P_n x_n = 0,$$

$P_1, P_2, \ldots, P_n$ étant des expressions différentielles linéaires à coefficients constants, et dans les formules interviennent des déterminants dont les éléments sont des expressions symboliques de la même nature.*

*Pour le système (126), on peut employer d'autres symboliques. Considérons $x_1, x_2, \ldots, x_n$ comme constituant une quantité complexe (x): la quantité complexe formée par les nombres

$$x_i' = a_{i1} x_1 + a_{i2} x_2 + \cdots + a_{in} x_n \qquad (i = 1, 2, \ldots, n)$$

pourra se représenter comme le produit $[a](x)$ de la matrice $[a_{ik}]$ par la quantité complexe (x); et le système (126) sera remplacé par l'équation unique

$$\frac{d(x)}{dt} = [a](x).$$

G. Peano[222]), *M. Bôcher*[223]), *H. F. Baker*[224]) se sont servis de cette notation pour simplifier diverses formules et diverses démonstrations.*

**V. Volterra*[225]) prend pour inconnue la matrice constituée par un système fondamental de solutions et a, par suite, l'équation entre matrices

$$\left[\frac{dx_{ik}}{dx}\right] = [a_{ik}][x_{ik}],$$

où le second membre a la signification habituelle du produit de deux matrices. *V. Volterra* introduit de plus un calcul infinitésimal des matrices qui permet des notations encore plus condensées.

Les opérations fondamentales de ce calcul sont: une opération différentielle D_x (*derivata a destra*), définie par la formule

$$D_x[x_{ik}] = [x_{ik}]^{-1}\left[\frac{dx_{ik}}{dx}\right],$$

et l'opération intégrale inverse (*integrale destro*). Cette dernière se réalise par un procédé d'approximations successives, imité de celui qui sert, dans le calcul intégral ordinaire, à définir l'intégration définie.

L. Schlesinger[226]) a repris cette méthode de *V. Volterra* et en a déduit une exposition nouvelle de la théorie des systèmes linéaires.*

---

222) *Atti Accad. Torino 22 (1886/7), p. 437; Math. Ann. 32 (1888), p. 450.*

223) *Amer. J. math. 24 (1902), p. 311.*

224) *Proc. London math. Soc. (1) 34 (1901/2), p. 91, 347; (1) 35 (1902/3), p. 334; (2) 2 (1905), p. 293/6.*

225) *Mem. mat. fis. della Soc. italiana delle scienze [detta dei XL], (3) 6 (1887), p. 107; (3) 12 (1899), p. 695.*

226) *C. R. Acad. sc. Paris 138 (1904), p. 955. Verhandl. des 3ten internat. Math.-Kongresses Heidelberg 1904, publ. par *A. Krazer,* Leipzig 1905, p. 219; et

On peut former le système linéaire qui a pour système fondamental de solutions n solutions données

$$x_i = x_{ki}(x) \qquad (k, i = 1, 2, \ldots, n),$$

considérées comme des fonctions de n indéterminées. C'est le système

$$(130) \qquad \begin{vmatrix} \frac{dx_k}{dx}, & \frac{dx_{1k}}{dx}, & \ldots, & \frac{dx_{nk}}{dx} \\ x_1, & x_{11}, & \ldots, & x_{n1} \\ \cdot & \cdot & \cdot & \cdot \\ x_n, & x_{1n}, & \ldots, & x_{nn} \end{vmatrix} = 0 \quad (k = 1, 2, \ldots, n),$$

d'où l'on conclut les expressions des a_{ki} au moyen des x_{ki} et de leurs dérivées. Ce sont des invariants du groupe linéaire homogène d'ordre n^2

$$\bar{x}_{kj} = c_{k1} x_{1j} + c_{k2} x_{2j} + \cdots + c_{hn} x_{nj} \qquad (k, j = 1, 2, \ldots, n),$$

qui joue ici le rôle du groupe (Γ) du n° **29**. Toutes les théories de ce n° **29** peuvent se reproduire ici à peu près sans modifications[227]. Parmi les systèmes transformés figure le *système adjoint* de *Jacobi* (n° **14**)

$$(131) \quad \frac{dz_i}{dx} + a_{1i} z_1 + a_{2i} z_2 + \cdots + a_{ni} z_n = 0 \qquad (i = 1, 2, \ldots, n),$$

dont un système fondamental de solutions est donné par

$$(132) \qquad z_i = z_{hi} = \frac{1}{\Delta} \frac{\partial \Delta}{\partial x_{hi}} \qquad (h, i = 1, 2, \ldots, n).$$

Citons encore la formule[228])

$$(133) \qquad \frac{1}{\Delta} \frac{d\Delta}{dx} = e^{-\int u\, dx},$$

où

$$u = a_{11} + a_{12} + \cdots + a_{nn};$$

cette formule remplace ici la formule (105) de *J. Liouville* (n° **28**).

*Des généralisations analogues peuvent être faites pour le cas de systèmes linéaires formés d'équations d'ordre supérieur au premier. *E. Wilczynski*[229]) a étudié plus spécialement le cas de deux équations du second ordre, à deux fonctions inconnues et a donné, en particulier, la généralisation du système adjoint (cf. n° **38**).*

surtout: J. reine angew. Math. 128 (1905), p. 263. Pour une exposition plus détaillée, voir *Ludwig Schlesinger* [Vorlesungen über lineare Differentialgleichungen, Leipzig 1908].*

227) *E. Vessiot*, Ann. Fac. sc. Toulouse (1) 8 (1894), mém. n° 8, p. 29; **Ludwig Schlesinger*, J. reine angew. Math. 128 (1905), p. 289. Pour le *système adjoint*, cf. *G. Darboux*, C. R. Acad. sc. Paris 90 (1880), p. 596.*

228) *C. G. J. Jacobi*[81]), J. reine angew. Math. 29 (1845), p. 222; Werke 4, p. 405.

229) *Trans. Amer. math. Soc. 3 (1902), p. 60.*

G. Darboux[230]) a étendu aux systèmes linéaires (126) son théorème sur les intégrales algébriques de l'équation de Riccati (nº **10**): si le système admet pour intégrales des formes algébriques en $x_1, .., x_n$, il admet aussi pour intégrale tout covariant de ce système de formes, multiplié par une puissance convenable d'une fonction connue de x.

Cet énoncé peut se généraliser, en y faisant intervenir des contrevariants et des formes mixtes, quand on considère, en même temps que le système (126), son *système adjoint*[231]) et, plus généralement, *ses systèmes associés*[232]). Le $(n-p)^{\text{ième}}$ *associé*[233]) du système (126) est le système linéaire qui admet pour solution les déterminants d'ordre p de la matrice formée par p solutions quelconques du système (126). Le premier associé ne diffère du système adjoint[181]) que par la multiplication des inconnues z_i par $(-1)^i\Delta$; les signes qui figurent dans les intégrales du système adjoint ne figurent donc pas dans les intégrales du système associé. L'intégration du système (126) entraîne celle de tous ses associés.

Cette notion des associés est susceptible de l'interprétation géométrique suivante: considérons chaque solution du système (126) comme donnant les coordonnées homogènes $(x_1, x_2, \ldots, x_n)$ d'un point, variable avec x, dans l'espace à $n-1$ dimensions; le $(n-p)^{\text{ième}}$ associé aura pour solution les coordonnées homogènes de la variété linéaire à $p-1$ dimensions définie par p de ces points. Les coordonnées non homogènes de cette même variété, c'est-à-dire les quotients de certains des déterminants d'ordre p précédemment considérés, satisfont à d'autres systèmes transformés, non linéaires, analogues, à certains points de vue, à l'équation de Riccati.*

Systèmes à solutions fondamentales.

33. Diverses définitions des systèmes de Lie. Théorie de l'intégration de ces systèmes. Les systèmes linéaires et l'équation

230) *C. R. Acad. sc. Paris 90 (1880), p. 524. Cf. *S. Lie*, Forhandlinger Videnskabs-Selskabet Christiania 1882 éd. 1883, mém. nº 22, p. 3. Cf. nº **42**.*

231) **G. Darboux*, C. R. Acad. sc. Paris 90 (1880), p. 596.*

232) **G. Darboux*, C. R. Acad. sc. Paris 148 (1909), p. 745.*

233) *Le $(n-2)^{\text{ième}}$ *associé* a été considéré incidemment par *L. Fuchs*, Sitzgsb. Akad. Berlin 1898, p. 478. La forme générale du $(n-p)^{\text{ième}}$ *associé* est donnée par *Ludwig Schlesinger*, J. reine angew. Math. 128 (1905), p. 296; ses dernières formules demandent toutefois à être légèrement retouchées. Dans ce même mémoire est donnée aussi la définition des systèmes linéaires de même *espèce*: un système linéaire est de même *espèce* que le système (126) s'il s'en déduit par une transformation linéaire homogène, à coefficients rationnels en x, effectuée sur les fonctions inconnues $x_1, x_2, \ldots, x_n$ [cf. *L. Schlesinger*, Vorles.[226]), Leipzig 1908].*

linéaire d'ordre n, qui en est un cas particulier, sont eux-mêmes des cas particuliers des *systèmes de Lie*[234]) dont la forme générale est

$$(134)\qquad \frac{dx_i}{dt} = \sum_{k=1}^{k=r} \theta_k(t)\,\xi_{ki}(x_1,\ldots,x_n) \qquad (i=1,2,\ldots,n),$$

où les r transformations infinitésimales indépendantes

$$(135)\qquad X_k f = \sum_{i=1}^{i=n} \xi_{ki}(x_1,\ldots,x_n)\frac{\partial f}{d x_i} \qquad (k=1,2,\ldots,r)$$

définissent un groupe (G), associé au système (134). L'équation linéaire équivalente à ce système s'écrit

$$(136)\qquad \Delta f = \frac{\partial f}{\partial t} + \sum_{k=1}^{k=r} \theta_k(t)\,X_k f = 0.$$

Le système (134) devient, en effet, linéaire si (G) est le groupe linéaire général (ou un de ses sous-groupes); il est linéaire homogène si (G) est le groupe linéaire homogène (ou un de ses sous-groupes). Il se réduit à l'équation de Riccati (n° **10**) si (G) est le groupe projectif à une variable et plus généralement au système

$$\Phi_h = 0 \qquad (h = 1, 2, \ldots, n-1)$$

(n° **14**) auquel conduit, pour les équations linéaires, l'application des multiplicateurs de *J. d'Alembert*, si (G) est le groupe projectif à $n-1$ variables. *On l'appellera, dans ce cas, *système projectif.* On obtient encore un système projectif quand on cherche[235]) les rapports des fonctions inconnues x d'un système linéaire homogène (126).* Sous leur forme générale, on rencontre les systèmes de *S. Lie* comme systèmes auxiliaires dans la théorie de *S. Lie* pour l'intégration des systèmes différentiels admettant un groupe de transformations connu (n° **16**).

Dans le cas où ils sont à *coefficients constants,* c'est-à-dire où les $\theta_k(t)$ sont des constantes, ils définissent les *équations finies canoniques* d'une transformation de (G). *S. Lie* a montré[236]) que, si l'on connaît, sous une forme quelconque, les équations finies de (G), la détermination de ces équations canoniques exige au plus des quadratures.

---

234) Math. Ann. 25 (1885), p. 71 [1884].

235) *Cette réduction est classique pour $n = 2$, où elle conduit à l'équation de Riccati [voir par ex. *G. Darboux,* Théorie des surfaces[51]) 1, p. 25]. Dans le cas général elle résulte des indications de *S. Lie* [Math. Ann. 25 (1885), p. 143/4]; elle résulte d'ailleurs déjà de la comparaison des multiplicateurs de Jacobi et des multiplicateurs de d'Alembert. Un autre exemple de systèmes de Lie est fourni par les systèmes introduits à la fin du n° **32**.*

236) Cf. par ex. *S. Lie* et *F. Engel,* Transformationsgruppen[13]) 3, p. 624.

C'est la généralisation du résultat relatif aux équations linéaires à coefficients constants; il contient, comme cas particulier, l'intégrabilité de l'équation de Jacobi (n° **9**).

Les systèmes (A) ont été introduits par *S. Lie*[237]): il a montré l'intérêt qu'ils offrent pour sa théorie d'intégration, *il a mis en évidence le rôle que doit jouer, dans leur intégration, la structure du groupe (G)*, et donné en même temps des indications sur le moyen de tirer parti de la connaissance d'intégrales premières, ou de solutions particulières, ou de relations entre certaines solutions particulières. Ces systèmes ont été retrouvés comme étant les *systèmes les plus généraux possédant des systèmes fondamentaux de solutions*, c'est-à-dire tels que l'intégrale générale en soit donnée par des formules de la forme

$$(137)\quad x_i = \Phi_i(x_{11},\ldots,x_{1n};\ x_{21},\ldots,x_{2n};\ \ldots;\ x_{p1},\ldots,x_{pn}/c_1,\ldots,c_n)\qquad (i=1,2,\ldots,n),$$

où $x_{11},\ldots,x_{1n};\ldots;x_{p1},\ldots,x_{pn}$ sont p solutions particulières quelconques (assujetties seulement à des conditions d'inégalité) constituant ce qu'on appelle un système fondamental; où $c_1,\ldots,c_n$ sont les constantes d'intégration; et où les fonctions Φ_i, *dans lesquelles t ne figure pas explicitement,* ne dépendent pas du choix de ce système fondamental.

La recherche de ces systèmes, pour le cas de $n=1$ [238]), avait été faite par *L. Königsberger*[239]), en supposant les Φ_i algébriques, puis reprise par *E. Vessiot*[240]) sans restrictions.

Le cas général fut abordé successivement par *A. Guldberg*[241]), *E. Vessiot*[242]) et par *S. Lie*[243]) qui énonça et démontra le résultat définitif.

G. Bohlmann[244]) a retrouvé encore les systèmes de *S. Lie* en cherchant les *classes de systèmes susceptibles de méthodes d'intégration,* c'est-à-dire les systèmes de la forme

$$(138)\quad \frac{dx_i}{dt} = H_i(x_1,\ldots,x_n/\theta_1(t),\ldots,\theta_r(t))\quad (i=1,2,\ldots,n),$$

237) *Math. Ann. 25 (1885), p. 124.*

238) Pour ce cas, quelques résultats avaient été donnés par *Ed. Weyr*, Abh. böhm. Ges. Wiss. (6) 8 (1875/6) math. mém. n° 1, p. 4/6, 14/8.

239) Acta math. 3 (1883/4), p. 1.

240) Ann. Ec. Norm. (3) 10 (1893), p. 53.

241) C. R. Acad. sc. Paris 116 (1893), p. 964; J. reine angew. Math. 115 (1895), p. 111.

242) C. R. Acad. sc. Paris 116 (1893), p. 1112.

243) C. R. Acad. sc. Paris 116 (1893), p. 1233; Ber. Ges. Lpz 45 (1893), math. p. 341; 48 (1896), math. p. 390. Cf. aussi *S. Lie* et *F. Engel*, Transformationsgruppen[93]) 3, p. 791 (chap. 24).

244) J. reine angew. Math. 113 (1894), p. 207; 115 (1895), p. 89 [1894].

où les $\theta_r(t)$ sont des fonctions indéterminées, tandis que les H_i sont des fonctions déterminées de leurs arguments et pour lesquels l'intégrale générale est de la forme

$$(139)\qquad \Omega_i(x_1,\ldots,x_n,t/u_1(t),\ldots,u_s(t)) = c_i \qquad (i=1,2,\ldots,n),$$

où les fonctions Ω_i des arguments $x_1,\ldots,x_n,t,u_1,\ldots,u_r$ ne dépendent que de la forme des fonctions H_i, tandis que les fonctions u_h sont définies analytiquement dès qu'on attribue aux θ_k des formes particulières (par exemple par des équations différentielles dont les coefficients sont formés avec les θ_k et leurs dérivées).

Enfin une autre propriété caractéristique du système (134) est qu'on en peut mettre l'intégrale générale sous une forme telle que *les constantes arbitraires y figurent comme les variables figurent dans les équations finies du groupe* (G). En d'autres termes, si ces équations finies sont

$$(140)\qquad x_i' = f_i(x_1,\ldots,x_n/a_1,\ldots,a_r) \qquad (i=1,2,\ldots,n),$$

l'intégrale générale de (134) est de la forme

$$(141)\qquad x_i = f_i(x_1^0,\ldots,x_n^0/a_1(t),\ldots,a_r(t)) \qquad (i=1,2,\ldots,n),$$

où $x_1^0, x_2^0,\ldots,x_n^0$ sont les constantes arbitraires et où les $a_k(t)$ sont définies par le système de Lie auxiliaire

$$(142)\qquad \frac{d a_k}{dt} = \sum_{j=1}^{j=r} \theta_j(t)\,\alpha_{jk}(a_1,\ldots,a_r) \qquad (k=1,2,\ldots,n),$$

pour lequel le groupe associé est le premier groupe paramétrique de (G).

De cette remarque, qu'on peut considérer comme une application de la méthode de la variation des constantes (nº 26), *E. Vessiot*[245]) a déduit une théorie complète de l'intégration des systèmes de Lie, les équations finies de (G) étant supposées connues: deux systèmes de Lie sont équivalents, c'est-à-dire que l'intégration de chacun entraîne celle de l'autre, si les groupes associés sont holoédriquement isomorphes et si les fonctions $\theta_k(t)$ sont les mêmes pour les deux systèmes. L'intégration du système (119) peut s'effectuer au moyen de celle du *système linéaire adjoint*

$$(143)\qquad \frac{de_s}{dt} = \sum_{k=1}^{k=r}\theta_k(t)\sum_{i=1}^{i=r} c_{iks}\,e_i \qquad (s=1,2,\ldots,r),$$

qui a le groupe adjoint de (G) pour groupe associé. Après cette intégration auxiliaire, on peut avoir à effectuer seulement des quadratures, si (G) contient des transformations infinitésimales *distinguées* (*aus-*

245) Ann. Fac. sc. Toulouse (1) 8 (1894), mém. nº 8, p. 6.

gezeichnet). Enfin on peut aussi ramener l'intégration de (134), si (G) n'est pas un groupe simple, à celle d'une suite de systèmes auxiliaires de Lie, à groupes simples.

Les diverses théories relatives aux systèmes linéaires (fonctions invariantes, relations entre les fonctions différentielles des solutions d'un système fondamental et de leurs dérivées, transformées) peuvent s'étendre à tout système de Lie.

Si l'on cesse de supposer connues les équations finies de (G), l'intégration de (134) comprend comme cas particulier la détermination de ces équation finies, problème sur lequel *S. Lie* avait donné des résultats essentiels[246]). *E. Vessiot*[247]) a montré que le cas général se ramène à la théorie de *S. Lie* (exposée au n° **16**), en déterminant d'abord le groupe des transformations infinitésimales de la forme

$$\sum_{k=1}^{k=r} \vartheta_k(t) \cdot X_k f$$

qui laisse le système (134) invariant (Cf. n° **32**): on en conclut en particulier que l'intégration de (134) se ramène toujours à celle de systèmes linéaires auxiliaires, si (G) est transitif; et aussi si (G) est intransitif, dès qu'on a calculé ses invariants.

*Aux exemples de systèmes de Lie cités plus haut, on peut ajouter l'exemple plus particulier des systèmes linéaires (126) qui sont identiques à leur adjoint, c'est-à-dire dans lesquels le déterminant des a_{ik} est un déterminant symétrique gauche: le groupe (G) est alors formé de toutes les transformations linéaires homogènes qui laissent invariante la forme quadratique

$$x_1^2 + x_2^2 + \cdots + x_n^2.$$

Le cas où $n = 2$ et celui où $n = 3$ sont classiques[248]), le cas où $n = 4$ a été étudié par *E. Goursat*[249]), *J. Eiesland*[250]), *E. Laura*[251]) *G. Darboux*[252]); le cas général a été étudié par *E. Vessiot*[253]) et par *G. Darboux*[254]).

246) Voir par ex. *S. Lie* et *F. Engel*, Transformationsgruppen[93]) 3, p. 518, 798, et suiv.

247) Ann. Fac. sc. Toulouse (1) 10 (1896), mém. n° 7, p. 22; *C. R. Acad. sc. Paris 148 (1909), p. 1036.*

248) *Voir par ex. *G. Darboux*, Théorie des surfaces[61]) 1, p. 19.*

249) *C. R. Acad. sc. Paris 106 (1888), p. 187; 148 (1909), p. 612.*

250) *Amer. J. math. 28 (1906), p. 17/42.*

251) *Atti Accad. Torino 42 (1906/7), p. 1089.*

252) *C. R. Acad. sc. Paris 148 (1909) p. 16.*

253) *id. 148 (1909), p. 332.*

254) *id. 148 (1909), p. 673.*

34. Généralisations diverses des systèmes de Lie. On peut élargir la notion de *systèmes différentiels à solutions fondamentales* en supposant que la variable indépendante figure explicitement dans les relations qui lient la solution générale aux solutions particulières. Mais il faut, sauf pour le cas de $n = 1$, introduire alors une hypothèse complémentaire. Un système quelconque

$$\frac{dx_i}{dt} = H_i(x_1, \ldots, x_n, t) \qquad (i = 1, 2, \ldots, n) \tag{144}$$

sera un système à solutions fondamentales, dès que l'on *connaîtra* des relations de la forme

$$x_i = \Phi_i(x_{11}, \ldots, x_{1n}; \ldots; x_{p1}, \ldots, x_{pn}; t/c_1, \ldots, c_n) \quad (i = 1, 2, \ldots, n) \tag{145}$$

fournissant l'intégrale générale lorsqu'on y remplace

$$x_{11}, \ldots, x_{1n}; \ldots; x_{p1}, \ldots, x_{pn}$$

par p solutions particulières; telles de plus que les équations

$$\bar{x}_{kj} = \Phi_j(x_{11}, \ldots, x_{1n}; \ldots; x_{p1}, \ldots, x_{pn}; t/a_{k1}, \ldots, a_{kn}) \tag{146}$$
$$(k = 1, 2, \ldots, p;\ j = 1, 2, \ldots, n)$$

définissent un groupe dont les équations paramétriques soient indépendantes de t. Dans cette définition rentrent toutes les transformées des équations linéaires[255]) et des systèmes de Lie. De tels systèmes s'intègrent toujours au moyen de systèmes auxiliaires de Lie[256]).

*On peut aussi considérer des systèmes qui ne sont pas formés exclusivement d'équations du premier ordre. C'est ainsi que *E. Wilczinski*[257]) a introduit sous le nom de *systèmes linéaroïdes* ceux dont la solution générale $\bar{x}_1, \bar{x}_2, \ldots, \bar{x}_n$ est définie en fonction d'une solution particulière quelconque $x_1, x_2, \ldots, x_n$ par les équations d'un *groupe linéaroïde*, c'est-à-dire de la forme

$$\bar{x}_i = \sum_{k=1}^{k=n} \varphi_{ik}(t \mid a_1, a_1, \ldots, a_k) x_k \qquad (i = 1, 2, \ldots k).^*$$

A. Guldberg[258]) a généralisé autrement les systèmes de Lie, en cherchant les systèmes d'équations d'ordre supérieur qui admettent des

---

255) *E. Vessiot,* Thèse, Paris 1892, p. 31; Ann. Ec. Norm. (3) 9 (1892), p. 226.

256) *E. Vessiot,* Ann. Fac. sc. Toulouse (1) 8 (1894), mém. n° 8, p. 30. Cf. *T. Levi-Cività,* Reale Ist. Lombardo *Rendic.* (2) 28 (1895), p. 864/73.

257) *Amer. J. math. 21 (1899), p. 354; 22 (1900), p. 191. *E. Wilczynski* étudie le cas où $n = 2$ et celui où $n = 3$. Le cas où $n = 4$ a été étudié par *F. E. Ross,* Amer. J. math. 25 (1903), p. 179.*

258) C. R. Acad. sc. Paris 117 (1893), p. 215.

systèmes fondamentaux d'intégrales premières: ce sont des systèmes

(147) $\frac{d^p x_i}{dt^p} = H_i\left(t, x_1, \ldots, x_n, \frac{dx_1}{dt}, \ldots, \frac{d^{p-1}x_n}{dt^{p-1}}\right) \quad (i = 1, 2, \ldots, n)$

dont l'intégrale première la plus générale peut se mettre sous la forme

(148) $\frac{d^{p-1}x_i}{dt^{p-1}} = \Phi_i(\psi_{11}, \ldots, \psi_{1n}; \ldots; \psi_{s1}, \ldots, \psi_{sn}/c_1, \ldots, c_n) \; (i = 1, 2, \ldots, n),$

les équations

(149) $$\frac{d^{p-1}x_i}{dt^{p-1}} = \psi_{ki}\left(t, x_1, \ldots, x_n, \ldots, \frac{d^{p-2}x_n}{dt^{p-2}}\right)$$
$$(i = 1, 2, \ldots, n;\ k = 1, 2, \ldots, s)$$

définissant p intégrales premières particulières quelconques. La recherche et l'intégration de tels systèmes se rattachent également à la théorie des groupes de transformations.

Les groupes infinis fournissent une autre généralisation des systèmes de Lie: ce sont les systèmes[259]) de la forme

(150) $$\frac{dx_i}{dt} = \xi_i(x_1 \ldots x_n/t) \quad (i = 1, 2, \ldots, n),$$

où la famille des transformations infinitésimales

(151) $$X_{(t)}f = \sum_{i=1}^{n} \xi_i(x_1, \ldots, x_n/t) \frac{df}{dx_i}$$

dépendant du paramètre t est toute entière contenue dans un groupe infini (G) (autre que le groupe ponctuel général en $x_1, \ldots, x_n$). Dans cette classe rentrent, entre autres, les systèmes canoniques de la mécanique (n° **15**). Ici encore, les constantes arbitraires figurent, dans l'intégrale générale, comme les variables dans les équations finies du groupe (G). On peut encore dire que l'équation équivalente

(152) $$Lf = \frac{\partial f}{dt} + X_{(t)}f = 0$$

admet n solutions satisfaisant aux équations de définition des transformations du groupe (G), ce qui montre que leur intégration dépend de la structure de ce groupe (voir n° **44**).

35. Systèmes automorphes. A un point de vue plus général encore, tout système $\Sigma_{(G)}$ d'équations différentielles soit ordinaires soit aux dérivées partielles

(153) $$F_k\left(x_1, \ldots, x_m; z_1, \ldots, z_n; \frac{\partial z_1}{\partial x_1}, \ldots, \frac{\partial z_n}{\partial x_m}; \frac{\partial^2 z_1}{\partial x_1^2}, \ldots\right) = 0,$$

259) *E. Vessiot,* C. R. Acad. sc. Paris 125 (1897), p. 1019; *Ann. Ec. Norm. (3) 21 (1904), p. 84; C. R. Acad. sc. Paris 148 (1909), p. 1036.*

dont la solution générale se déduit d'une solution particulière $z_1^0, \ldots, z_n^0$ par la transformation générale d'un groupe (G), fini ou infini,

$$z_1 = \varphi_1(z_1^0, \ldots, z_n^0), \ldots, z_n = \varphi_n(z_1^0, \ldots, z_n^0),$$

est un système à solutions fondamentales[260]). On les appelle des *systèmes automorphes*. Les systèmes formés par les équations de définition des transformations finies d'un groupe (G) en sont un cas particulier.

Généralement, un système $\Sigma_{(G)}$ n'est autre chose qu'un système admettant le groupe (G) et tel que le groupe transforme transitivement les solutions de ce système; la formation de tous ces systèmes dépend donc de la détermination des types de groupes (G) et de la théorie générale des invariants différentiels; ils s'obtiennent, sauf certains systèmes exceptionnels, en égalant à des fonctions données de $z_1, \ldots, z_m$ un système d'invariants différentiels du groupe (G) convenablement choisi.

Quant à l'intégration de tels systèmes, si le groupe (G) est fini, elle rentre dans les problèmes précédemment étudiés. Si le groupe (G), supposé infini, n'est pas simple, l'intégration du système $\Sigma_{(G)}$ peut, en général, se ramener à celle d'une suite de systèmes de la même nature, mais correspondant à des groupes simples: ces groupes simples résultent, ici encore, de la *décomposition normale* de (G) en une suite de groupes, dont chacun est un sous-groupe invariant maximum du précédent; et le nombre et la structure de ces groupes simples sont indépendants (à l'ordre près) de la décomposition normale employée[261]). Si le groupe infini (G) est simple, on cherchera à abaisser autant que possible le nombre des fonctions inconnues $z_1, z_2, \ldots, z_n$ et on sera ramené à des systèmes $\Sigma_{(G)}$ que l'on peut considérer comme irréductibles à des systèmes plus simples, et qui seront les systèmes canoniques correspondant à la structure de groupe simple considérée[262]).

*Il résulte des indications données par *S. Lie*[263]) et *E. Vessiot*[264]), jointes aux résultats des recherches de *E. Cartan*[265]) sur la structure des groupes infinis, que ces systèmes canoniques sont de forme générale

260) *S. Lie,* Ber. Ges. Lpz. 47 (1895), math. p. 261 [1894]; *J. Drach,* Thèse, Paris 1898, p. 90; *E. Vessiot,* Acta math. 28 (1904), p. 311.

261) *J. Drach,* Thèse, Paris 1898, p. 104.

262) Sur ce dernier point, *S. Lie* s'exprime d'une manière très vague. **E. Vessiot* [Acta math. 28 (1904), p. 319] a montré comment on peut préciser.*

263) *Ber. Ges. Lpz. 47 (1895), math. p. 291.*

264) *Acta math. 28 (1904), p. 321.*

265) *C. R. Acad. sc. Paris 144 (1907), p. 1094; Ann. Ec. Norm. (3) 26 (1909), p. 93.*

connue et s'intègrent au moyen d'équations différentielles ordinaires. *E. Cartan*[266]) a fait observer que, dans le cas où le groupe (G) n'est pas simple, il peut arriver que la *décomposition normale* de (G) conduise à une suite infinie de sous-groupes; il faudrait alors introduire des systèmes auxiliaires pour lesquels les groupes (G) seraient des *groupes simples improprement dits;* et l'intégration de tels systèmes exigerait celle d'équations linéaires aux dérivées partielles à une seule fonction inconnue.*

*Les systèmes automorphes s'introduisent dans la théorie donnée par *J. Drach* pour l'intégration du système général (1) (voir n° **44**).*

S. Lie[267]) avait déjà ramené à l'intégration de tels systèmes le problème général suivant: *Connaissant les équations de définition d'un groupe* (G), *et la forme générale de ses transformations infinitésimales, intégrer l'équation* $Xf = 0$, *où* Xf *est une quelconque des transformations infinitésimales du groupe.*

Ce problème comprend, comme cas particuliers, l'étude générale des systèmes de Lie [n° **33**], la théorie de *S. Lie* exposée au n° **16**, l'étude des systèmes canoniques et des systèmes considérés à la fin du n° **34**, ainsi que la théorie des équations aux dérivées partielles du premier ordre. On y rattache aussi la théorie du multiplicateur de Jacobi, en remarquant que la connaissance d'un multiplicateur du système (53) donne l'équation équivalente

$$(154) \qquad Xf = M \sum_{i=1}^{i=n} \alpha_i \frac{\partial f}{\partial x_i} = 0,$$

où Xf est une transformation infinitésimale du groupe ponctuel laissant tous les volumes invariables; c'est ainsi que *S. Lie*[268]) a pu montrer que le théorème du dernier multiplicateur donnait toute la simplification résultant, pour l'intégration du système, de la connaissance du multiplicateur M.

S. Lie a également repris[269]), du même point de vue, l'intégration d'un système (45), d'ordre n, dont on connaît à la fois un multiplicateur et une transformation infinitésimale: ou bien on en déduit une ou plusieurs intégrales premières de (45), ou bien on achève l'intégration

266) *C. R. Acad. sc. Paris 144 (1907), p. 1096; Ann. Ec. Norm. (3) 26 (1909), p. 96.*

267) Ber. Ges. Lpz. 47 (1895), math. p. 264.

268) Ber. Ges. Lpz. 47 (1895), math. p. 293.

269) Math. Ann. 11 (1877), p. 508; Archiv for Math. og Naturvidenskab (Christiania) 9 (1884), p. 431/48; Ber. Ges. Lpz 47 (1895), p. 313.

par deux quadratures, après qu'on a déterminé $n-2$ intégrales premières, ou bien enfin, après avoir déterminé les $n-1$ premières intégrales, la dernière s'obtient sans quadrature.

Classes diverses de systèmes différentiels.

36. Cas où l'intégrale générale dépend algébriquement des constantes arbitraires. Systèmes corrélatifs. Systèmes d'Engel. Les classes précédentes de systèmes différentiels ont toutes été obtenues en cherchant à généraliser l'une ou l'autre de ces deux propriétés essentielles des équations linéaires:

1°) elles possèdent des systèmes fondamentaux de solutions, c'est-à-dire que leurs solutions, prises en nombre suffisant, sont liées par des relations de forme connue; de telle sorte que la solution générale s'exprime immédiatement au moyen d'un nombre suffisant de solutions particulières.

2°) on sait de quelle manière les constantes arbitraires figurent dans l'intégrale générale.

La considération plus particulière de cette seconde propriété a conduit, de diverses manières, à étudier d'autres classes d'équations, par exemple les équations du second ordre dont la solution générale est une fraction du premier degré par rapport aux deux constantes arbitraires[270]) et les équations d'ordre supérieur dont l'intégrale générale est de la forme

$$y = \frac{\Sigma a_k u_k(x)}{\Sigma b_k v_k(x)}, \tag{155}$$

les constantes a_k et b_k étant liées par un nombre quelconque de relations homogènes[271]). *P. Painlevé*[272]) a montré comment tout système (1) dont la solution générale dépend rationnellement des constantes arbitraires s'intègre au moyen de systèmes linéaires. Il a étudié, plus généralement, les systèmes (1) dont la solution générale dépend algébriquement des constantes arbitraires (II 13).

**J. Hadamard*[273]) a traité le cas particulier des équations du

270) *J. N. Hazzidakis*, J. reine angew. Math. 90 (1881), p. 74 [1880]; *E. Vessiot*, Ann. Fac. sc. Toulouse (1) 9 (1895), mém. n° 6; **G. Wallenberg*, J. reine angew. Math. 121 (1900), p. 200/4, 210/7; 130 (1905), p. 77/88.*

271) *P. Appell*, C. R. Acad. sc. Paris 107 (1888), p. 776; J. math. pures appl. (4) 5 (1889), p. 361; *P. Rivereau*, Thèse, Paris 1890.

272) C. R. Acad. sc. Paris 116 (1893), p. 173; Leçons de Stockholm [89]), p. 392; C. R. Acad. sc. Paris 119 (1894), p. 37; 124 (1897), p. 136.

273) Bull. Soc. math. France 30 (1902), p. 208.

second ordre, du premier degré en y'', et rationnelles en y', dont l'intégrale générale est de la forme

$$P(x, y, a, b) = 0,$$

P étant un polynome par rapport aux constantes d'intégration a et b.

Dans le même travail, *J. Hadamard*[274]) a appelé l'attention sur ce fait qu'à toute classe d'équations du second ordre en x, y, formée de toutes celles qu'on déduit de l'une d'entre elles en y effectuant toutes les transformations ponctuelles en x, y, correspond une classe *corrélative* de la même nature. Deux équations appartenant à deux classes corrélatives ont leur intégrale générale représentée par une même équation

$$F(x, y, a, b) = 0;$$

mais, pour l'une d'elles, x et y sont les variables et a, b les constantes d'intégration; tandis que pour l'autre, les variables sont a, b et les constantes d'intégration x, y. *A. Koppisch*[275]) a déterminé les conditions auxquelles doit satisfaire une équation du second ordre pour que ses corrélatives, supposées résolues par rapport à y'', soient rationnelles en y'.*

*Ce mode de corrélation avait été employé systématiquement par *S. Lie*[276]) dans des conditions beaucoup plus générales. C'est ainsi qu'il a fait correspondre à toute classe d'équations aux dérivées partielles du premier ordre en x, y, z, dérivant les unes des autres par des transformations ponctuelles (et par conséquent à la classe des systèmes différentiels qui définissent leurs caractéristiques), une classe d'équations différentielles ordinaires du troisième ordre, dérivant les unes des autres par les diverses transformations de contact du plan[277]). Cette correspondance repose sur ce théorème que la condition nécessaire et suffisante pour que ∞^3 courbes de l'espace à trois dimensions soient les caractéristiques d'une équation aux dérivées partielles du premier ordre est que *l'équation de Monge* (équation homogène par rapport aux différentielles) liant les trois constantes dont dépendent ces courbes à leurs différentielles, qui exprime qu'une courbe rencontre la courbe infiniment voisine, soit une équation de Pfaff non intégrable.*

---

274) *J. Hadamard* [C. R. Acad. sc. Paris 148 (1909), p. 273] est revenu sur le même sujet.

275) Diss. Greifswald 1905, p. 1/34.

276) Math. Ann. 5 (1872), p. 145; 49 (1897), p. 291; Archiv for Math. og Naturvidenskab (Christiania) 10 (1884/5), p. 74; Ber. Ges. Lpz. 50 (1898), math. p. 113.

277) Outre les mémoires de *S. Lie*, voir *V. (W.) de Tannenberg*, Thèse, Paris 1891, p. 9.

*Cette étude des familles de courbes, faite au point de vue de la nature des équations de Monge exprimant que deux courbes de la famille, infiniment voisines, se rencontrent, et qui a été étendue par *S. Lie* au cas de l'espace à n dimensions[278]), a servi à *F. Engel*[279]) pour définir des classes nouvelles de systèmes d'équations différentielles ordinaires.

Considérons, à cet effet, dans le système (1), $x_{p+1}, \ldots, x_n$ comme des variables auxiliaires; et supposons qu'elles ne disparaissent pas toutes des fonctions $\lambda_1, \ldots, \lambda_p$. Les p premières des équations (2) définissent alors dans l'espace à $p+1$ dimensions ∞^q courbes, q étant au moins égal à $p+1$. En les différentiant par rapport aux constantes a_k et éliminant x, on obtiendra les équations de Monge qui expriment la rencontre de deux de ces courbes, infiniment voisines; équations qui seront au nombre de p au plus.

On obtiendra des classes de systèmes (1) en s'imposant la condition que, parmi ces équations de Monge, il y en ait, en nombre déterminé, qui soient algébriques et de degrés donnés par rapport aux différentielles da_k. Si le système (1) est donné, on peut toujours, par des éliminations et des différentiations, reconnaître s'il appartient à telle ou telle de ces classes, et former effectivement les équations de Monge algébriques correspondantes, quand on suppose que les a_k sont les valeurs initiales des x_k, pour $x = x_0$.

F. Engel donne également une méthode pour former les systèmes d'équations aux dérivées partielles auxquelles satisfont les fonctions λ, qui fournissent des systèmes (1) d'une classe donnée. Il montre aussi comment on pourrait définir d'autres classes de systèmes, en imposant au système d'équations de Monge auxiliaire des conditions d'une nature plus générale.

Des applications de cette méthode de classification ont été faites par *K. Wünschmann*[280]) et *A. Greul*[281]).*

*Dans un autre ordre d'idées, rappelons, comme classes importantes de systèmes différentiels, les équations de *J. L. Lagrange*[282]) définissant le mouvement des systèmes matériels, et les généralisations que *L. Königsberger*[283]) en a indiquées.*

---

278) *Ber. Ges. Lpz. 50 (1898), math. p. 113.*

279) *Ber. Ges. Lpz. 57 (1905), math. p. 161.*

280) *Diss. Greifswald 1905, p. 1/35.*

281) *Diss. Greifswald 1905, p. 1/31.*

282) *Voir par ex. *P. Appell,* Traité de mécanique rationnelle 2, Paris 1896, p. 332; (2e éd.) 2, Paris 1904, p. 309.*

283) *Sitzgsb. Akad. Berlin 1905, p. 841.*

Nous aurons également à mentionner, dans les paragraphes suivants, d'autres classes d'équations, dont la définition repose uniquement sur la forme de l'équation générale de la classe.

Problèmes d'équivalence.

37. Énoncé du problème. Emploi des invariants différentiels. Considérons une classe (C) de systèmes différentiels (1) d'ordre n. Cette classe étant supposée définie par la forme générale des systèmes qui en font partie, les seconds membres des équations du système général de la classe dépendent, d'une manière déterminée, d'un certain nombre d'arbitraires (paramètres ou fonctions). Supposons qu'il existe un groupe de transformations (G) fini ou infini, dont chaque transformation change tout système de la classe (C) en un système de la même classe, mais sans qu'il existe nécessairement une transformation de (G) transformant l'un dans l'autre deux systèmes particuliers quelconques de la classe. On dit alors que deux systèmes de la classe (C) sont *équivalents* (vis-à-vis du groupe (G)) s'il existe au moins une transformation de (G) les transformant l'un dans l'autre; et le *problème d'équivalence* consiste à chercher, sous forme explicite, les conditions nécessaires et suffisantes pour que deux systèmes de la classe (C) soient équivalents[284]). La solution de ce problème dépend de la formation des *invariants différentiels de la classe* (C), *vis-à-vis du groupe* (G): à toute transformation de (G) correspond une transformation portant sur les arbitraires dont dépend le système général de la classe, et ces transformations forment un groupe (γ), isomorphe à (G). Ce sont les invariants différentiels de ce groupe (γ) dont il s'agit[285]). Ils se déduisent tous, par des différentiations effectuées au moyen de certains *paramètres différentiels*, d'un certain nombre *d'invariants fondamentaux*; et l'équivalence de deux systèmes généraux de la classe s'exprime en égalant les valeurs que prennent un nombre limité d'invariants quand on les forme successivement pour les deux systèmes considérés[286]). Ces critères généraux de l'équivalence peuvent de-

284) L'introduction du *groupe prolongé* (II 23) montre qu'on a simplement affaire à un cas particulier du problème général de l'équivalence de deux multiplicités vis-à-vis d'un groupe; cf. *S. Lie*, Forhandlinger Videnskabs-Selskabet Christiania 1883, éd. 1884, mém. n° 10, p. 1/3; Math. Ann. 24 (1884), p. 537; *S. Lie*, Vorlesungen über kontinuierliche Gruppen, publ. par *G. Scheffers*, Leipzig 1893, p. 747 (chap. 23, § 4).

285) Sur la notion d'invariant différentiel et son historique, voir I 11. La notion, dans sa généralité, appartient à *S. Lie*, Forhandlinger Videnskabs-Selskabet Christiania 1883, éd. 1884, mém. n° 18, p. 4.

286) Le fait qu'un nombre *fini* d'invariants fondamentaux suffit toujours a été prouvé par *A. Tresse*, Thèse, Paris 1893, p. 42; Acta math. 18 (1894), p. 1.

venir illusoires pour certaines catégories singulières de systèmes de la classe, définies par certains systèmes de relations entre les arbitraires considérés (systèmes de relations invariantes par le groupe (γ)): pour chacune de ces catégories, on devra reprendre l'étude du problème de l'équivalence, suivant les mêmes principes, le nombre des arbitraires étant seulement diminué par le fait des relations qui les lient.

Les invariants différentiels de la classe (C), étant les invariants différentiels du groupe (γ), peuvent se déterminer par les méthodes générales de *S. Lie,* c'est-à-dire soit par des calculs algébriques, si l'on connaît les équations finies de (G), ou du moins les équations de définition de ses transformations finies, soit par l'intégration de certains systèmes complets, si l'on emploie seulement les transformations infinitésimales de (G). Une autre méthode générale consiste à réduire le plus possible le nombre des arbitraires de l'équation générale de (C), en disposant des indéterminées qui figurent dans la transformation générale de (G) de manière à donner des valeurs fixes à certains de ces arbitraires, convenablement choisis: les arbitraires restant dans la *forme réduite* ou *forme canonique,* ainsi obtenue pour le système général, constituent un système fondamental d'invariants de la classe[287]).

Cette méthode, très commode pour discuter les conditions d'équivalence, a l'inconvénient de donner généralement les invariants sous forme compliquée, le plus souvent irrationnelle ou même transcendante. Aussi cherche-t-on en même temps des systèmes d'invariants rationnels (s'il y en a) en employant concurremment les autres méthodes et des procédés spéciaux à chaque cas. Les invariants se présentent généralement comme quotients de puissances d'*invariants relatifs,* c. à d. qui se reproduisent, par la transformation générale de (G), multipliés par un facteur dépendant seulement des arbitraires de cette transformation: les invariants proprement dits s'appellent alors *invariants absolus.*

L'étude de ces problèmes d'équivalence est utilisée, au point de vue de l'intégration, pour déduire, de chaque système particulier de la classe (C), que l'on sait intégrer, une catégorie de systèmes de la même classe, également intégrables, à savoir la catégorie des systèmes équivalents à celui-là.

38. Invariants des équations linéaires. L'exemple le plus ancien de la théorie précédente a trait à l'équation linéaire d'ordre n

$$(156)\quad \frac{d^n y}{dx^n} + \frac{n}{1} p_1(x) \frac{d^{n-1} y}{dx^{n-1}} + \frac{n(n-1)}{1 \cdot 2} p_2(x) \frac{d^{n-2} y}{dx^{n-2}} + \cdots + p_n(x) y = 0,$$

Mais si l'on se place au point de vue rationnel, le fait, bien que probable, n'a pas encore été démontré d'une manière générale.

287) Voir *A. Tresse*, Thèse, Paris 1893, p. 59; Acta math. 18 (1894), p. 59.

et fournit ainsi une nouvelle analogie avec la théorie des équations algébriques (invariants des formes binaires). Les arbitraires sont ici les coefficients $p_1, p_2, \ldots, p_n$, et le groupe (G) est le groupe infini

$$(157) \qquad \bar{y} = y \cdot \eta(x), \qquad \bar{x} = \xi(x),$$

où ξ et η sont des fonctions arbitraires de x.

On doit supposer $n > 3$, car pour $n = 1$ ou $n = 2$ deux équations (156) sont toujours équivalentes, relativement à ce groupe. Ce groupe est le plus grand groupe de transformations ponctuelles (et aussi de contact) en x et y qui laisse invariante[288]) la classe des équations (156).

Les invariants relatifs, introduits par *J. Cockle*[289]) et par *E. N. Laguerre*[290]), se reproduisent multipliés par une puissance de $\frac{d\bar{x}}{dx}$, qui est *l'indice* de l'invariant. *F. Brioschi*[291]) donna des notions essentielles sur leur détermination. *G. H. Halphen*[292]) en reprit l'étude générale en les rattachant aux invariants différentiels projectifs des courbes, déjà étudiés par lui; le lien entre ces deux sujets tient à ce que deux équations linéaires (156) équivalentes vis-à-vis du groupe (157) ont la même *courbe intégrale* (n° **30**); et que celle-ci, comme nous l'avons vu, n'est définie qu'à une transformation projective près: de sorte que ce sont les propriétés de la courbe intégrale, invariantes au point de vue projectif, qui se traduisent par des propriétés de (156) invariantes par le groupe (157). *G. H. Halphen* donna une méthode pour la formation d'invariants en établissant une correspondance entre l'équation du second ordre et l'équation d'ordre n. Il établit la notion de *poids* et son rapport avec l'indice de l'invariant; il donna la forme générale de l'invariant Θ_3 de poids 3 et, plus tard[293]), la formation générale des invariants pour $n = 4$. Pour les applications à l'intégration, *G. H. Halphen* emploie une forme réduite définie par $p_1 = 0$, $\Theta_3 = 1$; il a défini et étudié l'intégration des équations (156) réductibles par des transformations (157), soit aux équations à coefficients constants,

288) *S. Lie*, Forhandlinger Videnskabs-Selskabet Christiania 1881 éd. 1882, mém. n° 15; Ber. Ges. Lpz. 46 (1894), math. p. 322; *P. Stäckel*, J. reine angew. Math. 111 (1893), p. 290; 114 (1894), p. 116.

289) **J. Cockle* a considéré les deux cas particuliers où, dans la transformation (157), x ou y ne changent pas. Il appelait les invariants „*criticoïds*". Voir London Edinb. Dublin philos. mag. (4) 24 (1862), p. 532; (4) 27 (1864), p. 225; (4) 28 (1864), p. 205; 30 (1865), p. 347; 39 (1870), p. 210; 43 (1872), p. 300; 50 (1875), p. 440; Quart. J. pure appl. math. 14 (1877), p. 346.*

290) C. R. Acad. sc. Paris 88 (1879), p. 116, 224; Œuvres 1, Paris 1898. p. 420, 424.

291) Bull. Soc. math. France 7 (1878/9), p. 105.

292) Mém. présentés Acad. sc. Paris (2) 28 (1884), mém. n° 1, p. 114/69.

293) Acta math. 3 (1883/4), p. 325.

soit aux équations (156) dont l'intégrale générale est une fonction uniforme exprimable au moyen de fonctions rationnelles ou elliptiques.

A. R. Forsyth[294]) a employé une autre forme canonique, utilisée déjà par *J. Cockle* pour $n=3$ et par *E. N. Laguerre* pour le cas général: elle est définie par $p_1 = p_2 = 0$ et s'obtient par l'intégration d'une équation auxiliaire du second ordre et une quadrature. Pour cette forme réduite, on obtient l'expression explicite de $n-2$ invariants $\Theta_3, \Theta_4, \ldots, \Theta_n$ (dont le poids est marqué par l'indice), linéaires par rapport aux p_k et à leurs dérivées, et cette expression est indépendante de n. Ils sont nuls identiquement si l'équation (156) admet pour solution générale la forme binaire générale de degré n formée avec deux solutions indépendantes d'une équation linéaire du second ordre; (156) s'intègre alors au moyen d'une seule équation linéaire auxiliaire du second ordre. *A. R. Forsyth* a donné des procédés réguliers pour déduire des invariants précédents, par différentiations, tous les autres. Les invariants $\Theta_3, \Theta_4, \ldots, \Theta_n$ sont rationnels entiers par rapport aux coefficients de (156): ils se composent, dans le cas général, d'une partie linéaire, déterminée par *F. Brioschi*[295]), et d'une partie dont tous les termes contiennent en facteur p_2 ou une de ses dérivées.

**Ch. L. Bouton*[296]) a appliqué la méthode générale de *S. Lie* à la détermination des invariants des équations linéaires et retrouvé ainsi une partie des résultats précédents.

E. Wilczynski[297]) a poursuivi les recherches de *G. H. Halphen* sur les invariants de l'équation linéaire du quatrième ordre, principalement au point de vue des applications géométriques.

L. Berzolari[298]) a fait des applications géométriques aux courbes des hyperespaces.*

*Parmi les problèmes auxquels ont été appliqués les invariants, citons les deux suivants: trouver les conditions pour que les intégrales soient liées par une ou plusieurs relations homogènes à coefficients constants[299]) (cf. n° **42**); trouver les conditions qui expriment l'équivalence entre une équation et son adjointe[300]).*

Les équations (156) qui admettent des transformations de la forme

---

294) Philos. Trans. London 179 A (1888), p. 377.

295) Acta math. 14 (1890/1), p. 233.

296) *Diss. Leipzig 1901; Amer. J. math. 21 (1899), p. 25.*

297) *Trans. Amer. math. Soc. 6 (1905), p. 99; Projective differential Geometry of curves and ruled surfaces, Leipzig 1906, p. 1/298.*

298) *Ann. mat. pura appl. (2) 26 (1897), p. 1.*

299) **E. N. Laguerre*[290]) et *G. H. Halphen*[291]); *D. F. Campbell*, Quart. J. pure appl. math. 31 (1899), p. 161.*

300) **P. Burgatti*, Reale Ist. Lombardo *Rendic.* (2) 40 (1907), p. 308.*

(157) forment une classe spéciale. Elles ont été étudiées par *P. Appell*[301]; mais leur détermination résulte des recherches générales de *S. Lie* (nº **22**). On les ramène aux équations à coefficients constants.

**E. Wilczynski*[302]) s'est occupé des invariants des systèmes d'équations linéaires d'ordre quelconque à un nombre quelconque n de fonctions inconnues. Le groupe (G) a ici pour équations

$$(158) \qquad \bar{x} = \xi(x), \quad \bar{y}_k = \sum_{h=1}^{h=n} \eta_{kh}(x) y_h \qquad (k = 1, 2, \ldots, n),$$

$\xi(x)$ et les $\eta_{kh}(x)$ étant des fonctions de x arbitraires. Après avoir donné, au moyen de la théorie des invariants différentiels de Lie, quelques résultats généraux, *E. J. Wilczynski* a surtout étudié le cas de deux équations du second ordre. Il a donné, dans ce cas, 4 semi-invariants au moyen desquels s'expriment tous les autres et étudié la réduction à une forme canonique, caractérisée par l'absence des dérivées premières des inconnues. Il a donné aussi les conditions moyennant lesquelles ces inconnues se séparent.

Le même auteur a déduit, de plus, de la considération de ces invariants toute une théorie de géométrie projective. Un système fondamental d'intégrales fournit les coordonnées homogènes d'un couple de points variables; la droite qui joint ces points engendre une surface réglée, définie à une transformation projective près et qui est la même pour toutes les équations de la même classe. Ce sont donc les propriétés projectives des surfaces réglées que l'on peut ainsi étudier, par exemple les conditions qui expriment qu'elles appartiennent à un complexe linéaire et diverses questions relatives aux points en lesquels il existe une tangente à la surface ayant avec elle un contact du troisième ordre. De cette interprétation résultent les rapports de toute cette étude avec celle des équations linéaires du sixième ordre dont les intégrales sont liées par une relation quadratique et qui définissent, par suite, les coordonnées pluckériennes d'une droite (cf. nº **42**).*

39. Invariants de diverses classes d'équations. *R. Liouville*[303]) a étudié la classe des équations

$$(159) \qquad \frac{dy}{dx} = c_0 + 3c_1 y + 3c_2 y^2 + c_3 y^3,$$

301) Acta. math. 15 (1891), p. 281. *Voir aussi, pour des cas particuliers antérieurement considérés: *E. E. Kummer*, J. reine angew. Math. 15 (1836), p. 39, 127; *F. Brioschi*, C. R. Acad. sc. Paris 93 (1881), p. 941; Œuvres 5, p. 23.*

302) *Amer. J. math. 23 (1901), p. 29; Trans. Amer. math. Soc. 2 (1901), p. 1, 343; 3 (1902), p. 60; 6 (1905), p. 75; Projective differential Geometry [297]).*

303) C. R. Acad. sc. Paris 103 (1886), p. 476, 520; 105 (1887), p. 460, 1062; Amer. J. math. 10 (1888), p. 283.

(où les arbitraires sont les fonctions de x désignées par c_0, c_1, c_2, c_3), vis-à-vis du groupe

$$\bar{x} = \xi(x), \quad \bar{y} = y \cdot \eta(x) + \zeta(x), \tag{160}$$

où ξ, η, ζ sont des arbitraires; il a donné la loi de formation d'une suite d'invariants relatifs rationnels et entiers de cette classe d'équations.

P. Appell[304]) a repris cette étude au moyen de la forme réduite

$$\frac{dY}{dX} = Y^3 + J(X),$$

où X et J sont des invariants absolus, mais irrationnels. Toutes les équations de la classe, équivalentes entre elles, sont celles qui satisfont à une même équation

$$F\left(J, \frac{dJ}{dX}\right) = 0,$$

qui se ramène à la forme rationnelle au moyen des invariants de *R. Liouville.* *Une autre forme canonique, où figure un invariant absolu rationnel a été depuis proposée par *R. Liouville*[305]).*

R. Liouville et *P. Appell* ont donné divers cas d'intégrabilité: réductibilité à l'équation à coefficients constants et à des équations particulières s'intégrant soit par quadratures, soit au moyen d'une équation de Riccati.

Z. Elliot[306]) a étudié le cas *singulier* où le polynome

$$c_0 + 3c_1 y + 3c_2 y^2 + c_3 y^3$$

a, en y, une racine double, cas qui se réduit à l'étude de l'équation (n° **6**)

$$y\,dy = y\,dx + X(x)\,dx.$$

P. Appell[304]) a considéré, plus généralement, et relativement au même groupe, la classe des équations

$$\frac{dy}{dx} = \frac{P_n(y)}{Q_p(y)}, \tag{161}$$

où

$$P_n(y) = a_0 + a_1 y + \cdots + a_n y^n,$$
$$Q_p(y) = b_0 + b_1 y + \cdots + b_p y^p,$$

$a_0, a_1, \ldots, a_n$ et $b_0, b_1, \ldots, b_p$ étant des fonctions arbitraires de x,

---

304) J. math. pures appl. (4) 5 (1889), p. 361.

305) *Acta math. 27 (1903), p. 55.*

306) Ann. Ec. Norm. (3) 7 (1890), p. 101.

et p étant $< n-2$. Il emploie la forme réduite définie par

$$a_{n-1} = a_{p+1} = 0, \qquad a_n = b_p = 1.$$

Pour $p = n-2$, une autre forme réduite est nécessaire. *P. Appell* a appliqué ses résultats principalement aux équations qui peuvent se réduire à des équations à coefficients constants.

P. Painlevé[307]) a étudié la classe des équations

$$\frac{dy}{dx} = \frac{P_n(y)}{Q_{n-2}(y)}$$

vis-à-vis du groupe

(162) $$\bar{x} = \xi(x), \quad \bar{y} = \frac{y\eta(x) + \zeta(x)}{y\theta(x) + \omega(x)},$$

où $\xi, \eta, \zeta, \theta, \omega$ sont des arbitraires, problème qui ne diffère pas essentiellement du précédent. Il emploie un premier type de formes réduites analogues à celles de *P. Appell* et en fait l'application à la recherche des équations de la classe qui admettent des sous-groupes du groupe (162): ces équations, l'équation de Riccati exceptée, s'intègrent par quadratures.

Les formes réduites précédentes ayant l'inconvénient qu'il y a une infinité de formes réduites équivalentes pour une même classe, *P. Painlevé* donne le moyen d'en former d'autres n'ayant plus cet inconvénient, ce qui facilite la solution des problèmes d'équivalence. Les autres applications faites par *P. Painlevé* sortent du cadre de cet article (cf. II 13).

P. Painlevé indique la possibilité d'étendre sa théorie aux équations du premier ordre rationnelles en y et $\frac{dy}{dx}$, à coefficients indéterminés (en x).

P. Appell[308]) et *P. Rivereau*[309]) ont étudié les équations d'ordre supérieur, algébriques, entières et homogènes par rapport à y et ses dérivées, à coefficients indéterminés, vis-à-vis du groupe (157). La méthode employée est toujours celle des formes réduites.

Les principales applications ont trait aux équations réductibles aux équations à coefficients constants, aux équations admettant un multiplicateur d'Euler, fonction de x seul, et à celles dont la solution générale est de la forme

$$y = \sum_{(k)} c_k y_k(x)$$

307) C. R. Acad. sc. Paris 110 (1890), p. 840; Mémoire sur les équations différentielles du premier ordre couronné en 1890 par l'Académie des sciences de Paris; Ann. Ec. Norm. (3) 9 (1892), p. 15, 101.

308) *P. Appell,* J. math. pures appl. (4) 5 (1889), p. 388.

309) Thèse, Paris 1890.

ou de la forme

$$y = \frac{\sum_{(k)} a_k u_k(x)}{\sum_{(k)} b_k v_k(x)},$$

les c_k, a_k, b_k étant des constantes, liées ou non par des relations algébriques homogènes.

L'équation

$$(163) \qquad y'' = a_0 y'^3 - a_1 y'^2 + b_1 y' - b_0,$$

où

$$y' = \frac{dy}{dx}, \quad y'' = \frac{d^2 y}{dx^2}$$

et où a_0, a_1, b_0, b_1 sont des fonctions de x et y, indéterminées, a fait l'objet de recherches analogues, relativement au groupe ponctuel général (en x et y).

S. Lie[310]) a établi les conditions nécessaires et suffisantes pour que cette équation soit équivalente à l'équation $y'' = 0$ et a ramené dans ce cas l'intégration à celle d'une équation linéaire du troisième ordre.

R. Liouville[311]) a donné, avec la loi de formation de ses invariants relatifs rationnels, diverses formes réduites de cette équation (163); il a indiqué plusieurs cas d'intégrabilité et des applications à la théorie des lignes géodésiques. *A. Tresse*[312]) a retrouvé ses résultats au moyen des méthodes de *S. Lie*[313]).

E. Vessiot[314]) a étudié les invariants et les formes réduites de l'équation

$$(164) \quad a(y'y'' - 2y'^2) + by'' + cyy' + dy' + py^3 + qy^2 + ry + s = 0$$

relativement au groupe (162).

*Il a examiné, en particulier, le cas où la solution générale est une fraction du premier degré par rapport aux constantes d'intégration. *G. Wallenberg*[315]) a repris l'étude de cette classe d'équations, qui est une généralisation des équations de Riccati.*

310) Archiv for Math. og Naturvidenskab (Christiania) 8 (1883), p. 372.

311) C. R. Acad. sc. Paris 105 (1887), p. 1062; J. Ec. polyt. (1) cah. 59 1889), p. 7.

312) Thèse, Paris 1893, p. 76; Acta math. 18 (1894), p. 76.

313) *Sur l'équation (163), dans le cas où $a_0 = 0$, on pourra voir une note de *E. Budde*, faite au point de vue des intégrales premières [Sitzgsb. Berliner math. Ges. 1 (1902), p. 44].*

314) Ann. Fac. sc. Toulouse (1) 9 (1895), mém. n° 6, p. 14. La même équation a été étudiée à un autre point de vue par *E. Picard*, J. math. pures appl. (4) 5 (1889), p. 277 (mémoire couronné par l'académie des sciences de Paris en 1888), et par *G. Mittag-Leffler*, Acta math. 18 (1894), p. 233.

315) *J. reine angew. Math. 121 (1900), p. 196/9, 210/7; 130 (1905), p. 77/88.*

*P. Painlevé[316]) a considéré une autre généralisation de l'équation de Riccati qui se rattache, comme la précédente, à la théorie de l'équation linéaire du troisième ordre: ce sont les systèmes automorphes qui correspondent au groupe projectif à deux variables. Ils sont aussi une généralisation de l'équation de Schwarz (n° **21**). Leur étude introduit des invariants différentiels, déjà rencontrés par *E. Goursat*[317]) dans l'étude des systèmes linéaires du second ordre aux dérivées partielles dont l'intégrale générale dépend de trois constantes arbitraires et par *R. Liouville*[318]) dans une question relative à l'équation (159). Les recherches de *P. Painlevé*, faites en vue de l'intégration algébrique de l'équation linéaire du troisième ordre, ont été poursuivies par *A. Boulanger*[319]). Des généralisations, relatives aux groupes projectifs à n variables, ont été indiquées par *E. O. Lovett*[320]).*

K. Zorawski[321]) a déterminé les invariants de l'équation générale du premier ordre, relativement aux sous-groupes infinis du groupe ponctuel général, en x et y.

Enfin *A. Tresse*[322]) a donné des résultats très complets sur les invariants de l'équation générale

$$y'' = F(x, y, y')$$

vis-à-vis du groupe ponctuel général. Il a introduit des invariants relatifs qui se reproduisent multipliés par des puissances de deux facteurs déterminés: avec trois de ces invariants on forme un invariant absolu. Ces invariants sont rationnels; au moyen de quatre d'entre eux et de trois *paramètres différentiels* on peut les former tous de proche en proche. *A. Tresse* en a déduit, outre les conditions générales d'équivalence, la condition pour qu'une équation du second ordre admette un groupe de une, deux, trois ou huit transformations infinitésimales. Dans cette étude, le cas de l'équation (163) est un cas particulier, mais le seul cas vraiment singulier est celui des équations réductibles à $y'' = 0$, pour lesquelles tous les invariants sont nuls identiquement.

*A. Koppisch[323]), par la considération de l'équation corrélative, (n° **35**), a trouvé l'interprétation du plus simple de ces invariants.*

316) *C. R. Acad. sc. Paris 104 (1887), p. 1487, 1829; 105 (1887), p. 58.*

317) *Id. 104 (1887), p. 1361.*

318) *J. Ec. polyt. (1) cah. 57 (1887), p. 189; (1) cah. 59 (1889), p. 7.*

319) *J. Ec. polyt. (2) cah. 4 (1898), p. 1.*

320) *Amer. J. math. 22 (1900), p. 41/5, 46/8. Voir aussi *Ch. L. Bouton*, Bull. Amer. math. Soc. 4 (1897/8), p. 313.*

321) Rozprawy Akad. Umiejętności (Cracovie) (2) 6 (1893), p. 67/99.

322) Preisschriften der Jablonowskischen Gesellschaft Leipzig 1896, mém. n° 13 der math.-naturw. Sektion; mém. n° 32 de la collection complète.

323) *Diss. Greifswald 1905, p. 17.*

*Remarquons enfin que les classes de systèmes différentiels définies par *F. Engel* (voir n° **35**) sont en relation d'invariance avec les équations de Monge correspondantes.*

Théories rationnelles d'intégration.

40. Domaine de rationalité. Irréductibilité. Les *théories rationnelles d'intégration*, dont il nous reste à nous occuper, sont calquées sur la théorie de la résolution des équations algébriques, due à *E. Galois* (I 13).

Leur principe commun est de substituer à la recherche isolée d'une solution celle d'un *système fondamental de solutions:* leur succès est donc lié à l'existence de ces systèmes fondamentaux.

La définition d'une équation *spéciale* y repose sur la notion de *domaine de rationalité* (I 13); un tel domaine $[R]$ est défini, en général, au moyen d'un certain nombre d'éléments, qui en forment la *base*, et d'un certain nombre d'*opérations fondamentales*[324]).

Les éléments sont toutes les quantités constantes, certaines variables dépendantes ou indépendantes et certaines fonctions (déterminées ou indéterminées) de ces variables. Les opérations sont, sauf énoncé contraire, les opérations algébriques dites rationnelles et la différentiation. Appartient au domaine de rationalité $[R]$ toute fonction qui se déduit des éléments de la base au moyen des opérations fondamentales, répétées autant de fois que l'on voudra.

Lorsque la base ne contient pas de fonctions, mais seulement des variables indépendantes, $[R]$ est le domaine rationnel *absolu*.

Lorsqu'on déduit d'un domaine $[R]$ un domaine $[R']$ en ajoutant à la base du premier un certain nombre de fonctions, on dit que l'on *adjoint* ces fonctions à $[R]$.

*La notion de domaine de rationalité peut être définie d'une manière plus générale[325]): étant donné un ensemble (E) d'indéterminées (ou variables), on suppose défini un autre ensemble $[R]$ formé de constantes parmi lesquelles doit figurer *zéro* et de fonctions des indéterminées appartenant à l'ensemble (E)[326]). Certaines des indéterminées de l'ensemble (E) étant considérées comme fonctions d'autres indéterminées du même ensemble, les dérivées de tous ordres

---

324) *E. Vessiot,* Thèse, Paris 1892, p. 34. *Cf. *F. Klein,* Vorlesungen über höhere Geometrie 2 (autographié) Göttingue 1893, p. 299; *E. Picard*, Traité d'Analyse[218]) (1re éd.) 3, p. 531; *L. Schlesinger*, Handbuch[188]) 2, p. 74.*

325) **A. Loewy,* Math. Ann. 59 (1904), p. 435; 62 (1906), p. 90. Cf. *F. Marotte*, Thèse, Paris 1898, p. 30.*

326) *Les indéterminées elles-mêmes ne font pas nécessairement partie de (E).*

des premières par rapport aux secondes sont considérées comme des indéterminées nouvelles et font partie de (E). Cela posé, $[R]$ est un domaine de rationalité si, en combinant par voie d'addition, de soustraction, de multiplication, de division et de dérivation, un nombre quelconque des éléments de $[R]$, on obtient toujours un élément de $[R]$.

On peut, dans certains cas, restreindre cette définition en excluant certaines des opérations énoncées. Si on exclut la dérivation, on a un domaine de rationalité considéré au point de vue algébrique. Dans beaucoup de cas on exclut la division[327]), par exemple quand on considère le domaine formé par toutes les séries entières en x, convergentes pour $|x| < a$. On remarquera que, sous cette forme, la notion du domaine de rationalité est liée à celle de *groupe;* elle est aussi liée à celle de *corps.**

*Un élément du domaine $[R]$ est dit *rationnel,* et réciproquement. Une équation est dite *rationnelle* si les deux membres sont rationnels.

Adjoindre des éléments nouveaux à $[R]$, c'est le remplacer par le plus petit domaine de rationalité $[R']$ qui comprenne à la fois les éléments de $[R]$ et les éléments nouveaux.*

Une autre notion essentielle est celle de l'*irréductibilité* d'une équation différentielle

$$F(x, y, y', \ldots, y^{(n)}) = 0$$

dans un domaine de rationalité donné $[R]$. Cette équation, supposée *rationnelle*[328]), est *irréductible* si elle est irréductible au sens algébrique du mot, et si, de plus, elle n'a aucune intégrale commune avec une équation d'ordre moindre et également rationnelle; elle est *réductible* dans le cas contraire.

L'idée première d'étendre aux équations différentielles la notion d'irréductibilité est due à *G. Frobenius*[329]); mais, sous la forme précédente, la définition de l'irréductibilité appartient à *L. Königsberger*[330]), qui en a fait de nombreuses applications, dont la plupart sont étrangères à notre sujet. Parmi ses résultats nous citerons seulement les deux théorèmes fondamentaux suivants: si une équation rationnelle a une solution commune avec une équation irréductible, elle en admet toutes les solutions; si deux équations rationnelles ont des solutions communes, il existe une équation rationnelle admettant pour solutions précisément toutes les solutions communes aux deux

---

327) *On emploie quelquefois dans ce cas le mot de *domaine d'intégrité.**

328) Cela signifie que $x, y, y', \ldots, y^{(n)}$ doivent faire partie des indéterminées dont l'ensemble (E) sert à la définition de $[R]$.

329) J. reine angew. Math. 76 (1873), p. 234; 80 (1875), p. 183.

330) J. reine angew. Math. 91 (1881), p. 199; 92 (1882), p. 291; Differentialgl.[125]), p. 61, 155.

premières, et elle s'obtient par un algorithme analogue à celui du plus grand commun diviseur.

On restreint quelquefois la notion d'irréductibilité en imposant aux équations considérées d'autres conditions que la rationalité.

C'est ainsi qu'une équation linéaire (88) est irréductible, *au sens de G. Frobenius*[331]), si elle n'a aucune intégrale commune avec une autre équation linéaire rationnelle et d'ordre moindre. Les deux théorèmes fondamentaux subsistent, tels quels, pour cette *irréductibilité linéaire*, qui a été beaucoup plus étudiée que l'irréductibilité générale.

$_*$I. Bendixson[332]) a donné une méthode pour décider de l'irréductibilité linéaire d'une équation (88); il suppose que $[R]$ est le domaine rationnel absolu, ou qu'il en dérive par l'adjonction d'une intégrale d'une équation linéaire rationnelle. *E. Beke* a donné une autre solution du même problème[333]). *L. Königsberger*[334]) s'est occupé de la même question, en prenant pour $[R]$ l'ensemble des séries entières en x qui sont convergentes pour $|x| < a$.

Restons dans le cas de cette irréductibilité linéaire. Dire que (94) est réductible équivaut à dire que $P(y)$ est *divisible* par une expression rationnelle, de même forme et d'ordre moindre: $S(y)$; c'est-à-dire qu'il existe une troisième expression T, rationnelle et de même forme, telle que l'on ait [cf. n° 27] $P(y) = TS(y)$. $_*$De là la notion de diviseurs irréductibles et de décomposition de $P(y)$ en facteurs symboliques irréductibles.*

$_*$Considérons deux décompositions de $P(y)$ en facteurs irréductibles: *A. Loewy*[335]) a démontré que les facteurs de la première correspondent un à un aux facteurs de la seconde de manière que les équations obtenues en égalant à zéro deux facteurs homologues soient de la même espèce. Ce théorème contient le résultat suivant obtenu d'abord par *E. Landau*[335]): dans les deux décompositions les facteurs sont en même nombre et leurs ordres sont les mêmes à l'ordre de succession près.*

$_*$*A. Loewy*[336]) a donné la condition nécessaire et suffisante pour

331) $_*$J. reine angew. Math. 76 (1873), p. 234; 80 (1875), p. 183.*

332) $_*$Öfversigt Vetensk. Akad. förhandl. (Stockholm) 49 (1892), p. 91; Bihang Svenska Vetenskaps Akad. Handl. Afdelning I math. 18 (1893), mém. n° 7 [1892].*

333) $_*$Math. Ann. 45 (1894), p. 278.*

334) $_*$Sitzgsb. Akad. Berlin 1898, p. 735; 1899, p. 672, 783. Voir aussi *C. Jordan*, Bull. Soc. math. France 2 (1873/4), p. 100.*

335) $_*$*A. Loewy*, Math. Ann. 56 (1903), p. 565; *E. Landau*, J. reine angew. Math. 124 (1902), p. 115.*

336) $_*$Math. Ann. 62 (1906), p. 89.* *A. Loewy* [Math. Ann. 62 (1906), p. 112, 116] introduit aussi ce qu'il appelle des décompositions de $P(y)$ en *facteurs*

que $P(y)$ ait une infinité de diviseurs irréductibles. Il introduit, à cet effet, la notion d'équation linéaire *complètement réductible*: une telle équation est caractérisée par ce fait qu'elle possède au moins un système fondamental composé d'intégrales dont chacune appartient à une équation linéaire irréductible[337]).*

*Il existe, pour une telle équation $R(y) = 0$, un système de diviseurs irréductibles, $J_k(y)$, de $R(y)$, tel que l'on obtient un système fondamental de $R(y) = 0$ en prenant un système fondamental de chacune des équations $J_k(y) = 0$, et en les juxtaposant. Alors, pour que $R(y)$ admette d'autres diviseurs irréductibles que les J_k, il faut et il suffit que deux des équations $J_k(y) = 0$ soient de la même espèce (n° **29**); et, dans ce cas, $R(y)$ admet une infinité de diviseurs irréductibles.

Si l'on revient à une équation $P(y) = 0$ quelconque, il lui correspond une équation complètement réductible déterminée: c'est l'équation linéaire $R(y) = 0$, rationnelle et d'ordre minimé, telle que $R(y)$ admette tous les diviseurs irréductibles de $P(y)$. Et pour que $P(y)$ admette une infinité de diviseurs irréductibles, il est nécessaire et suffisant que $R(y)$ en admette aussi une infinité.

J. Drach[338]) a étendu la notion d'irréductibilité à des systèmes différentiels quelconques, formés d'équations différentielles ordinaires ou aux dérivées partielles. Un tel système (Σ), rationnel dans un domaine $[R]$, est irréductible dans ce domaine s'il est irréductible au sens algébrique du mot et s'il n'existe aucun autre système rationnel (Σ') admettant au moins une solution de (Σ), sans les admettre toutes[339]). Dans le cas contraire, (Σ) est dit réductible. Les deux théorèmes fondamentaux ont leurs équivalents dans ce cas général: si un système rationnel admet une solution d'un système irréductible, il les admet toutes; si deux systèmes rationnels ont une solution commune, il existe un système rationnel admettant comme solutions précisément toutes les solutions communes aux deux premiers[340]).*

---

symboliques complètement réductibles maximés et donne, sur ces diverses décompositions, des théorèmes analogues à ceux qui concernent les décompositions en facteurs irréductibles.*

337) *Cette notion peut aussi se définir en employant celle du plus petit multiple commun de plusieurs expressions différentielles linéaires [cf. note 171]. La question de la réductibilité linéaire est aussi liée à celle du *groupe de rationalité* (voir n° **42**).*

338) *Thèse, Paris 1898, p. 55. *J. Drach* donne la définition sous une forme un peu différente de celle que nous donnons ici, mais équivalente au fond.*

339) *(Σ') peut être un système algébrique, c'est-à-dire ne contenant pas de dérivées. Une équation rationnelle du premier ordre qui admet une intégrale singulière est, à ce point de vue, réductible.*

41. Théorie de Picard et Vessiot pour les équations linéaires. L'équation linéaire d'ordre n,

$$P(y) = \frac{d^n y}{dx^n} + p_1 \frac{d^{n-1} y}{dx^{n-1}} + \cdots + p_n y = 0, \tag{165}$$

est la première pour laquelle se soit développée une théorie rationnelle d'intégration, et c'est là une analogie de plus de cette équation avec l'équation algébrique de degré n.

Nous supposons ici que $p_1, p_2, \ldots, p_n$ sont des fonctions de x *données*; elles appartiennent au domaine de rationalité considéré $[R]$, par définition. Ce domaine contient en outre les indéterminées $y_1, y_2, \ldots, y_n$ (et leurs dérivées) et peut contenir la variable x et certaines autres fonctions de x données[341]).

Une fonction différentielle rationnelle V de $y_1, y_2, \ldots, y_n$ et leurs dérivées, à coefficients rationnels en x, est alors bien définie. Si l'on y remplace $y_1, y_2, \ldots, y_n$ respectivement par les intégrales $y_1^0(x), y_2^0(x), \ldots, y_n^0(x)$ d'un système fondamental choisi une fois pour toutes, V devient une fonction V_0 de x, qu'on appelle la *valeur numérique* de V: cette valeur numérique peut être rationnelle dans $[R]$ ou ne l'être pas.

Imaginons que l'on effectue dans V une transformation linéaire homogène

$$\bar{y}_i = \sum_{k=1}^{k=n} c_{ik} y_k \qquad (i = 1, 2, \ldots, n), \tag{166}$$

à coefficients numériques; V devient une nouvelle fonction différentielle rationnelle $\bar{V}$, et cette nouvelle fonction a une valeur numérique $\bar{V}_0$. Si $\bar{V}$, fonction de toutes les indéterminées qui y figurent, est identique à V, on dit que V est *formellement invariante* par (166); si $\bar{V}_0$, fonction de x seul, est identique à V_0, on dit que V est *numériquement invariante* par cette même tranformation (166). V peut être numériquement invariante par (166), sans l'être formellement[342]).

Cela posé, une équation est dite *spéciale*, dans le domaine $[R]$, si quelque fonction différentielle rationnelle V a sa valeur numérique rationnelle. Les *divers modes de spécialisation* résultant de cette définition sont précisés par le double *théorème fondamental* suivant: à

---

340) „Les solutions d'un système réductible ne se partagent pas, en général, entre des systèmes irréductibles, en nombre fini ou infini."

341) „Le fait qu'il n'est pas nécessaire de considérer x comme appartenant au domaine de rationalité a été indiqué par *A. Loewy*, Math. Ann. 59 (1904), p. 435."

342) *F. Klein* [Höhere Geom.[324]) 2, p. 299/300] a mis en lumière l'importance de cette distinction; voir aussi *E. Beke*, Math. Ann. 49 (1897), p. 573.

l'équation (165) correspond, relativement au domaine $[R]$, un sous-groupe (G) du groupe linéaire homogène général à n indéterminées, jouissant de la double propriété suivante[343]):

1°) toute fonction différentielle rationnelle V, à valeur numérique rationnelle, admet numériquement toutes les transformations de (G);

2°) toute fonction V admettant numériquement toutes les transformations de (G) a sa valeur numérique rationnelle[344]).

Ce groupe (G) s'appelle le *groupe de transformations* ou *groupe de rationalité* de l'équation[345]). C'est ce groupe (G) qui caractérise chaque équation spéciale; comme, du reste, rien ne précise à priori le système fondamental

$$y_1^0(x),\ y_2^0(x),\ \ldots,\ y_n^0(x),$$

(G) n'est défini qu'à une transformation linéaire homogène près, c'est-à-dire que le *type* seul de (G) est défini, pour une équation spéciale donnée. On peut encore dire que chaque équation spéciale est caractérisée par une relation connue, vérifiée par les solutions d'un système fondamental, et de la forme

$$\Omega\left(x,\ y_1, \ldots, y_n, \frac{dy_1}{dx}, \ldots\right) = \varrho(x), \tag{167}$$

où Ω est une fonction V admettant précisément toutes les transformations de (G) et pas d'autres (formellement et numériquement) et où $\varrho(x)$ appartient au domaine $[R]$: Ω s'appelle un *invariant caractéristique* de (G).

E. Picard a fondé l'existence du groupe de rationalité sur les considérations suivantes, analogues à celles par lesquelles *E. Galois* a établi l'existence du groupe d'une équation algébrique.

A chacune des intégrales de la *résolvante générale* (n° **29**) de l'équation linéaire[346]) considérée correspond un système fondamental

343) La notion de groupe de transformations d'une équation linéaire est due à *E. Picard* [C. R. Acad. sc. Paris 96 (1883), p. 1131; Ann. Fac. sc. Toulouse 1 (1887), mém. n° 1].

344) Le théorème fondamental, donné par *E. Picard*, fut complété par *E. Vessiot* par une autre méthode [C. R. Acad. sc. Paris 112 (1891), p. 778; Thèse, Paris 1892, p. 34]. La démonstration de *E. Vessiot* laissant subsister certaines difficultés, *E. Picard* [C. R. Acad. sc. Paris 119 (1894), p. 584; 121 (1895), p. 789; Traité d'Analyse[218]), (1re éd.) 3, p. 536] perfectionna sa première démonstration de manière à en pouvoir conclure l'énoncé complet donné dans le texte.

345) Le nom de „groupe de rationalité" a été introduit par *F. Klein*, dans son enseignement [cf. Vorlesungen über Differentialgleichungen 2. Ordnung (autographié), Göttingue 1894, p. 147].

346) Sur l'existence d'une fonction V, dont toutes les valeurs numériques soient distinctes, voir *E. Beke*, Math. Ann. 46 (1895), p. 557; *A. Loewy*, Math. Ann. 59 (1904), p. 435.

de la proposée, pourvu qu'on excepte certaines intégrales singulières. Pour que l'équation soit spéciale, il faut et il suffit que la résolvante générale ait des intégrales non singulières communes avec une équation rationnelle d'ordre moindre, que l'on peut choisir de manière que toutes ses intégrales appartiennent à la résolvante générale; si on la choisit de plus d'ordre minimé, chacune de ses intégrales non singulières définit un système fondamental et le groupe de rationalité est formé de toutes les transformations linéaires qui font passer de l'un de ces systèmes fondamentaux à tous les autres.*

A. Loewy[347]) a donné une exposition nouvelle de cette théorie, en généralisant le domaine de rationalité, la résolvante générale employée, et aussi la définition de l'équation définitive qui fournit le groupe (G): il y a une infinité de telles équations, toutes de même ordre, et *A. Loewy* étudie leurs propriétés et leurs rapports avec l'équation linéaire donnée.

E. Vessiot avait fondé la théorie sur la comparaison directe des fonctions rationnelles V, à valeurs rationnelles, et de leurs groupes. Sa démonstration ne s'appliquait pas à celles de ces fonctions qui admettent le groupe (G) numériquement et non pas formellement.

E. Vessiot[348]) a levé cette restriction en montrant que si une fonction V, à valeur numérique rationnelle, admet certaines transformations linéaires formellement ou numériquement, il lui en correspond toujours une autre, dont la valeur numérique est rationnelle, et qui admet formellement toutes ces transformations. Il a fait intervenir dans la théorie certains systèmes automorphes, tels que celui qui est défini par l'équation (167), associée aux équations

$$(168)\qquad p_i\Delta(y_1, \ldots, y_n) = p_0\frac{\partial\Delta(y, y_1, \ldots, y_n)}{\partial y^{(n-i)}}\qquad (i = 1, 2, \ldots, n),$$

où Δ désigne le wronskien des fonctions mises entre parenthèses (n° **24**). La manière dont l'équation est spéciale se traduit par ce fait que l'on peut en remplacer l'intégration par celle du système automorphe (167), (168), dont les solutions se déduisent les unes des autres, précisément, par les transformations du groupe de rationalité (G).

J. Drach[349]) a rattaché, par l'intermédiaire de l'équation adjointe, la théorie actuelle à sa théorie générale des systèmes d'équations différentielles du premier ordre (n° **44**).*

---

347) *Math. Ann. 65 (1908), p. 129; Bull. sc. math. (2) 26 (1902), p. 88; Math. Ann. 59 (1904), p. 435.*

348) *Ann. Ec. Norm. (3) 21 (1904), p. 29.*

349) *Thèse, Paris 1898, p. 130.*

La *méthode d'intégration*[350]) qui résulte de l'introduction du groupe de rationalité consiste à réduire progressivement le groupe (G) par l'adjonction, au domaine $[R]$, de nouvelles fonctions de x, intégrales d'équations auxiliaires.

Soit (G_1) un sous-groupe invariant maximé de (G), et Ω_1 un invariant caractéristique de (G_1). Si l'on intègre l'équation auxiliaire dont dépend Ω_1 en fonction de Ω, et qui est ici rationnelle, il suffit d'adjoindre à $[R]$ l'une de ses intégrales pour réduire le groupe de rationalité à (G_1).

On arrive au même résultat en adjoignant *toutes* les intégrales de l'équation dont dépend, en fonction de Ω, un invariant caractéristique d'un sous-groupe quelconque de (G) contenant (G_1); ce qui permet d'employer des équations auxiliaires d'ordre moindre. Ces équations auxiliaires possèdent des systèmes fondamentaux de solutions; on peut par suite en remplacer l'intégration[351]) par celle d'une équation auxiliaire linéaire, dont le groupe de transformations sera simple et isomorphe au groupe $\left(\frac{G}{G_1}\right)$.

Le groupe étant réduit à (G_1), on continuera de même.

L'importance de cette méthode résulte du théorème suivant[352]): si l'intégration complète d'une équation auxiliaire rationnelle réduit le groupe (G), elle le réduit forcément à un sous-groupe invariant de (G). Il ne peut donc exister de méthode d'intégration plus avantageuse que la précédente.

On en conclut, en particulier, que la condition nécessaire et suffisante pour que l'équation différentielle linéaire (165) soit *intégrable par quadratures* est que son groupe de rationalité soit un groupe intégrable[353]). D'où cette conséquence que l'équation linéaire générale d'ordre n (où $n > 1$) n'est pas intégrable par quadratures; et qu'il en est de même, par suite, pour l'équation de Riccati[354]).

**E. Vessiot*[355]) a appliqué la théorie précédente aux équations du

---

350) *E. Vessiot*, Thèse, Paris 1892, p. 39.

351) *E. Vessiot*, Ann. Fac. sc. Toulouse (1) 8 (1894), mém. n° 8, p. 29.

352) Ce théorème a été donné par *E. Vessiot* [Thèse, Paris 1892, p. 44] pour le cas où l'équation auxiliaire possède des systèmes fondamentaux de solutions; et dans le cas le plus général par *E. Picard*, Traité d'Analyse[218]) (1re éd.) 3, p. 562.

353) **E. Vessiot*, Thèse, Paris 1892, p. 43. Une autre démonstration a été donnée par *S. Epsteen* [Bull. Amer. math. Soc. (2) 9 (1902/3), p. 152]. Voir aussi *G. Fano*, Math. Ann. 53 (1900), p. 509.*

354) *E. Vessiot*, Thèse, Paris 1892, p. 46.

355) *Thèse, Paris 1892, p. 59. Dans ses Cours professés à l'Université de

second et du troisième ordre. Le cas du quatrième ordre a été abordé par *F. Marotte*[356]) et *S. Epsteen*[357]).

F. Marotte[358]) a donné une méthode pour déterminer le groupe de rationalité d'une équation linéaire donnée: il ramène cette détermination à la recherche des intégrales d'une certaine équation linéaire auxiliaire qui ont une dérivée logarithmique rationnelle[359]). *F. Marotte* a appliqué sa méthode aux équations d'ordre 2, 3 et 4.*

42. Problèmes qui se rattachent à la théorie précédente: intégration algébrique; réductibilité linéaire; utilisation de relations connues entre les intégrales. Pour que l'équation linéaire d'ordre n

$$P(y) = \frac{d^n y}{dx^n} + p_1 \frac{d^{n-1}y}{dx^{n-1}} + \cdots + p_n y = 0$$

soit *intégrable algébriquement*, il faut et il suffit que le groupe (G) se compose d'un nombre limité de transformations finies[360]).

*Le problème de l'intégration algébrique des équations linéaires est ainsi lié à la théorie précédente[361]). Mais, dans ce cas, le groupe

Göttingue [Differentialgl. 2. Ordnung[346]), p. 147] *F. Klein* a fait une étude approfondie de l'équation hypergéométrique, au point de vue du groupe de rationalité.*

356) *Thèse, Paris 1898, p. 71; Ann. Fac. sc. Toulouse (1) 12 (1898), mém. n° 8, p. 71.*

357) *Thèse, Zurich 1901; Amer. J. math. 25 (1903), p. 123.*

358) *Thèse, Paris 1898, p. 44.*

359) *Ce problème peut se résoudre au moyen d'un nombre fini d'opérations. Voir par ex. *E. Picard*, Traité d'Analyse[218]), (1re éd.) 3, p. 527.*

360) *E. Vessiot*, Thèse, Paris 1892, p. 68; **F. Klein*, Höhere Geom.[324]) 2, p. 361.*

361) *On voit ainsi que la *construction* des types d'équations algébriquement intégrables dépend de la détermination des groupes linéaires homogènes discontinus et finis. Pour le cas où $n = 2$, ces groupes ont été déterminés par *F. Klein*, Sitzgsb. phys.-medic. Soc. Erlangen 6 (1873/4), p. 160/3 [1874]; Math. Ann. 9 (1876), p. 183.*

*Pour $n \geqq 3$, *C. Jordan* a donné des indications générales, qu'il a appliquées aux cas $n = 3$ et $n = 4$ [J. reine angew. Math. 84 (1878), p. 89; Atti Accad. sc. fis. mat. (Naples) (1) 8 (1879), mém. n° 11]. *F. Klein* [Sitzgsb. phys.-medic. Soc. Erlangen 10 (1877/8), p. 110/1, 119/23; Math. Ann. 14 (1879), p. 111] et *H. Valentiner* [K. Danske Vidensk. Selsk. Skrifter (6) 5 (1889/91), p. 64/235, avec un résumé en français] ont complété les résultats relatifs à $n = 3$. Les résultats qu'ils ont obtenus ont été confirmés par les recherches de *H. F. Blichfeldt*, Trans. Amer. math. Soc. 4 (1903), p. 387; 5 (1904), p. 310; 6 (1905), p. 230; Math. Ann. 63 (1907), p. 552.*

*La recherche et le calcul des intégrales algébriques sont liés à l'étude des singularités des intégrales. Les principaux travaux sur ce sujet sont de *J. Liouville* [J. Éc. polyt. (1) cah. 22 (1833), p. 124; J. math. pures appl. (1) 4 (1839), p. 433], *Th. Pepin* [Ann. mat. pura appl. (1) 5 (1863), p. 185; (2) 9 (1878/9), p. 1; Atti Accad. pontif. Nuovi Lincei 34 (1880/1), p. 243], *H. A. Schwarz* [J. reine angew. Math. 75 (1873), p. 292], *L. Fuchs* [J. reine angew. Math. 81 (1876), p. 97; 85 (1878),

de monodromie se confond avec le groupe de l'équation. En général, le groupe de monodromie est seulement un sous-groupe du groupe de rationalité. Dans le cas où l'équation linéaire a toutes ses intégrales régulières autour des points singuliers, le groupe de rationalité est le plus petit groupe algébrique contenant le groupe de monodromie[362]). *F. Marotte*[363]) a trouvé que, dans le cas général, c'est le plus petit groupe algébrique contenant le groupe de monodromie, et les groupes de méromorphie relatifs aux points singuliers, dont il a introduit la notion.*

*La notion d'espèce (n° **29**) est liée à celle du groupe de rationalité; deux équations linéaires de la même espèce ont le même groupe de rationalité[364]).*

*La question de la réductibilité linéaire (n° **40**) se rattache aussi à l'étude du groupe de rationalité. Reprenons les notations du n° **40**, et soit

$$P(y) = TS(y);$$

on peut toujours écrire les équations du groupe de rationalité (G) de $P(y) = 0$, de manière que, si n est l'ordre de P et n' l'ordre de $S(y)$, n' des variables se transforment entre elles suivant un groupe qui est le groupe de rationalité (G') de $S(y) = 0$[365]). De plus si l'on annule ces variables dans les autres équations du groupe, on obtient un groupe (G'') transformant les autres variables entre

---

p. 1; Acta math. 1 (1882/3), p. 321], *F. Brioschi* [Math. Ann. 11 (1877), p. 401; Reale Ist. Lombardo *Rendic.* (2) 9 (1876), p. 786; Opere 5, Milan 1909, p. 211], *F. Klein* [Math. Ann. 11 (1877), p. 115; 12 (1877), p. 167], *E. Goursat* [Ann. Ec. Norm. (2) 10 (1881), suppl. p. 46; (3) 2 (1885), p. 87], *Ludwig Schlesinger* [Diss. Berlin 1887, p. 1/43], *G. Wallenberg* [J. reine angew. Math. 113 (1894), p. 1], *P. Painlevé* [C. R. Acad. sc. Paris 104 (1887), p. 1497, 1829; 105 (1887), p. 58]; *A. Boulanger* [J. Ec. polyt. (2) cah. 4 (1898), p. 1], *N. Günther*, Sur les applications de la théorie des formes, St Pétersbourg 1903, p. 1/29.*

G. H. Halphen* [Mém. présentés Acad. sc. Paris (2) 28 (1884), mém. n° 1, p. 22, 142, 158] a rattaché la question à l'étude des relations qui lient les invariants (cf. n° **38).

H. Poincaré [C. R. Acad. sc. Paris 97 (1883), p. 984] a prouvé qu'à tout groupe linéaire homogène, discontinu et fini, correspond une infinité d'équations linéaires, à coefficients rationnels, intégrables algébriquement, et dont on peut choisir arbitrairement les points singuliers.*

362) **F. Klein*, Differentialgl. 2. Ordnung[345]), p. 150; *G. Fano*, Atti R. Accad. Lincei, *Rendic.* (5) 4 I (1895), p. 294; *L. Schlesinger*, Handbuch[188]) 2, p. 99.*

363) *Thèse, Paris 1898, p. 29. *F. Marotte* observe aussi que le groupe de rationalité ne diffère pas du groupe de monodromie, si l'on considère comme domaine de rationalité le *corps* formé par toutes les fonctions univoques.*

364) **F. Marotte*, Ann. Fac. sc. Toulouse (1) 12 (1898), mém. n° 8, p. 37; *L. Schlesinger*, Handbuch[188]) 2, p. 121.*

365) **E. Beke*, Math. Ann. 45 (1894), p. 279.*

elles, et qui est le groupe de rationalité de $P(y) = 0$[366]). Un groupe linéaire homogène (G), susceptible de prendre une telle forme par une transformation linéaire homogène convenable effectuée sur les variables, s'appelle un groupe *réductible*. Une équation linéaire est réductible en même temps que son groupe de rationalité.

A toute décomposition de $P(y)$ en facteurs symboliques irréductibles correspond une suite de groupes irréductibles qui sont les groupes de rationalité des facteurs de la décomposition. *A. Loewy*[367]) a montré que, si $P(y)$ se décompose de deux manières en facteurs symboliques irréductibles, les groupes de rationalité des facteurs sont les mêmes, à l'ordre près, dans les deux décompositions.*

La méthode d'intégration précédente est encore liée étroitement à la solution du problème suivant: intégrer l'équation

$$P(y) = 0$$

(ou, ce qui revient au même, un système linéaire d'ordre n), sachant que les solutions d'un système fondamental vérifient une ou plusieurs relations de la forme

$$F_k(y_1, \ldots, y_n) = 0 \qquad (k = 1, 2, \ldots, m).$$

Considérons d'abord le cas le plus souvent étudié: c'est celui où ces relations sont algébriques et homogènes et à coefficients constants. *G. Darboux*[368]) a montré comment intervenaient utilement dans cette question les covariants du système des formes algébriques F_k; *E. N. Laguerre*[290]) et surtout *G. H. Halphen*[369]) ont étudié les rapports du problème, surtout pour des relations quadratiques, avec la théorie des invariants différentiels des équations linéaires; **D. F. Campbell*[370]) a continué cette étude pour le cas $n = 3$ et $n = 4$; *E. Goursat*[371]) avait traité, par une méthode directe, le cas $n = 4$ et, pour n quelconque, le cas où le système $F_k = 0$ s'obtient en égalant à zéro le discriminant d'une forme binaire de degré $n - 1$.*

---

366) **A. Loewy*, Ber. Ges. Lpz. 54 (1902), math. p. 5.*

367) *Ber. Ges. Lpz 54 (1902), math. p. 6; Nachr. Ges. Gött. 1902, p. 42. Cette propriété résulte, du reste, de celle qui a été énoncée [335]) au n° 40, à savoir: les facteurs des deux décompositions, égalés à zéro; donnent des équations qui sont deux à deux de même espèce [*A. Loewy*, Math. Ann. 56 (1903), p. 565; cf. id. p. 569].*

368) C. R. Acad. sc. Paris 90 (1880), p. 524, 596. Cf. n° **32**.

369) Mém. présentés Acad. sc. Paris (2) 28 (1884), mém. n° 1, p. 121, 132, 137; C. R. Acad. sc. Paris 101 (1885), p. 663; Acta math. 3 (1883/4), p. 325.

370) *Quart. J. pure appl. math. 31 (1899), p. 161; 36 (1905), p. 296.*

371) *C. R. Acad. sc. Paris 97 (1883), p. 31; 100 (1885), p. 233; Bull. Soc. math. France 11 (1882/3), p. 144.*

L. Fuchs[372]) a traité le problème au point de vue de la théorie des fonctions et montré ses rapports avec le problème de l'intégration algébrique. Il a traité complètement le cas où $n = 3$.

Le cas où $n = 4$ a été traité, suivant la méthode de *L. Fuchs*, par *Ludwig Schlesinger*[373]).

Les mêmes questions ont été reprises par *Lipmann Schlesinger*[374]), *Max Meyer*[375]), *G. Wallenberg*[376]) qui ont employé simultanément la théorie des fonctions et celle des invariants différentiels.

S. Lie[377]) a prouvé qu'on peut traiter la question très complètement en la ramenant à l'étude d'un système différentiel qui admet un groupe de transformations connu. *Il a montré que le problème dépend de l'étude du groupe linéaire homogène qui laisse invariant le système d'équations

$$F_1 = 0,\ F_2 = 0,\ \ldots,\ F_m = 0$$

et cela pour un système $F_k = 0$ $(k = 1, 2, \ldots, m)$ de la nature la plus générale, pouvant dépendre aussi des dérivées des intégrales.*

*Dans le cas où $n = 3$, et pour une relation quadratique, *E. Vessiot*[378]) a montré qu'il s'agissait d'étudier les équations linéaires dont le groupe de rationalité est formé de toutes les transformations linéaires homogènes qui laissent invariante la forme

$$y_1^2 + y_2^2 + y_3^2.$$

Dans le même cas où $n = 3$, mais en considérant une relation algébrique, homogène, de degré quelconque

$$F(y_1, y_2, y_3) = 0,$$

E. Picard[379]) a prouvé que le groupe de rationalité laisse invariante la fonction F, et il a retrouvé ainsi, très simplement, les résultats obtenus par *L. Fuchs*. Dans le cas général, pourvu que les relations

$$F_1 = 0,\ F_2 = 0,\ \ldots,\ F_m = 0$$

soient rationnelles, elles forment un système invariant par le groupe de rationalité.*

---

372) Sitzgsb. Akad. Berlin 1882, p. 703; id. 1890, p. 469; Acta math. 1 (1882/3), p. 321.

373) Diss. Berlin 1887.

374) *Diss. Kiel 1888.*

375) Diss. Berlin 1893.

376) J. reine angew. Math. 113 (1894), p. 1 [1893]; 114 (1895), p. 181 [1894].

377) Ber. Ges. Lpz 43 (1891), math. p. 253. La même idée était indiquée déjà: Forhandlinger Videnskabs-Selskabet Christiania 1885, éd. 1886, mém. n° 21. Voir aussi: Ber. Ges. Lpz 48 (1896), math. p. 390.

378) *Thèse, Paris 1892, p. 77.*

379) *Traité d'Analyse[218]), (1re éd.) 3, p. 550.*

G. Fano[380]) a traité également la question au point de vue du groupe de rationalité, en utilisant les représentations géométriques du n° **30**. Il a montré le lien qui unit les méthodes des auteurs précédents et poussé plus avant l'étude des cas particuliers. *Il a étudié complètement les cas $n = 3, 4, 5, 6$, et traité, pour n quelconque, le cas où la courbe intégrale est située sur une variété algébrique à trois dimensions au plus.*

E. Vessiot[381]) a repris le problème directement dans le cas le plus général, en suivant les idées de *S. Lie*; il a montré qu'on peut, par des calculs algébriques, remplacer le système formé par les équations (168) et les équations $F_k = 0$ par un ou plusieurs systèmes automorphes dont le système précédent admet toutes les solutions. Il a déduit de ce résultat l'existence du groupe de rationalité.

G. Fano[382]) a rattaché au problème précédent la question des équations qui sont de même espèce que leur adjointe: le groupe de rationalité de telles équations laisse invariante une forme bilinéaire à variables cogrédientes.

A. Loewy[383]) a repris cette même question au point de vue des groupes de rationalité des associées; il a ainsi complété des résultats obtenus par *L. Fuchs*[384]) et *R. Fuchs*[385]) sur la $m^{\text{ième}}$ associée d'une équation d'ordre $2m$.*

---

380) *Reale Ist. Lombardo *Rendic.* (2) 32 (1899), p. 843; Atti Accad. Torino 34 (1898/9), p. 415; Atti R. Accad. Lincei *Rendic.* (5) 8 I (1899), p. 285;* Math. Ann. 53 (1900), p. 493.

*Ce dernier travail est une exposition complète de la question. La solution de *G. Fano* repose sur la recherche des variétés algébriques qui admettent une infinité de transformations projectives, problème étudié par *F. Klein* et *S. Lie* [C. R. Acad. sc. Paris 70 (1870), p. 1222, 1275; Math. Ann. 4 (1871), p. 50]; *S. Lie*, Archiv for Math. og Naturvidenskab (Christiania) 7 (1882), p. 179; Forhandlinger Videnskabs-Selskabet Christiania 1883, éd. 1884, mém. n° 9; Transformationsgruppen[98]) 3, p. 190; Ber. Ges. Lpz 47 (1895), math. p. 209; *F. Enriques*, Atti Ist. Veneto (7) 4 (1892/3), p. 1590; (7) 5 (1893/4), p. 638; *G. Fano*, Atti R. Accad. Lincei *Rendic.* (5) 4 I (1895), p. 149; Mem. Accad. Torino (2) 46 (1896), p. 187; Atti Ist. Veneto (7) 7 (1895/6), p. 1069. Les recherches de *G. Fano* ont été entreprises en 1894, sur les indications de *F. Klein.**

381) *Ann. Ec. Norm. (3) 21 (1904), p. 29.*

382) *Atti Accad. Torino 34 (1898/9), p. 388; Math. Ann. 53 (1900), p. 568; *G. H. Halphen* [C. R. Acad. sc. Paris 101 (1885), p. 666] avait remarqué que, si une équation linéaire a ses intégrales liées par une relation quadratique homogène à coefficients constants, de déterminant non nul, elle est de la même espèce que son adjointe; *G. Fano* complète le théorème.*

383) *Sitzgsb. Akad. München 32 (1902), p. 3.*

384) *Sitzgsb. Akad. Berlin 1888, p. 1115; 1889, p. 182.*

385) *J. reine angew. Math. 121 (1900), p. 205.*

*Citons encore un travail de *F. Enriques*[386]) sur les équations linéaires du quatrième ordre qui deviennent intégrables après adjonction d'une de leurs intégrales.*

43. Théorie rationnelle d'intégration des systèmes de Lie. Intégration logique de Drach. *E. Vessiot*[387]) a montré que la théorie précédente s'étend, dans ses points essentiels, à toute classe de *systèmes de Lie* (n° **33**); on peut se borner au cas où le groupe associé (G) est un groupe simplement transitif; c'est alors le groupe simplement transitif *réciproque* (II 23) de celui-là qui joue le rôle que joue le groupe linéaire homogène général dans la théorie précédente.

Une théorie analogue peut se faire plus généralement pour les systèmes automorphes correspondant à des groupes finis dont les équations finies sont rationnelles par rapport aux variables et aux paramètres[388]).

E. Picard[389]) a donné quelques indications sur le moyen d'étendre à des équations de forme quelconque la méthode au moyen de laquelle il a établi les théorèmes fondamentaux de la théorie du numéro précédent.

J. Drach*[390]) a donné, pour ce qu'il a appelé *l'intégration logique* d'un système différentiel (S), c'est-à-dire pour l'étude des simplifications qui peuvent se présenter, dans un domaine de rationalité $[R]$ donné, pour l'intégration de ce système, les indications générales suivantes, fondées sur la notion générale de réductibilité (n° **40).

Supposons (S) irréductible; on peut toujours supposer qu'il ne dépend que d'une fonction inconnue, soit z. Soit alors ζ une fonction transcendante, dépendant des mêmes variables indépendantes que z, et définie par un système différentiel (Σ), rationnel comme (S) dans le domaine $[R]$ considéré.*

*Pour que la connaissance de ζ puisse aider à la détermination de z ou, comme dit *J. Drach*, pour que les transcendantes z et ζ ne soient pas *étrangères* l'une à l'autre, il faut et il suffit que le système, aux deux fonctions inconnues z et ζ, formé en réunissant les équations (S) et (Σ)[391]) soit réductible. Le système $[S]$ est alors dit *imprimitif*,

386) *Reale Ist. Lombardo *Rendic.* (2) 29 (1896), p. 257.*

387) Ann. Fac. sc. Toulouse (1) 8 (1894), mém. n° 8, p. 21. *Voir aussi, en ce qui concerne les systèmes linéaires, *L. Schlesinger*, J. reine angew. Math. 128 (1905), p. 290, 296.*

388) **E. Vessiot*, Ann. Ec. Norm. (3) 21 (1904), p. 38.*

389) C. R. Acad. sc. Paris 121 (1895), p. 789.

390) *Thèse, Paris 1898, p. 55.*

391) *Considérer ce système nouveau, c'est ce que *J. Drach* appelle *adjoindre* ζ au domaine $[R]$; et il insiste sur la différence entre cette opération *algébrique* et l'opération *idéale* qu'on désigne généralement par le même nom [Thèse, Paris 1898, p. 57 note 1].*

et certaines de ses solutions se répartissent en familles, qui correspondent à certaines solutions de $[\Sigma]$.*

*Une quelconque de ces correspondances est définie par un système irréductible nouveau, sur lequel on pourra opérer comme on l'a fait sur $[S]$ par introduction d'une nouvelle transcendante, et ainsi de suite.

J. Drach précise sa méthode en employant, pour les transcendantes telles que ξ qu'il s'agit d'adjoindre successivement, des solutions distinctes du système $[S]$ lui-même, ou des fonctions rationnelles de ces solutions et de leurs dérivées. La méthode s'applique alors, d'une manière particulièrement simple, aux systèmes $[S]$ possédant des *systèmes fondamentaux d'intégrales* (cf. n° **33**) «c'est-à-dire dont une solution arbitraire peut s'exprimer par une formule, toujours la même, où figurent rationnellement, à côté des variables, un certain nombre de solutions particulières quelconques, leurs dérivées de divers ordres, et aussi des constantes ou des fonctions arbitraires d'arguments bien déterminés, rationnels par rapport aux mêmes éléments, ainsi que leurs dérivées». On obtient alors toutes les réductions possibles en adjoignant un nombre limité de solutions du système.*

44. Théorie de Drach pour les systèmes quelconques d'équations différentielles ordinaires du premier ordre. L'application de ces idées a conduit *J. Drach*[392]) à esquisser une théorie rationnelle d'intégration du système général (53), ou plutôt de l'équation linéaire aux dérivées partielles (54). Un système fondamental est ici formé de n intégrales de (54) supposées indépendantes $z_1, z_2, \ldots, z_n$. Si l'on désigne par $D, D_1, \ldots, D_n$ les coefficients de $\frac{\partial f}{\partial x_0}, \frac{\partial f}{\partial x_1}, \ldots, \frac{\partial f}{\partial x_n}$ dans le déterminant fonctionnel

$$\frac{\partial(f, z_1, \ldots, z_n)}{\partial(x_0, x_1, \ldots, x_n)},$$

l'intégration de (54) sera remplacée par celle du système

$$D\alpha_i - D_i\alpha_0 = 0 \qquad (i = 1, 2, \ldots, n), \tag{169}$$

qui est un système automorphe (n° **35**), le groupe (G) correspondant étant le groupe ponctuel général de l'espace à n dimensions

$$z_i = F_i(x_1, \ldots, x_n) \qquad (i = 1, 2, \ldots n), \tag{170}$$

où $F_1, F_2, \ldots, F_n$ sont des fonctions arbitraires.

---

392) *Thèse, Paris 1898, p. 74. Les énoncés de *J. Drach* ont été rectifiés et précisés par *P. Painlevé*, C. R. Acad. sc. Paris 135 (1902), p. 421, et par *E. Vessiot*, Ann. Ec. Norm. (3) 21 (1904), p. 67 [mémoire couronné par l'Académie des sciences de Paris en 1902]. Ce dernier travail contient, avec les démonstrations nécessaires, la discussion et la confirmation de la théorie esquissée par *J. Drach.**

Le système (50) sera *spécial*, si le système (160) est réductible (pour un domaine de rationalité [R] déterminé). Et, comme dans le cas des équations linéaires ordinaires, un certain *groupe de rationalité* précise la manière particulière dont l'équation est spéciale.

Pour arriver à cette notion, on considère les fonctions différentielles rationnelles V, formées avec $z_1, z_2, \ldots, z_n$ et leurs dérivées partielles par rapport à $x_0, x_1, \ldots, x_n$; les propriétés de chacune sont liées à la nature du sous-groupe de (170) qui la laisse invariante; on a en particulier des théorèmes analogues au théorème des fonctions symétriques[393]) et au théorème de *J. L. Lagrange*[394]) [cf. I 13].

Si la fonction $W(x_0, x_1, \ldots, x_n)$ que devient une telle fonction V quand on y remplace $z_1, z_2, \ldots, z_n$ par une solution fondamentale Z de (169) est rationnelle, et si V n'admet pas le groupe général (170), en associant l'équation $V = W$ au système (169) on obtient un système rationnel ayant des solutions communes avec (169), sans les admettre toutes; et le système (53) est spécial. Réciproquement, le système n'est spécial que si une telle circonstance se produit.

*Donc, pour que le système ne soit pas spécial, il faut et il suffit que les fonctions V qui ont une expression rationnelle W soient celles qui admettent le groupe ponctuel général, et celles-là seulement. Dans ce cas, le groupe général a donc la double propriété caractéristique d'un groupe de rationalité (n° **41**).*

*Si l'équation est spéciale, les choses ne se passent pas de la même manière pour tous les systèmes fondamentaux Z qu'on pourrait substituer à $z_1, \ldots, z_n$ dans les fonctions V[395]). Chacun satisfait à un système différentiel irréductible (S), mais *l'ordre différentiel*[396]) de (S) n'est pas le même, quel que soit Z. Si l'on se borne aux solutions Z pour lesquelles l'ordre de [S] est minimé, (S) est un système automorphe[397]) et le groupe (G) associé à ce système est le groupe de rationalité annoncé: il possède la double propriété caractéristique des groupes de rationalité relativement à la solution Z considérée, à savoir:

---

393) *J. Drach*, Thèse, Paris 1898, p. 83.

394) Id. p. 88.

395) **E. Vessiot*, Ann. Ec. Norm. (3) 21 (1904), p. 73, 78.*

396) La définition de l'*ordre différentiel* d'un système quelconque d'équations aux dérivées partielles résulte des travaux de *E. Delassus* [Ann. Ec. Norm. (3) 13 (1896), p. 421].

397) **J. Drach* introduit le groupe de rationalité au moyen d'un tel système automorphe; mais, sous cette forme précise, le théorème est énoncé par *P. Painlevé*, C. R. Acad. sc. Paris 135 (1902), p. 411.*

1°) Toute fonction V dont l'expression W est rationnelle garde cette même expression W quand on substitue à Z chaque système fondamental qui en dérive par l'une des transformations de $[G]$;

2°) réciproquement, l'expression W de V est rationnelle si elle demeure la même dans les conditions énoncées.

Les groupes (G) ainsi obtenus sont semblables. Tout groupe semblable à (G) possède la double propriété caractéristique relativement à une solution Z; et à toute solution Z correspond ainsi un groupe semblable à $[G]$[398]).

Les solutions Z *principales*, c'est-à-dire telles que chacune des fonctions z_i qui la constituent se réduise, pour une valeur numérique donnée à x_0, à la variable x_i de même indice, satisfont à des systèmes (S) irréductibles, automorphes, d'ordre minimé[399]).*

*Au point de vue de l'intégration du système (53), on voit que, s'il est spécial, il doit être remplacé par un des systèmes automorphes qui fournissent pour lui un groupe de rationalité $[G]$. On peut lui substituer un système automorphe, également rationnel, dont le groupe associé sera n'importe quel groupe, semblable à $[G]$, dont les équations de définition soient rationnelles[400]); c'est-à-dire un représentant rationnel du type des groupes (G).

E. Vessiot a déduit la théorie précédente de l'étude du problème suivant: comment peut-on tirer parti, pour l'intégration de l'équation

---

398) **J. Drach*, Thèse, Paris 1898, p. 89 et suiv.; *E. Vessiot*, Ann. Ec. Norm. (3) 21 (1904), p. 72.*

*Certaines difficultés se présentent, dans le cas d'un groupe (G) intransitif, si l'on prend pour $[R]$ un domaine de rationalité absolument quelconque [*E. Vessiot*, Ann. Ec. Norm. (3) 21 (1904), p. 71].*

399) **E. Vessiot* [Ann. Ec. Norm. (3) 21 (1904), p. 72, 76].*

*Les systèmes (S) irréductibles se déduisent de l'un des systèmes automorphes par des transformations effectuées sur $z_1, z_2, \ldots, z_n$ et qui peuvent être définis par des systèmes différentiels algébriques de nature quelconque. [*E. Vessiot*, Ann. Ec. Norm. (3) 21 (1904), p. 80; *P. Painlevé*, Bull. sc. math. (2) 28 (1904), p. 193].*

*Cet article de *P. Painlevé* est la reproduction d'une communication au 3ième Congrès international de mathématiques [Verhandl. des 3. internat. Math.-Kongresses, Heidelberg 1904, publ. par *A. Krazer*, Leipzig 1905, p. 86/99]. Il contient un exposé général de la théorie de *J. Drach*.*

400) **J. Drach*, Thèse, Paris 1898, p. 93; *E. Vessiot*, Ann. Ec. Norm. (3) 21 (1904), p. 58.*

**J. Drach* a également introduit [Thèse, Paris 1898, p. 118], pour définir le groupe de rationalité, la *résolvante générale* en

$$V = u_1 z_1 + u_2 z_2 + \cdots + u_n z_n,$$

où $u_1, u_2, \ldots, u_n$ sont des fonctions rationnelles arbitraires de $x_0, x_1, \ldots, x_n$.*

$Af = 0$, de la connaissance d'un système différentiel, que la transformation infinitésimale Af laisse invariant? (cf. n° **17**).*

E. Vessiot[401]) montre comment on peut déduire, du système différentiel connu, par des opérations rationnelles, un système automorphe dont $Af = 0$ admet toutes les solutions et qui est d'ordre différentiel au plus égal à l'ordre du système différentiel donné.*

La notion du groupe de rationalité a conduit *J. Drach*[402]) à une théorie de l'intégration d'un système spécial quelconque. *D'abord, si le groupe est intransitif, certaines des intégrales de $Af = 0$ sont connues, et l'ordre du système s'abaisse: on est ramené à un problème dont le groupe est transitif. Plus généralement, si le groupe est imprimitif, l'intégration de (53) se ramènera à l'intégration successive de plusieurs systèmes de même nature, mais d'ordres moindres.* Enfin, en écartant ces cas exceptionnels, si le groupe de rationalité n'est pas simple, on pourra ramener l'intégration de (53) à celle d'une suite de systèmes automorphes, pour lesquels les groupes associés seront simples (cf. n° **35**).

*Il resterait à discuter dans quel cas et de quelle manière l'adjonction des intégrales d'un système différentiel auxiliaire réduit le groupe de rationalité. *P. Painlevé*[403]) a montré que tout système (53) à l'intégration duquel une théorie formelle d'intégration peut apporter des simplifications, est nécessairement un système spécial.

On peut donc énumérer les cas de réduction, et la nature des réductions possibles pour l'intégration d'un système d'équations différentielles, du moins pour les valeurs de n pour lesquelles a été faite l'énumération des groupes ponctuels, c'est-à-dire pour $n = 1, 2, 3$[404]). On voit ainsi que, pour le cas d'une équation du premier ordre par exemple, les seules réductions possibles sont:

1°) intégration algébrique,

2°) facteur intégrant algébrique,

3°) facteur intégrant dont le logarithme a ses dérivées premières algébriques,

4°) intégration au moyen d'une équation de Riccati.*

---

401) *Ann. Éc. Norm. (3) 21 (1904), p. 39. *E. Vessiot* avait déjà étudié le même problème et indiqué ses rapports avec la théorie de *J. Drach* [C. R. Acad. sc. Paris 128 (1899), p. 544].*

402) *Thèse, Paris 1898, p. 102.*

403) *C. R. Acad. sc. Paris 135 (1902), p. 411, 641, 757, 1020; 136 (1903), p. 189.*

404) **J. Drach*, Thèse, Paris 1898, p. 122; *P. Painlevé*, Bull. sc. math. (2) 28 (1904), p. 193.*

*La détermination du groupe de rationalité d'un système (53) donné est un problème qui est loin d'être résolu. *P. Painlevé*[405]) a démontré que l'équation

$$\frac{d^2 y}{dx^2} = 6y^2 + x$$

a pour groupe de rationalité le groupe défini par l'équation

$$\frac{\partial(\bar{z}_1, \bar{z}_2)}{\partial(z_1, z_2)} = 1,$$

qui correspond au cas où l'on connaît un multiplicateur de Jacobi.*

*La théorie précédente peut s'étendre aux systèmes complets, aux équations différentielles du premier ordre, et aux équations du second ordre qui se ramènent au premier ordre, ou s'intègrent par les méthodes de *G. Monge*, de *A. M. Ampère*, ou de *G. Darboux*[406]).*

---

405) *C. R. Acad. sc. Paris 135 (1902), p. 641.*

406) *Cf. *J. Drach*, Thèse, Paris 1898, p. 133.*

Abréviations.

Dans les publications de l'académie des sciences de Paris, **H.** signifie Histoire; **M.** signifie mémoires.

I_3 = renvoi au tome premier; troisième volume.

(**I 2, 19**) = renvoi au tome premier, article 2, numéro 19.

Dans les Notes, un nombre α en exposant indique un renvoi à la note α du même article.

(2) 8 (1812), éd. 1816, p. 57 [1810] = deuxième série, tome ou volume 8, année 1812 édité en 1816, page 57, lu ou signé en 1810.

La transcription des lettres russes a lieu conformément à l'orthographe tchèque.

En particulier *č* se prononce *tch*, *š* se prononce comme *ch* dans *chat*, *ž* se prononce comme notre *j* dans *je*, *j* se prononce comme notre *y* dans *essayer*.

Abh. = Abhandlungen.
Acad. = Academie.
Accad. = Accademia.
Akad. = Akademie.
Alg. = Algèbre, Algebra.
Allg. = Allgemeine.
Amer. = American.
Ann. = Annalen, Annales, Annali.
Anw. = Anwendung.
appl. = appliqué.
arit. = aritmetica.
arith. = Arithmetik, arithmétique.
assoc. = association.
Aufs. = Aufsätze.
Avanc. = Avancement.
Ber. = Berichte.
Bibl. Congrès = bibliothèque du Congrès.
Bibl. math. = Bibliotheca mathematica.
Brit. = British.
Bull. = Bulletin.
Bull. bibl. = Bulletino bibliografico.
cah. = cahier.
Cambr. = Cambridge.
car. = carton.
cf. = comparez.
chap. = chapitre.
chim. = chimie, chimique.
circ. = circolo.
circul. = circular.
col. = colonne.
Comm. = Commentarii.
Commentat. = Commentationes.
Corresp. = Correspondance.
C. R. = Comptes rendus.
déf. = définition.
Denkschr. = Denkschriften.
Diss. = Dissertation.
Ec. = Ecole.
éd. = édité à, édité par, édition.
Edinb. = Edinburgh.
Educ. = Educational.
elem. = elementare.
élém. = élémentaire.
ex. = exemple.
extr. = extrait.
fasc. = fascicule.
fig. = figure.
fis. = fisica.
fol. = folio.
Géom. = Géométrie.
Ges. = Gesellschaft.
Gesch. = Geschichte.
Giorn. = Giornale.
Gött. = Göttingen, Göttingue.
Gymn. = Gymnasium.
Hist. = Histoire.
id. = idem, ibidem.
imp. = imprimé.
inscr. = inscription.
inst. = institution.
interméd. = intermédiaire.
intern. = international.
introd. = introduction.
Ist. = Istituto.
J. = Journal.
Jahresb. = Jahresbericht.
Lehrb. = Lehrbuch.
Leop. = Leopoldina.
Lpz., Lps. = Leipzig.
Mag. = Magazine.
Méc. = Mécanique.
med. = medicinisch.
Mém. = Mémoire.
métaph. = métaphysique.
Monatsb. = Monatsberichte.
ms. mss. = manuscrit, manuscrits.
Nachr. = Nachrichten.
nat. = naturelle.
naturf. = naturforschende.
naturw. = naturwissenschaftlich.
norm. = normale.
nouv. = nouveau, nouvelle.
num. = numérique.
numism. = numismatique.
Op. = Opera.
Opusc. = Opuscule.
Overs. = Oversight.
p. = page.
p. ex., par ex. = par exemple.
partic. = particulier.
Petrop., Pétersb. = Saint Pétersbourg.
philol. = philologie.
philom. = philomatique.
philos. = philosophique.
phys. = physique.
pl. = planche.
polyt. = polytechnique.
pontif. = pontificia.
posth. = posthume.
Proc. = Proceeding.
progr. = programme.
prop. = proposition.
publ. = publié.
Quart. = Quarterly.
R. = reale, royal.
Recent. = Recentiores.
Rendic. = Rendiconto.
réimp. = réimprimé.
sc. = sciences.
Schr. = Schriften.
scient. = scientifique.
s. d. = sans date.
sect. = section.
Selsk. = Selskabs.
sign. = signature.
Sitzgsb. = Sitzungsberichte.
s. l. = sans lieu.
spéc. = spéciale.
suiv. = suivante.
sup. = supérieure.
suppl. = supplément.
soc. = société.
theor. = theoretische.
trad. = traduction.
Trans. = Transactions.
Unterh. = Unterhaltung.
Ver. = Vereinigung.
Verh. = Verhandlung.
Vetensk. = Vetenskabs.
Viertelj. = Vierteljahresschrift.
vol. = volume.
Vorles. = Vorlesung.
Wiss. = Wissenschaft, wissenschaftlich.
Z. = Zeitschrift.

www.ingramcontent.com/pod-product-compliance
Ingram Content Group UK Ltd.
Pitfield, Milton Keynes, MK11 3LW, UK
UKHW012035240726
13965UKWH00003B/802

9 782013 435802